भौतिक विज्ञान: सहज पाठ

विश्वविख्यात भौतिक विज्ञानी या. इ. पेरेलमान की कृति
महत्त्वपूर्ण पुस्तक 'Physics for Entertainment-II' का अनुवाद

सम्पादक
डी.वी. भट्टाचार्य
अनुवादक
देवेन्द्र प्रसाद शर्मा

वाणी प्रकाशन

वाणी प्रकाशन

4695, 21-ए, दरियागंज, नयी दिल्ली 110 002

शाखा

अशोक राजपथ, पटना 800 004

फ़ोनः +91 11 23273167 फ़ैक्स: +91 11 23275710

www.vaniprakashan.in
vaniprakashan@gmail.com

BHOUTIK VIJNAN : SAHAJ PATH
Edited by D.V. Bhattacharya
Translated by Devendra Prasad Sharma

ISBN : 978-93-5000-533-0
Science

संस्करण 2003
आवृत्ति 2012

मूल्य : ₹ 350

मेहरा ऑफ़सेट, नयी दिल्ली-110002 में मुद्रित

वाणी प्रकाशन का लोगो मक़बूल फ़िदा हुसेन की कूची से

विषय सूची

यह पुस्तक

'लोकोपयोगी विज्ञान विश्वकोष माला' के अंतर्गत प्रकाशित यह पुस्तक, 'भौतिक विज्ञान : सहज बोध' का, अगला सोपान है। रूसी विज्ञानी या पेरेलमान ने इसे अपनी कृति 'फ़िजिक्स फॉर इंटरनेटनमेंट' के दूसरे भाग के रूप में लिखा है। हिंदी अनुवाद में इन दोनों पुस्तकों को कुछ इस तरह प्रस्तुत किया जा रहा है कि दोनों के बीच जो पारस्परिक संबंध है वह भी लक्षित हो, और एक पड़ाव की दूरी पूरी कर दूसरे पड़ाव की ओर बढ़ने की जो प्रगति-प्रक्रिया है वह भी अलग से दिखाई दे। पहली पुस्तक भौतिकी विज्ञान का सहज बोध जगाने के लिए पाठक के निकट जाती है, जो पहले से उनमें नहीं था। अब जब वह सहज बोध पाठक में जाग्रत हो गया है और अपने जानते-समझते भौतिकी का सहज पाठ हृदयंगम करने की मानसिक तैयारी उसंने कर ली है, तब यह अगली पेशकश है : 'भौतिक विज्ञान : सहज पाठ' दोनों पुस्तकों को इसी तर्क से लिखा और पढ़ा जाना चाहिए।

'सहज बोध' में गति, भार, पूर्णत, ताप, प्रकाश, ध्वनि आदि भौतिकी के बुनियादी पक्षों को लिया गया था और प्रस्तुत :सहज पाठ' में यांत्रिकी, बल, चक्रगति, गुरुत्वाकर्षण, चुंबकत्व, विद्युत्, प्रकाश का परावर्तन-अपवर्तन आदि भौतिकी से विकसित अवस्पादों को लिखा गया है। यहाँ हम एक बार फिर पाठकों को याद दिला दें कि इन दोनों ही पुस्तकों में लेखक का उद्देश्य पाठक में वैज्ञानिक कल्पना शक्ति को जागृत करना और समस्याओं पर भौतिकी की आत्मा के अनुरूप मनन करने की योग्यता का विकास करना है, ताकि वह अपने ज्ञान को बहुमुखी प्रयोग कर सके। मानकर चलना चाहिए कि यह पुस्तक गम्भीर अध्ययन के लिए नहीं लिखी गई है, इसे विश्राम के क्षणों में सिर्फ समय के सार्थक उपयोग के लिए पढ़ा जा सकता है। इसी बात को ध्यान में रख कर लेखक के शैली को यथासंभव रोचक बनाने का प्रयास किया है। लेखक का विश्वास है कि विषय में रुचि जागने से ध्यान केंद्रित होता है, चिंतन क्रिया तीव्र होती है और विषय को सचेत रूप से आलसात करने की क्षमता बढ़ जाती है।

–संपादक

अध्याय 1

यांत्रिकी के मूल नियम

यात्रा का सबसे सस्ता उपाय

XVII-वीं शती के कुशाग्रबुद्धि फ्रांसीसी लेखक सिरोनो दे बेर्जेराक अपनी व्यंग्यात्मक कृति "चंद्रमा के राज्य का इतिहास" (1652 ई.) में एक आश्चर्यजनक घटना का वर्णन करते हैं, जो मानो उनके साथ घटी थी। भौतिकी का कोई प्रयोग करते वक्त एक बार वे अचानक अपने उपकरणों समेत हवा में काफी ऊपर उठ आए। कुछ घंटों बाद जब वे पुनः धरती पर उतरने में सफल हुए, तो उनके आश्चर्य का ठिकाना न रहा : वे अपने सगे फ्रांस तो क्या, यूरोप में भी नहीं थे; वे उत्तरी अमेरिका महाद्वीप के कैनाडा में थे। ऐटलांटिक महासागर के पार इस आशातीत उड़ान को फ्रांसीसी लेखक ने बिल्कुल स्वाभाविक माना। उन्होंने समझाया कि जब तक वे धरातल से अलग थे, हमारे ग्रह ने पहले की तरह ही अपनी धुरी पर पूरब की दिशा में अपना घूर्णन जारी रखा। इसीलिए जब वे पृथ्वी पर उतरे, उनके पैरों के नीचे फ्रांस की बजाय अमेरिका महाद्वीप आ गया।

लगता है कि यात्रा करने का कितना आसान व सस्ता उपाय है। जमीन से ऊपर उठ आए, कुछ मिनट हवा में रुके रहे और दूर पश्चिम में बिल्कुल नए स्थान पर उतर आए। महाद्वीप व महासागरों की यात्रा से थकने की बजाय पृथ्वी से ऊपर उठ कर इंतजार करना चाहिए कि कब वह स्वयं घूमती हुई आपकी मंजिल आपके पैरों तले पहुँचा दे।

पर अफसोस कि यह अनूठी विधि कोरी कल्पना के सिवा कुछ भी नहीं है। प्रथमतः, हवा में ऊपर उठ कर हम पृथ्वी के गोले से अलग नहीं हो जाते : हम उसके गैसीय आवरण के सहारे उससे जुड़े रहते हैं, उसके वातावरण में लटके रहते हैं, जो स्वयं भी पृथ्वी के अक्षीय घूर्णन में साथ देता रहता है। हवा (या और सही कहें, तो हवा की निचली अधिक घनी परत) पृथ्वी के साथ घूमती रहती है और

चित्र 1. क्या ऐरोस्टैट से पृथ्वी का घूर्णन दिख सकता है? (चित्र में सही पैमाने पर ध्यान नहीं दिया गया है।)

जो कुछ भी उसमें होता है,—बादल, विमान, उड़ते पक्षी, कीड़े-पतंगे आदि,—सबों को अपने साथ पृथ्वी की धुरी के गिर्द घुमाती रहती है। यदि हवा पृथ्वी के साथ नहीं घूमती होती, तो हम हमेशा हवा का तेज बहाव अनुभव करते; इतना तेज कि उसके सामने बड़ी से बड़ी आँधी भी समीर के हल्के झोंके सी लगती।[1] क्योंकि इससे कोई फर्क नहीं पड़ता कि हम एक स्थान पर रुके हैं और हवा हमारे पास से गुजर रही है या हवा अचल है और हम उसमें गतिमान हैं। दोनों ही हालतों में हम हवा के तेज बहाव को महसूस करेंगे। मोटरसाइकिल पर 10 km\h के वेग से गतिमान व्यक्ति शांत मौसम में भी अत्यंत तेज हवा महसूस करता है।

यह तो पहली बात हुई। दूसरी बात : यदि हम वातावरण की ऊपरी परतों तक उठ आते या यदि वातावरण होता ही नहीं, तो भी हम यात्रा के इस सस्ते उपाय को काम में नहीं ला सकते, जिससे फ्रांसीसी लेखक ने कल्पना की है। घूर्णनरत पृथ्वी के तल से अलग हो कर भी हम जड़त्व के कारण पुराने वेग से गतिमान रहते हैं।

1. भंयकर आँधी, प्रभंजक (हरीकेन), का वेग है 40 m प्रति सेकेंड या 144 km प्रति घंटे। पृथ्वी हमें लेनिनग्राद के अक्षांश पर (उदाहरणार्थ) हवा के बीच 230 m प्रति सेकेंड या 828 km प्रति घंटे के वेग से घुमाती।

पुराने वेग से तात्पर्य है उस वेग से, जिससे हमारे पैरों तले पृथ्वी घूमती रहती है। जब हम पुनः नीचे उतरते हैं, हम अपने को उसी स्थान पर पाते हैं, जहाँ से ऊपर उठे थे। यह वैसी ही बात हुई, जैसे ट्रेन के डिब्बे में उछलने पर डिब्बे के सापेक्ष हम उसी पुराने स्थान पर गिरते हैं। यह सत्य है कि जड़त्व के कारण हम सरल रेखा पर (स्पर्श रेखा की दिशा में) गतिमान रहते हैं, जबकि हमारे नीचे पृथ्वी गोल परिधि पर गतिमान रहती है, पर समय के छोटे अंतरालों में इसका कोई प्रभाव नहीं पड़ेगा।

"थम जा, पृथ्वी!"

विख्यात अंग्रेज लेखक हरबर्ट वेल्स का एक विज्ञानगल्प है, जो एक चमत्कारी क्लर्क के बारे में लिखा गया है। युवक कोई ज्यादा अक्लमंद नहीं था, पर भाग्यवश एक अनूठा वरदान उसके हाथ लग गया : जो कुछ भी वह चाहता था, उसके बोलते ही पूरा हो जाता था। पर कहानी से पता चलता है कि इतना शक्तिशाली वरदान भी उसे या अन्य लोगों को दुख के सिवा और कुछ नहीं दे सका। हम इस कहानी के अंत से कुछ शिक्षा ग्रहण कर सकते हैं।

एक जगह रात भर पीने के बाद सुबह उजाले में घर लौटने के डर से चमत्कारी क्लर्क ने सोचा कि क्यों न रात और लंबी कर दी जाए। पर यह कैसे किया जाए? आकाश के सारे तारों को आज्ञा देनी पड़ती कि वे अपना चलना बंद कर दें। इतना बड़ा काम करने में वह डर रहा था और जब उसके साथी ने चाँद को रोक लेने की सलाह दी, तो उसने गौर से आकाश में देखा और सोच में डूबे हुए स्वर में कहा :

"—मुझे लगता है कि इस काम के लिए वह कुछ ज्यादा ही दूर है...आप क्या सोचते हैं...?

—कोशिश तो करें।—मेडिग (यह साथी का काम था—या.पे.) जिद कर रहा था।—वह तो निश्चय ही नहीं रुकेगा; आप सिर्फ पृथ्वी का घूमना बंद कर दें। उम्मीद है कि इससे किसी को नुकसान नहीं होगा।

—हूँ,—फोटेरिंग (क्लर्क— —या.पे.) ने कहा।—ठीक है, देखता हूँ।...

वह आज्ञा देने की मुद्रा में खड़ा हो गया और हाथ उठा कर घोषित किया :

—थम जा, पृथ्वी! बंद कर घूमना!

उसका कहना खत्म भी नहीं हुआ था कि उसके मित्र प्रति मिनट कुछेक दर्जन मील की गति से उड़ चले।

उसके बावजूद भी उसने सोचना जारी रखा। एक सेकेंड भी नहीं बीता कि उसने सोच कर मन-ही-मन कह दिया :

—फल जो भी हो, मेरा बाल बाँका न हो; मैं जीवित रहूँ।

मानना पड़ेगा कि यह इच्छा ऐन मौके पर प्रकट हुई थी। चंद सेकेंड बाद ही

वह एक ताजे खुदे गड्ढे में जा गिरा। उसके ऊपर से ईंट-पत्थर, मकानों के टुकड़े, लोहे-लक्कड़ आदि उड़-उड़ कर गुजर रहे थे, पर गड्ढे में उसे चोट का कोई खतरा न था। जमीन से टकरा कर चूर हुई एक बेचारी गाय उड़ रही थी। हवा की गति भयानक रूप से तेज थी। वह इधर-उधर कुछ देखने के लिए भी सिर थोड़ा ऊपर नहीं उठा सकता था।

—कुछ समझ में नहीं आता,—उसने टूटे से स्वर में कहा।—क्या हो गया? आँधी तो नहीं है? हो सकता है कि मुझसे कोई गलती हो गई हो।

हवा में कोट की फहरती किनारी से जितना देख सकता था, इर्द-गिर्द देख लेने के बाद उसने कहना जारी किया :

—आकाश में तो लगता है कि सब ठीक है। चाँद भी अपनी जगह पर है। पर बाकी सब...शहर कहाँ गया? और मकान? गलियाँ? हवा कहाँ से आई? उसे बहने को तो मैंने नहीं कहा था!

फोटेरिंग ने खड़ा होने की कोशिश की, पर यह बिलकुल असंभव लग रहा था, और इसीलिए वह चौपाए की तरह पत्थर आदि पकड़-पकड़ कर चल रहा था। वैसे, जाने लायक कोई जगह भी नहीं थी, क्योंकि हवा से उड़ कर उसके सर को ढक रही कोट की पिछली किनारी के नीचे से वह जितना देख सकता था, सब ओर बरबादी और तोड़-फोड़ ही नजर आ रही थी।

—ब्रह्मांड में कोई गंभीर गड़बड़ी हो गई है,—उसने सोचा,—पर कैसी गड़बड़ी—पता नहीं।

गड़बड़ी सचमुच में थी। घर-बार, पेड़-पौधे, जीव-जंतु, आदि कुछ भी नजर नहीं आ रहे थे। चारों ओर बेतरतीबी से भग्नावशेष बिखरे थे और वे भी धूल की आँधी में मुश्किल से दिख रहे थे।

बात क्या थी—यह कसूरवार की समझ में नहीं आया। पर कारण बिल्कुल सरल था। पृथ्वी को एकबार रोकते वक्त फोटेरिंग ने जड़त्व के बारे में नहीं सोचा। जड़त्व ऐसी चीज है, जो गति के एकाएक रुकने में पृथ्वीतल पर स्थित सभी वस्तुओं को फेंक ही देती। इसीलिए जो कुछ भी पृथ्वी के मुख्य द्रव्यमान के साथ अटूट रूप से नहीं जुड़ा था, उसकी सतह की स्पर्श रेखा की दिशा में बंदूक की गोली के वेग से उड़ चला। इसके बाद वस्तुएँ पुनः पृथ्वी पर गिरती थीं और चूर-चूर हो जाती थीं।

फोटेरिंग समझ गया कि जो चमत्कार उसने दिखाया है, कुछ सही नहीं था। इसीलिए उसका मन चमत्कारों के प्रति घृणा से भर गया और उसने भविष्य में कोई भी अलौकिक कार्य न करने की प्रतिज्ञा की। लेकिन पहले तो भूल सुधारनी थी। बर्बादी कम नहीं हुई थी। तूफान गर्ज रहा था, धूल का बादल चाँद को ढके हुए था और दूर से पानी के आने का शोर सुनाई दे रहा था। बिजली की चमक में

फोटेरिंग ने देखा कि उसकी ओर भयानक गति से पानी की पूरी दीवार बढ़ी जा रही है। उसकी हिचकिचाहट खत्म हो गई और उसने अडिग निर्णय लिया :

—रुक जा!—पानी से उसने कहा।—एक कदम आगे नहीं!

इसके बाद उसने यही आज्ञा चमकती बिजली और तेज बहती हवा के लिए भी दुहराई। सब शांत हो गया। वह बैठ गया और सोचने लगा।

—कहीं फिर कोई गलती न हो जाए,—उसने सोचा और कहा : —पहली बात, अभी मैं जो आज्ञा दूँगा, उसके पूर्ण होने के बाद मैं चमत्कार रचने की शक्ति खो दूँ और वैसा ही हो जाऊँ, जैसे सभी साधारण लोग हैं। अलौकिक शक्ति नहीं चाहिए। बड़ा खतरनाक खिलौना है यह। और दूसरे, सब कुछ जैसा था, वैसा ही हो जाए—शहर, लोग, घर और मैं—सब कुछ वैसा हो जाए, जैसा पहले था।''

हवाई जहाज से चिट्ठी

कल्पना करें कि आप हवाई जहाज में बैठे हैं, जो पृथ्वी के ऊपर तेजी से उड़ रहा है। नीचे जानी-पहचानी जगहें हैं। अभी कुछ देर में आप उस घर के ऊपर से गुजरेंगे, जिसमें आप का मित्र रहता है। ''उसे कम-से-कम नमस्कार तो भेज ही दें''—आपके दिमाग में विचार आता है। आप डायरी के पन्ने पर जल्दी-जल्दी कुछेक शब्द लिख मारते हैं और पर्ची को किसी भारी चीज के साथ बाँध कर रख लेते हैं (ऐसी चीज को आगे हम 'बोझ' के नाम से पुकारेंगे)। जब आपके मित्र का घर आपके जहाज के नीचे आता है, आप बोझ हाथ से गिरा देते हैं।

आपको पूरा विश्वास है कि बोझ बेशक घर के समीप बाग में कहीं पर गिरेगा। लेकिन वह वहाँ नहीं गिर रहा है, यद्यपि घर और बाग दोनों ही ठीक आपके नीचे हैं।

यदि जहाज से उसके अभिपातन को आप ध्यान से देखेंगे, तो एक विचित्र तथ्य सामने आएगा : बोझ नीचे तो गिर ही रहा है, पर साथ ही साथ वह **हवाई जहाज का पीछा भी नहीं छोड़ रहा है;** जहाज के ठीक नीचे उसके साथ चला आ रहा है, मानों उसे अदृश्य धागे से बाँध कर नीचे लटकाया जा रहा हो। और जब बोझ जमीन तक पहुँचेगा, वह इष्ट स्थान से बहुत ही दूर होगा।

इसमें भी उसी जड़त्व नियम की भूमिका है, जो बेर्जेराक द्वारा बताई गई मोहक विधि से यात्रा करने में बाधक बनता है। जब तक बोझ विमान में था, वह विमान के साथ चल रहा था। आपने उसे गिरा दिया। पर जहाज से अलग हो कर नीचे गिरते वक्त वह अपना प्रारंभिक वेग खो नहीं देता। वह नीचे भी गिरता है और साथ-साथ पुरानी दिशा में भी गतिमान रहता है। अधोमुखी और क्षैतिज दोनों ही गतियाँ जुड़ जाती हैं और इसके परिणाम-स्वरूप बोझ नीचे की ओर वक्र रेखा पर चलना शुरू करता है; वह विमान के नीचे-नीचे क्षैतिज चलते हुए गिरता है (यदि

विमान के उड़ने की दिशा या क्षिप्रता नहीं बदलती)। बोझ की गति ठीक वैसी ही होती है, जैसी क्षैतिज दिशा में प्रक्षिप्त पिंड की गति होती है। उदाहरण के तौर पर क्षैतिज दिशा में छोड़ी गई बंदूक की गोली का पथ देखें : वह एक वक्र पथ पर चलती है, जो अंततोगत्वा जमीन पर समाप्त हो जाती है।

एक बात बतानी रह जाती है : उपरोक्त सारी बातें पूर्णरूप से सही होतीं, यदि हवा का प्रतिरोध न होता। वास्तविकता में यह प्रतिरोध क्षैतिज और उदग्र—दोनों ही गतियों का ह्रास करता है, जिसके कारण बोझ पूरे काल तक विमान के नीचे नहीं रहता; कुछ पीछे छूटता जाता है।

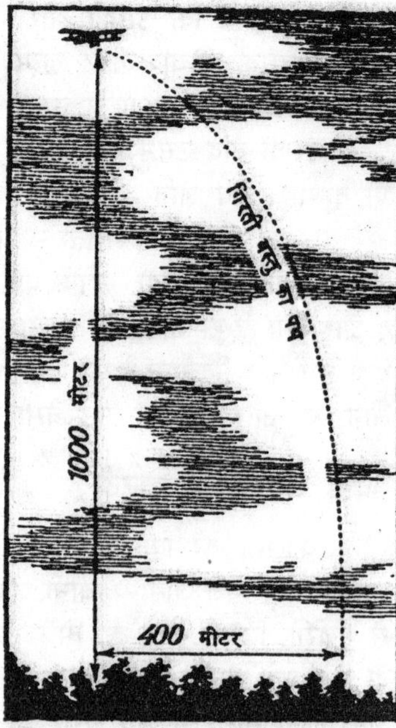

चित्र 2. उड़ते विमान से फेंका गया सामान उदग्र नहीं, वक्र पथ पर गिरता है।

यदि विमान बड़ी ऊँचाई और बड़े वेग से उड़ रहा हो, तो उदग्र रेखा से बोझ बहुत दूर चला जा सकता है। यदि हवा शांत हो, तो 1000 m की ऊँचाई पर 100 km प्रति घंटे के वेग से उड़ते विमान से गिराया गया बोझ उदग्र रेखा से कोई 400 मीटर दूर गिरेगा (चित्र 2)।

कलन (यदि वायु-प्रतिरोध को नगण्य माना जाए) जटिल नहीं है। समरूप त्वरण से गतिमान पिंड के पथ की लंबाई व्यक्त करने वाले सूत्र $S = gt^2/2$ से प्राप्त होता है : $t = \sqrt{2S/g}$ । इसका मतलब है कि 1000 m की ऊँचाई से गिरने वाला पत्थर $\sqrt{\frac{2 \times 100}{9.8}}$, अर्थात् 14 सेकेंड में जमीन पर पहुँचेगा। इस अंतराल में वह $\frac{100000}{3600} \times 14 = 390\ \text{m}$ की क्षैतिज दूरी तय कर चुका होगा।

बमबारी

उपरोक्त बातों से स्पष्ट हो जाता है कि सैनिक विमान के चालक का काम कितना कठिन होता है, जब उसे किसी स्थान-विशेष पर बम गिराने की आज्ञा मिलती है। उसे हिसाब लगाते वक्त विमान के वेग और गिरने वाले पिंड पर वायु-प्रतिरोध

के प्रभाव के अतिरिक्त हवा की गति को भी ध्यान में रखना पड़ता है। चित्र 3 में भिन्न परिस्थितियों में फेंके गए बम के भिन्न पथों के आरेख दिखाए गए हैं। यदि हवा शांत है, तो बम वक्र AF पर चलता हुआ गिरता है। यदि हवा विमान के उड़ने की दिशा में बह रही है, बम का पथ वक्र AG हो जाता है। साधारण शक्ति की प्रतिकूल हवा के कारण बम वक्र AD के सहारे गिरता है। ये पथ सिर्फ उस परिस्थिति में बनते हैं, जब ऊँचाई पर और नीचे हवा का वेग समान होता है। पर अक्सर ऊपर और नीचे हवा की दिशाएँ विपरीत होती हैं (जैसे ऊँचाई पर प्रतिकूल और नीचे–अनुकूल)। ऐसी परिस्थिति में वक्र का रूप बदल कर AE की भाँति हो जाता है।

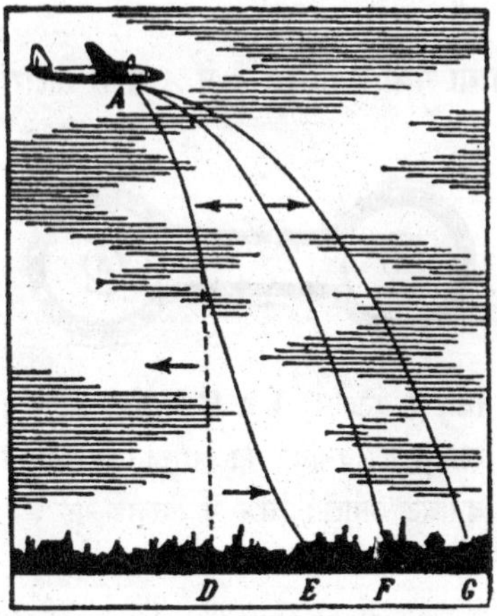

चित्र 3. विमान से गिरने वाले बम का पथ : AF–शांत हवा में; AG–विमान की दिशा में हवा बहने पर; AD–विमान के विपरीत हवा चलने पर; AE–जब ऊपर हवा विपरीत हो और नीचे अनुकूल।

रेलगाड़ी, जो रुकती नहीं

जब आप अचल प्लेटफार्म पर खड़े रहते हैं और सामने से 'एक्सप्रेस' गुजरती है, तो डिब्बे में छलांग लगाना समझदारी की बात नहीं होगी। लेकिन कल्पना करें कि प्लेटफार्म भी गाड़ी की दिशा में उसी वेग से गतिमान है। तब क्या डिब्बे में चढ़ना कठिन होगा?

जरा भी नहीं। आप आराम से डिब्बे में प्रवेश कर सकते हैं। यह रुकी ट्रेन में चढ़ने जैसा ही होगा। यदि आप और गाड़ी समान क्षिप्रता से समान दिशा में गतिमान हैं, तो **आपके सापेक्ष गाड़ी अचल** है। उसके चक्के घूमते रहेंगे लेकिन आपको लगेगा कि चक्के अपनी जगह पर ही नाच रहे हैं, आगे नहीं बढ़ते। सच पूछें, तो सभी वस्तुएँ, जिन्हें हम अचल मानते हैं (जैसे स्टेशन पर खड़ी गाड़ी), हमारे साथ-साथ पृथ्वी की धुरी व सूर्य का चक्कर लगाती रहती हैं। व्यावहारिकतः इस गति की उपेक्षा की जा सकती है, क्योंकि इससे हमें कोई असुविधा नहीं होती।

अतः गाड़ी को बिना रोके यात्रियों को बैठाने व उतारने की व्यवस्था की जा सकती है। यह कोई कोरी कल्पना नहीं होगी।

बड़ी-बड़ी प्रदर्शनियों में अक्सर ऐसी प्रयुक्तियाँ लगाई जाती हैं, ताकि दर्शक को देखने में सुविधा हो और उसका समय जाया न हो। प्रदर्शनी-क्षेत्र के छोर अंतहीन फीते जैसी रेलवे-लाइन से मिले रहते हैं; यात्री जहाँ चाहें, चलती गाड़ी में घुस सकते

हैं और उसमें से निकल सकते हैं।

इस दिलचस्प प्रयुक्ति को चित्रों में दिखाया गया है। चित्र 4 में A व B अक्षरों द्वारा प्रदर्शनी के छोरों पर स्थित स्टेशन दिखाए गए हैं। हर स्टेशन पर एक अचल गोल चबूतरा होता है, जिसके चारों ओर ग्रामोफोन के रिकार्ड सा एक बहुत बड़ा क्षैतिज चक्का घूमता रहता है। इन चक्कों के चारों ओर लोहे की रस्सियों से जुड़े रेलगाड़ी के डिब्बे घूमते रहते हैं। डिब्बों की क्षिप्रता उतनी ही होती है, जितनी तेजी से चबूतरों की बाह्य किनारी घूमती है; अतः यात्री बिना किसी खतरे के चबूतरे से गाड़ी

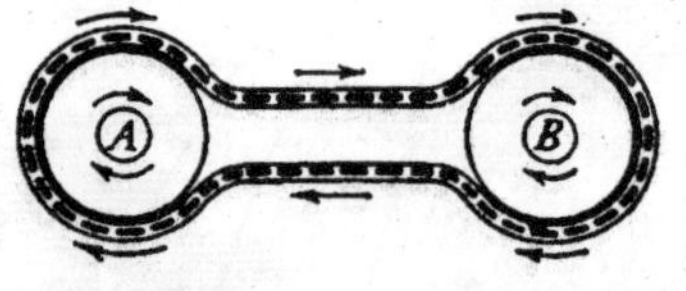

चित्र 4. स्टेशनों A व B के बीच अविराम रेलपथ की बनावट का आरेख। स्टेशन की बनावट अगले। चित्र में दिखाई गई है।

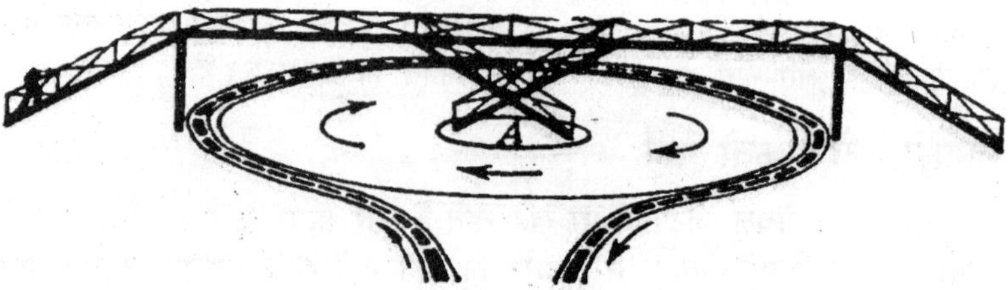

चित्र 5. सदा गतिमान रेलपथ का स्टेशन।

में प्रवेश कर सकते हैं और गाड़ी से चबूतरे पर उतर सकते हैं। डिब्बें से निकल कर यात्री घूमते चबूतरे के केंद्र की ओर चलना शुरू करता है और अचल चबूतरे पर पहुँच जाता है। घूमते चबूतरे की बाहरी किनारी से भीतरी किनारी तक पहुँचना कठिन नहीं होता, क्योंकि जैसे-जैसे त्रिज्या कम होती जाती है, परिधि पर की गति भी कम होती जाती है।[1] भीतरी अचल चबूतरे पर पहुँच कर यात्री पुल के सहारे जमीन पर उतर आता है। (चित्र 5)

कम स्टेशनों के होने से समय और ऊर्जा की काफी बड़ी बचत होती है। शहरों में ट्राम के रुक-रुक कर चलने के बाद दो-तिहाई ऊर्जा और समय का बहुत

1. समझना सरल है कि भीतरी किनारी के बिंदु कहीं अधिक मंद गति से घूमते हैं, क्योंकि समान अंतराल में बाह्य किनारी के बिंदुओं की अपेक्षा कम लंबाई का गोल पथ तय करते हैं।

बड़ा भाग उसे रोकने व पुनः चालू करने में ही खर्च हो जाता है।[1]

रेलगाड़ी के स्टेशनों पर गतिमान प्लेटफार्मों के बिना भी काम चल सकता है। मान लीजिए कि कोई साधारण सा अचल स्टेशन है, जहाँ से एक्सप्रेस गाड़ी गुजरती है। हम चाहते हैं कि उसे बिना रोके यात्रियों को उसमें बैठाया जाए। यात्रियों को पहले किसी बड़ी गाड़ी में जमा कर लेना चाहिए। जब यह गाड़ी एक्सप्रेस के समांतर चलती हुई एक्सप्रेस जितनी ही गति बढ़ा लेगी और उसकी बराबरी पर आ जाएगी, दोनों गाड़ियाँ **एक दूसरे के सापेक्ष** अचल हो जाएँगी। अब तख्ते का पुल खिसका कर दोनों गाड़ियों को जोड़ा जा सकता है। यात्री आराम से एक्सप्रेस गाड़ी में बैठ जाएँगे; एक्सप्रेस को रोकने की कोई आवश्यकता नहीं होगी।

चलते फुटपाथ

गति सापेक्षिकता नियम के आधार पर बनी एक और प्रयुक्ति है—''चलते फुटपाथ''। इनका व्यवहार अब तक प्रदर्शनियों तक ही सीमित था। पहली बार वे शिकागो प्रदर्शनी (1893 ई.) के लिए बनाए गए थे; बाद में उनका प्रयोग 1900 ई. की पेरिस विश्व प्रदर्शनी में हुआ था। इस प्रयुक्ति का आरेख चित्र 6 में दिखाया गया है। इसमें एक के भीतर एक कर के पाँच संवृत फुटपाथी पट्टियाँ हैं, जो विशेष यंत्रों द्वारा अलग-अलग क्षिप्रताओं से गतिमान रहती हैं।

बाहरी पट्टी काफी धीरे—5 km प्रति घंटे—की क्षिप्रता से चलती रहती है। यह पैदलयात्री की साधारण गति है और इतनी धीरे रेंगने वाली पट्टी पर चढ़ जाना कठिन नहीं है। इसके साथ वाली भीतर की पट्टी 10 km/h की क्षिप्रता से चल रही होती है। सड़क से सीधे इस पर चढ़ना थोड़ा खतरनाक होगा, पर पहली पट्टी से इस पर आने में कुछ खतरा नहीं है। कारण यह है कि 10 km/h की क्षिप्रता से चलने वाली दूसरी पट्टी 5 km/h की क्षिप्रता से गतिमान पहली पट्टी के सापेक्ष एक घंटे में सिर्फ 5 km की दर से चलती है। दूसरी पट्टी पर पहली पट्टी से आना उतना ही आसान है, जितना जमीन से पहली पट्टी पर। तीसरी पट्टी 15 km/h की दर से चलती है, लेकिन दूसरी पट्टी से उस पर आना बिल्कुल कठिन नहीं है। तीसरी से चौथी पर आना भी उतना ही आसान है : चौथी की चाल 20 km/h है। और अंत में दर्शक चौथी से 25 km/h की दर से दौड़ती पाँचवी पट्टी पर खड़ा हो कर आवश्यक स्थान पर पहुँचता है और एक-एक कर पट्टियों पर चलता

1. ब्रेक लगाने में खर्च हुई ऊर्जा की बचत हो सकती है, यदि ट्राम के विद्युत-चलित ब्रेक, लगाते वक्त, डाइनेमो (जनित्र) की तरह काम करने लगते और थोड़ा विद्युत वापस लौटा देते। शार्लोटेन (बर्लिन के पास) में इस विधि से 30% विद्युत की बचत की गई। (यही विधि बड़े पैमाने पर ब्लादीवस्तोक-मास्को विद्युत-ट्रेनों में उपयोग की जा रही है—संपादक)

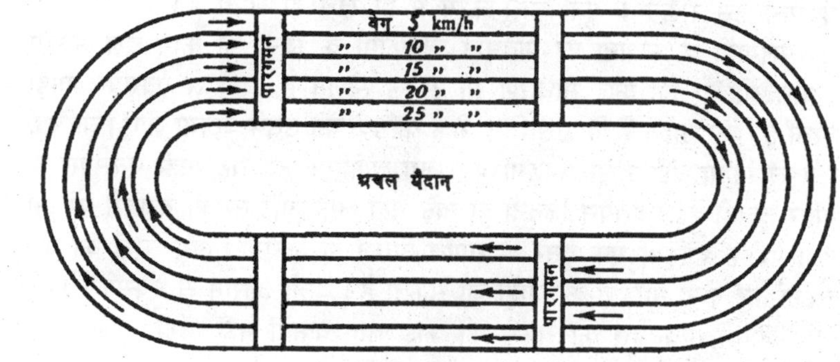

चित्र 6. चलते फुटपाथ।

हुआ जमीन पर उतर आता है।

कठिन नियम

यांत्रिकी के तीन मुख्य नियमों में से शायद कोई भी इतना कठिन नहीं है, जितना ''न्यूटन का तीसरा नियम''। यह **क्रिया और प्रतिक्रिया** से संबंधित नियम है। इसे सभी जानते हैं और कुछ स्थितियों में इसका सही-सही प्रयोग भी कर सकते हैं। पर बहुत कम ही लोग होंगे, जो इसे सही-सही समझते होंगे। हो सकता है कि आप, पाठकगण, खुशकिस्मत हों और इसे तुरत समझ गए हों। लेकिन मैं स्वीकार करता हूँ कि इस नियम के साथ प्रथम परिचय होने के दो साल बाद ही इसे समझ सका।

अलग-अलग कई लोगों से बातें करके मैंने देखा कि अधिकांश लोग इस नियम की सत्यता को मानने के लिए तैयार हैं, यदि इसमें कुछ महत्त्वपूर्ण सुधार कर दिया जाए। वे सहर्ष मान लेते हैं कि नियम अचल पिंडों के लिए सत्य है। पर गतिमान पिंडों की आपसी क्रिया में इसे कैसे लागू किया जाए, वे नहीं समझ पाते। नियम कहता है : क्रिया हमेशा प्रतिक्रिया के बराबर व विपरीत होती है। इसका अर्थ है कि यदि घोड़ा टमटम को आगे की ओर खींच रहा है, तो टमटम भी घोड़े को उसी बल से पीछे खींच रहा है। लेकिन इस स्थिति में टमटम को अपने स्थान पर ही टिका रहना चाहिए। फिर वह चल क्यों पड़ता है? ये दोनों बल एक दूसरे को संतुलित क्यों नहीं कर लेते, यदि वे आपस में बराबर हैं?

इस नियम से संबंधित ये प्रश्न लोगों को अक्सर परेशान करते हैं। तो क्या नियम गलत है? नहीं, वह बिल्कुल सही है; सिर्फ हम उसे ठीक-ठीक नहीं समझते। बल एक दूसरे को संतुलित नहीं करते—इसका कारण है कि वे भिन्न पिंडों पर क्रियाशील

हैं। एक बल टमटम पर लगा है और दूसरा—घोड़े पर। यह सही है कि बल बराबर हैं। पर क्या समान बल हमेशा समान क्रिया संपन्न करते हैं? क्या तुल्य बल सभी पिंडों को समान त्वरण संप्रेषित करते हैं? क्या पिंड पर बल की क्रिया बल के विरुद्ध पिंड के 'प्रतिरोध' की मात्रा पर निर्भर नहीं करती?

यदि इन प्रश्नों पर मनन करें, तो स्पष्ट हो जाएगा कि क्यों घोड़ा टमटम को आगे खींच ले जाता है, जब कि टमटम भी उसी बल से घोड़े को पीछे खींच रहा है। टमटम पर क्रियाशील बल और घोड़े पर क्रियाशील बल हर क्षण बराबर हैं; पर चूँकि टमटम चक्कों पर स्वतंत्रतापूर्वक गति कर सकता है और घोड़ा जमीन पर पैर से टेक कर अड़ जाता है, इसलिए स्पष्ट है कि टमटम घोड़े की ओर लुढ़क पड़ता है। जरा सोचिए तो सही; यदि टमटम घोड़े की गतिदायक शक्ति का प्रतिरोध नहीं करता, तो...घोड़े के बिना भी काम चल जाता; क्षीण से क्षीण बल लगाने पर भी टमटम गतिमान हो जाता। घोड़ा इसीलिए तो चाहिए कि वह टमटम के प्रतिरोध को तोड़ सके।

नियम को आत्मसात् करने में आसानी होती और किसी तरह की गलतफहमी भी नहीं उत्पन्न होती, यदि नियम को ऐसे संक्षित रूप में नहीं लिखा जाता : ''क्रिया और प्रतिक्रिया बराबर होती है''। नियम को (उदाहरणार्थ) इस प्रकार भी लिखा जा सकता है : ''प्रतिक्रियाशील बल बराबर होता है क्रियाशील बल के''। क्योंकि बराबर सिर्फ बल होते हैं,—और उनकी क्रियाएँ (यदि 'बल की क्रिया' को साधारण अर्थ 'पिंड के स्थानांतरण' में लिया जाए) साधारणतया भिन्न होती हैं, क्योंकि बल भिन्न पिंडों पर लगे होते हैं।

जब ध्रुववर्ती बर्फ के चट्टान जहाज 'चेल्युस्किन' को दाब रहे थे, जहाज की बाह्य दीवारें भी बर्फ को दबा रही थीं। दुर्घटना तो इसलिए हो गई कि शक्तिशाली बर्फ जहाज के प्रतिरोध को सहन कर गया और जहाज लोहे का होने के बावजूद भी, चूँकि खोखला था, इस बल के आगे झुक गया और पिचक कर टूट गया। ('चेल्युस्किन' को नष्ट करने वाले भौतिकीय कारणों के बारे में सविस्तार पढ़ें पृ. 54 पर)।

यहाँ तक कि पिंडों का अभिपातन (गिरना) भी प्रतिक्रिया के इस नियम का ठीक-ठीक पालन करता है। सेब के जमीन पर गिरने का कारण यह है कि पृथ्वी सेब को अपनी ओर आकर्षित करती है; पर **ठीक उसी बल से सेब भी हमारी पृथ्वी को अपनी ओर खींचता** है। यदि सच कहा जाए, तो सेब और पृथ्वी दोनों ही एक दूसरे पर गिरते होते हैं, पर अभिपातन का वेग सेब और पृथ्वी के लिए अलग-अलग है। पारस्परिक आकर्षण का बल सेब को $10 \ m/s^2$ का त्वरण संप्रेषित करता है, और वही बल पृथ्वी को—उससे उतना गुना कम, जितना गुना सेब से पृथ्वी का द्रव्यमान अधिक है। पर सेब के द्रव्यमान से पृथ्वी का द्रव्यमान इतना गुना अधिक है कि उसकी कल्पना भी नहीं कर सकते; अतः पृथ्वी का स्थानांतरण इतना नगण्य होता

है कि उसे शून्य मान सकते हैं। इसीलिए ''सेब और पृथ्वी एक दूसरे पर गिर रहे हैं'' कहने की बजाय हम कहते हैं : सेब पृथ्वी पर गिर रहा है।[1]

श्वेतगिरि-विक्रमबली की मृत्यु

आपने श्वेतगिरि-विक्रमबली[2] के बारे में लोकगाथा सुनी होगी, जो पृथ्वी को हाथों से उठा लेना चाहता है। यदि जनश्रुति का विश्वास किया जाए, तो आर्कमेडिस भी ऐसा पराक्रम दिखाने के लिए तैयार थे; उन्हें सिर्फ उत्तोलक के लिए आलंब-बिंदु की आवश्यकता थी। पर श्वेतगिरि को उत्तोलक की भी आवश्यकता नहीं थी। उसे सिर्फ खोज थी कि क्या पकड़ कर पृथ्वी को उठाया जाए और अपना पराक्रम दिखाया जाए। ''पकड़ने को कुछ मिल जाए, तो पृथ्वी उठा लूँ''। अवसर मिल गया : विक्रमबली को रास्ते में ''कंधे के आर-पार लटकाने वाली बोरी'' दिखी, जो ''न फटने वाली थी, न हिलने वाली, न उठने वाली''।

उत्तम घोड़े से श्वेतगिरि उतरा
बाहों से दोनों बोरी पकड़ा,
उठा लिया बोरी घुटनों तक—
कि धंस गया श्वेतगिरि घुटनों तक
और गालों पर अब आँसू नहीं,
बहता है रक्त।
श्वेतगिरी जहाँ धँस गया,
वहीं का वहीं वह रह गया
और वहीं हो गया उसका अंत।

यदि श्वेतगिरी को क्रिया-प्रतिक्रिया का नियम ज्ञात होता, तो वह समझ जाता कि जमीन पर लगाया गया उसका विक्रमी बल अपने तुल्य, अर्थात् उतना ही विक्रमी प्रतिक्रियाशील बल उत्पन्न करेगा, जो उल्टा उसे ही पृथ्वी में धँसा सकता है।

जो भी हो, गाथा से स्पष्ट है कि लोग उस समय भी पृथ्वी की प्रतिक्रिया से अनभिज्ञ नहीं थे; वे जानते थे कि जब पृथ्वी पर टेक लगाया जाता है, तो पृथ्वी प्रतिक्रिया करती है। न्यूटन द्वारा उसकी अमर पुस्तक 'प्रकृति-दर्शन के गणितीय आधार' में (प्रकृतिदर्शन उस समय भौतिकी को कहा जाता था) प्रतिक्रिया के नियम की प्रथम घोषणा के हजारों साल पहले से ही लोग अनजाने में इसका उपयोग करते आ रहे हैं।

---

1. प्रतिक्रिया के बारे में और देखें : 'मनोरंजक यांत्रिकी', मेरी, अध्याय 1।
2. रूसी लोक-गाथाओं के एक नायक—स्व्यातोगोर-बगातीर।

क्या बिना आलंब के चल सकते हैं?

पैदल चलते वक्त हम पैरों द्वारा जमीन या फर्श पर अड़ कर अपने को आगे की ओर धकेलते हैं; बहुत चिकने फर्श या बर्फ पर पैर हमें आगे धकेलने में असमर्थ होते हैं, इसीलिए वहाँ चलना असंभव होता है। इंजन चलते वक्त अपने 'वाहक' चक्कों द्वारा पटरियों को पीछे धक्के देता है और खुद आगे की ओर धक्के खाता है। यदि पटरियों पर तेल फैला दिया जाए, तो इंजन आगे नहीं बढ़ सकेगा। कभी-कभी (जब जाड़ों में बर्फ की परत हर जगह फिसलनदार हो जाती है) रेलगाड़ी आगे बढ़ाते रहने के लिए एक विशेष प्रयुक्ति द्वारा पटरियों पर बालू छिड़कते जाते हैं। शुरू-शुरू में रेलगाड़ी का जब आविष्कार हुआ था, उसके चक्कों में दाँत लगे होते थे। लोग सोचते थे कि इसके बिना चक्के पटरियों पर गाड़ी को आगे नहीं धकेल सकेंगे। स्टीमर चक्के की पंखुड़ियों द्वारा अपने को पानी से आगे धकेलता है। हवाई जहाज भी अपने को हवा से आगे धकेलता है इसमें उसका सहायक होता है प्रौपेलर (नोदक)। तात्पर्य यह है कि वस्तु चाहे किसी भी माध्यम में गतिमान हो, वह उस माध्यम पर टेक लगा कर अपने को आगे धकेलती है। पर क्या पिंड अपने बाहर किसी चीज पर टेक लगाए बिना अपने को आगे धकेल सकता है? क्या वह **बिना आलंब के आगे बढ़ेगा?**

प्रतीत होता है कि ऐसी गति प्राप्त करने का अर्थ है अपने को अपनी चुटिया पकड़ कर उठाने का प्रयत्न करना और हमें ज्ञात है कि इसमें अभी तक सिर्फ गपोड़ नबाब म्युखाउजेन ही सफल हो सके हैं। लेकिन ऐसी असीम गति भी संभव है; हम अक्सर उसे देखते हैं। यह सही है कि सिर्फ आंतरिक शक्तियों की सहायता से पिंड अपने को **पूर्णरूप से** गतिमान नहीं कर सकता, पर वह अपने द्रव्य के कुछ भाग को एक दिशा में गतिमान कर के स्वयं को विपरीत दिशा में गतिमान कर सकता है। आपने कितनी बार उड़ते हुए राकेट को देखा होगा, पर कभी आपने सोचा है कि वह कैसे उड़ाया है? राकेट इसी प्रकार की गति का दृश्यमान उदाहरण है, जिसकी चर्चा हम करने जा रहे हैं।

राकेट क्यों उड़ता है?

भौतिकी का ज्ञान रखने वाले लोग भी अक्सर राकेट की उड़ान का कारण गलत बताते हैं : राकेट उड़ता है, क्योंकि उसके भीतर बारूद के जलने से बनी गैस उसको **हवा से आगे धकेलती रहती** है। पुराने जमाने में यही सोचते थे (राकेट का आविष्कार बहुत पुराना है)। पर यदि राकेट वातहीन व्योम में छोड़ा जाए, तो उसकी उड़ान और अच्छी ही होगी, बुरी नहीं होगी। राकेट की गति का यथार्थ कारण बिल्कुल दूसरा है। क्रांतिकारी किबाल्चिच की डायरी में इस कारण को बड़े ही स्पष्ट व सरल

शब्दों में समझाया गया है, जिसे उन्होंने मृत्यु के पहले अपने द्वारा आविष्कृत उड़ने वाली एक मशीन का वर्णन करते हुए लिखा था। युद्ध-राकेटों की बनावट समझाते हुए वे लिखते हैं :

"टिन के खोखले बेलन में, जो एक तरफ से खुला हो और दूसरी तरफ से बंद हो, एक दूसरा बेलन कस कर भर देते हैं। दूसरे बेलन में बारूद दबी हुई होती है, जिसके बीचोबीच अक्ष के अनुलंब नाली छुटी रहती है। इस नाली की भीतरी सतहों से बारूद का जलना शुरू होता है और पूरी बारूद के जलने में थोड़ा समय लगता है। दहन से उत्पन्न गैस हर दिशा में दबाव डालती है, पर पार्श्वीय दबाव एक दूसरे को संतुलित कर देते हैं। सिर्फ पेंदे पर गैस का दबाव विपरीत दबाव द्वारा संतुलित नहीं होता (क्योंकि इस दिशा में गैस के निकलने का रास्ता खुला होता है)। राकेट को यही दबाव आगे धकेलता है।"

तोप से जब गोला छोड़ते हैं, तो यही होता है : गोला आगे भागता है और तोप धक्का खा कर पीछे हटता है। बंदूक या किसी भी दूसरे आग्नेय अस्त्र के साथ यही होता है। यदि तोप हवा में लटका होता और कोई चीज रोकती नहीं, तो गोला छोड़ते ही वह पीछे की ओर चल पड़ता। उसका वेग गोले के वेग से उतना ही गुना कम होता, जितना गुना गोला उससे हल्का होता। जूल वेर्न के उपन्यास 'उलट-पलट' में अमेरिकन लोग "पृथ्वी के अक्ष को सीधा करने के लिए" एक विराट तोप के प्रतिनोदन (पीछे की ओर झटका) को ही काम में लाना चाहते थे।

राकेट भी तोप है; अंतर सिर्फ इतना है कि तोप गोले छोड़ता है और राकेट—बारूदी गैस। आतिशबाजी में फुलझड़ियों की घिरनी आपने अवश्य देखी होगी; यह भी इसी कारण से घूमती है : चक्के से लगी नलियों में बारूद के जलने से गैस एक दिशा में निकलती है और नलियों समेत चक्का दूसरी दिशा में घूमने लगता है। दरअसल यह विख्यात भौतिकीय उपकरण सिग्नेट-चक्र का ही बदला हुआ रूप है।

यहाँ एक दिलचस्प बात बताई जा सकती है कि स्टीमर के आविष्कार के पहले एक यांत्रिक जहाज की प्रायोजना दी गई थी, जो इन्हीं बातों पर आधारित थी। प्रायोजना के अनुसार जहाज में पहले से जमा किए गए पानी को पंप द्वारा तेजी से पीछे की ओर निकालने पर जहाज आगे की ओर बढ़ता। स्कूलों में भौतिकी की प्रयोगशाला में इस सिद्धांत को सिद्ध करने के लिए प्रयुक्त तैरने वाले टिन के डिब्बों की तरह ही यह जहाज चलता। रेम्सी की यह प्रायोजना कार्यान्वित नहीं हो सकी, पर स्टीमर के आविष्कार में इसकी भी भूमिका रही; फ्यूल्टन के विचारों को इसी ने प्रेरित किया था।

यह भी ज्ञात है कि प्राचीनतम वाष्प-इंजन ईसा पूर्व दूसरी शती में अलेक्जेंड्रिया के हिरोन द्वारा बनाया गया था और यह भी इसी सिद्धांत पर आधारित था : वाष्प

एक नली द्वारा कड़ाह से निकलकर (चित्र 7) गोल बरतन में आता है और वहाँ से घुटने की तरह मुड़ी नलियों से बाहर निकलते हुए उन्हें पीछे धकेलने लगता है, जिससे गोल बरतन घूर्णन करने लगता है। खेद की बात है कि हिरोन का वाष्प-टर्बाइन उस जमाने में सिर्फ एक कौतूहलपूर्ण खिलौना बना रहा। गुलामों के सस्ते श्रम के कारण मशीनों के व्यावहारिक उपयोग का विचार किसी के दिमाग में नहीं आता था। पर तकनीकी विकास ने इसके सिद्धांत की अवहेलना नहीं की : इसका उपयोग आज प्रतिकारी टबाईनों को बनाने में हो रहा है।

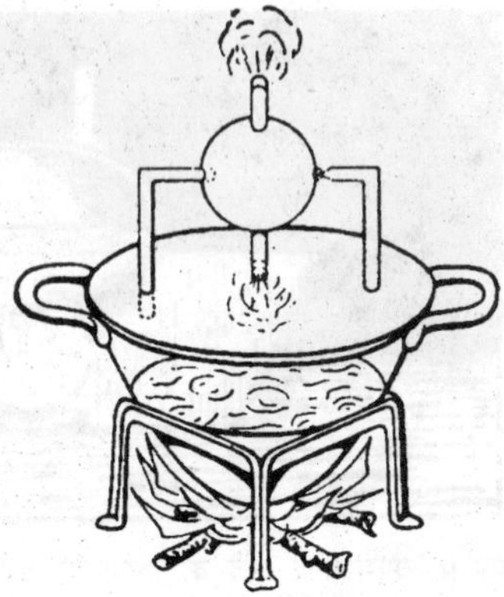

चित्र 7. प्राचीनतम वाष्प-इंजन (टर्बाइन), जिसके अविष्कारक अलेक्जेंड्रिया के हिरोन (II शती ईसा पूर्व) माने जाते हैं।

वाष्प-इंजन की प्रथम परियोजनाओं में से एक के रचेता न्यूटन भी माने जाते हैं। इसका भी यही सिद्धांत है : चक्कों वाली गाड़ी पर रखे बरतन में से वाष्प एक दिशा में निकलता है और गाड़ी प्रतिनोदन शक्ति से दूसरी (विपरीत) दिशा में चल पड़ती है (चित्र 8)।

चित्र 8. इस वाष्प-गाड़ी के अविष्कारक न्यूटन माने जाते हैं।

1928 ई. के पत्र-पत्रिकाओं में राकेटी औटो-गाड़ियों की बड़ी जोर-शोर से खबरें छप रही थीं; उन पर नाना प्रयोग किए जा रहे थे। ये गाड़ियाँ न्यूटन की बग्गी का ही आधुनिक रूप थीं।

घर बैठे कुछ बनाने में दिलचस्पी रखने वालों के लिए चित्र 9 में इसी नियम पर चलने वाले कागजी जहाज का आरेख दिया जा रहा है : स्प्रि में भीगी रुई धातु

चित्र 9. कागज व अंडे के खोल के बना खिलौना स्टीमर। अंगुश्ताने में ढाला गया स्पिरिट ईंधन का काम करता है। वाष्पित्र (छेद किए हुए अंडे के खोल) से निकलने वाला वाष्प स्टीमर को विपरीत दिशा में गति मान करता है।

के अंगुश्ताने में रख कर दीये की तरह जला लेते हैं। इसकी लौ से अंडे के खोल में रखे पानी को गर्म करते हैं। वाष्प फुहारे के रूप में एक छेद से निकलने लगता है और प्रतिनोदन के कारण जहाज दूसरी (विपरीत) दिशा में चल पड़ता है। पर इस खिलौने के बनाने के लिए निपुण हाथों की आवश्यकता है।

मसिधर कैसे तैरता है?

"अपना बाल पकड़कर स्वयं को उठाना" हमारे लिए गलत हो सकता है, पर कई जीवों के लिए चलने का यही साधन है।

मसिधर जैसे अधिकतर शीर्षपादी मृदुपीन पानी में निम्न विधि से चलते हैं :[1] वे पार्श्व की दरार और एक विशेष शंकु से पानी अपने भीतर खींचते हैं और फिर उसी शंकु से पानी तेज धार के रूप में बाहर निकालते हैं। प्रतिक्रिया के नियम के अनुसार इस से इन्हें विपरीत दिशा में धक्का लगता है, जो पीछे की दिशा में तेजी से तैरने के लिए पर्याप्त शक्तिशाली होता है। मसिधर शंकु की नली को किसी भी दिशा में घुमा सकता है और इसीलिए तेजी से पानी छोड़ते हुए किसी भी दिशा में भाग सकता है।

जेली-फिश (मिडूसा) भी इसी नियम के अनुसार चलती है : छाते-से अपने शरीर के नीचे एकत्रित पानी वे अपनी पेशियों का संकोचन कर के निकालती हैं, जिससे

---

1. घोंघे, सीप, अष्टभुज (औक्टोपस), आदि जैसे कोमल मांस वाले (मृदुपीन) जीवों में से कुछ के पैर सिर पर होते हैं (शीर्षपादी); इनमें से एक, मसिधर, अपने आक्रामक की आँखों में स्याही झोंकता है।—अनु.

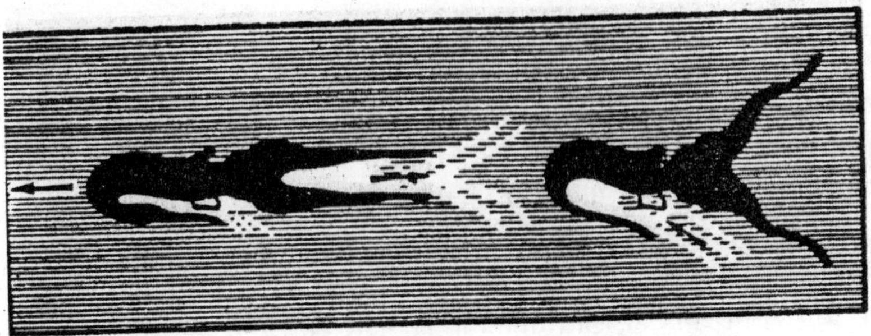

चित्र 10. शीर्षपाद जाति की कटल नामक मछली का तैरना

उन्हें विपरीत दिशा में धक्का मिलता है। व्याध पतंग आदि के डिंबक (लार्वा) और कई अन्य लवासी जीव इसी युक्ति से तैरते हैं। और हमें संदेह हो रहा था कि इस प्रकार भी चला जा सकता है!

राकेट में सितारों की ओर[1]

इससे बढ़ कर मोहक बात और क्या होगी कि पृथ्वी से दूर असीम ब्रह्मांड की यात्रा की जाए; पृथ्वी से चाँद की ओर एक ग्रह के बाद दूसरे ग्रह की उड़ान भरी जाए? इस विषय पर कितने काल्पनिक उपन्यास लिखे जा चुके हैं। नक्षत्रों की काल्पनिक यात्रा से किसने हमारा मन मोहने की कोशिश नहीं की! वोल्टेर ने अपने 'माइक्रोमेगास' में, जूल वेर्न ने 'चंद्र-यात्रा' व 'हेक्टर सेर्वादाक' में, वेल्स ने 'चाँद पर प्रथम लोग' और उनकी देखा-देखी करने वाले अनेक अन्य लेखकों ने कल्पना में ही सही, कर कितनी रोचक यात्राएँ की हैं नभ में ज्योतिर्बिंदुओं की।

क्या आदिकाल से चले आ रहे सपनों को सच करने की कोई संभावना नहीं है? उपन्यासों में इतनी मोहक सत्यता से वर्णित एक से एक बुद्धिमान परियोजनाएँ क्या सचमुच में पूरी नहीं होने वाली हैं? आगे चल कर हम अंतर्ग्रही यात्राओं की काल्पनिक परियोजनाओं पर और भी चर्चा करेंगे, पर अभी आपका परिचय कराते है। ऐसी यात्राओं की एक यथार्थ परियोजना से, जो रूसी वैज्ञानिक त्सियलकोव्स्की द्वारा प्रस्तुत की गई है।

क्या हवाई जहाज पर चाँद तक उड़ा जा सकता है? बिल्कुल नहीं : हवाई

---

1. 1957 ई. में अंतरिक्षी युग के आगमन के बाद से जिन युवा पाठकों ने होश सम्हाला है (या जिनका जन्म हुआ है), उन्हें या.इ. पेरेलमान द्वारा अंतर्ग्रही यात्रा के विचारों का प्रचार आज थोड़ा बालसुलभ लग सकता है, क्योंकि अब स्वचालित अंतरिक्ष-यान निकटवर्ती ग्रहों की उड़ान भर रहे हैं, चाँद की मिट्टी जमीन पर भेज रहे हैं, लगभग हर दिन कृत्रिम उपग्रह भेजे जा रहे हैं, आदमी चाँद पर उतर चुका है, आदि आदि। पर हम इस भाग को पुस्तक में ही रहने दे रहे हैं, क्योंकि यह इतिहास के दृष्टिकोण से दिलचस्प है : या. इ. पेरेलमान अंतरिक्षी उड़ान के अथक प्रचारकों में से एक थे।—संपादक.

जहाज और नियंत्रणीय गुब्बारे आदि से उड़ने का कारण हवा की मौजूदगी है; वे हवा में टिके रहते हैं, उससे धक्के खा कर आगे बढ़ते हैं। पर पृथ्वी और चाँद के बीच हवा नहीं है। अंतरिक्ष में माध्यम इतना घना नहीं है, जिस पर 'अंतर्ग्रही गुब्बारे' टिक सके। इसका मतलब है कि हमें कोई ऐसा उपकरण सोच निकालना चाहिए, जो बिना किसी आलंबी माध्यम के ही गतिमान व नियंत्रित हो सके।

खिलौने के रूप में ऐसे उपकरण से हम परिचित हो चुके हैं। इसका नाम है राकेट। एक इतना बड़ा राकेट क्यों न बना लिया जाए, जिसमें लोगों के रहने के लिए अलग जगह हो, खाद्य-सामग्रियों का भंडार हो, जिसमें हवा भरे बैलून और अन्य सभी आवश्यक वस्तुएँ रखी जा सकें? कल्पना कीजिए कि लोग ऐसे एक राकेट में ईंधन का बहुत बड़ा भंडार साथ रखते हैं और बारूदी गैस के निकलने की दिशा इच्छानुसार बदल सकते हैं। आपके पास एक वास्तविक नियंत्रणीय अंतरिक्ष यान

चित्र 11. राकेटनुमा अंतर्ग्रही विमान : एक योजना।

होगा, जिसमें आप अथाह ब्रह्मांड में भ्रमण कर सकेंगे; चाँद, ग्रहों...आदि की सैर कर सकेंगे। यात्री विस्फोट क्रिया को नियंत्रित कर सकेंगे और इस प्रकार से अंतर्ग्रही यान का वेग आवश्यकतानुसार धीरे-धीरे बढ़ा-घटा सकेंगे, ताकि उनके स्वास्थ्य पर असर न पड़े। मर्जी होने पर वे यान की दिशा मोड़ते हुए उसे धीमा कर के किसी भी ग्रह पर उतर सकेंगे। और अंत में, इसी विधि द्वारा वे वापस पृथ्वी पर लौट सकेंगे।

स्मरण करें कि अभी हाल ही में जन्मा विमानन किस प्रकार शिशु की भाँति चलना सीख रहा था। आज हवाई जहाज ऊँचे हवा में मँडराते हैं, पहाड़ों, मरुभूमियों, महाद्वीपों और महासागरों को भी लाँघने में समर्थ हैं। शायद सितारों की यात्रा का भी ऐसा ही उज्ज्वल भविष्य हो? शायद भावी 20-30 वर्षों में ही अंतरिक्ष-यात्रा का विकास ऐसी सफलता प्राप्त कर ले? तब इतने दिनों तक मानव को उनके सगे ग्रह के साथ बाँध कर रखने वाले अदृश्य बंधन टूट जाएँगे और वह ब्रह्मांड की असीम गहराइयों में कूद पड़ेगा।

अध्याय 2

बल, कार्य, घर्षण

हंस, झींगा और रोहू

यह कहानी सभी जानते होंगे कि कैसे, हंस, झींगा (चिंगट) और रोहू मिल कर सामान से लदी गाड़ी खींच रहे थे। पर यांत्रिकी के दृष्टिकोण से शायद ही किसी ने इस आख्यायिका पर ध्यान दिया होगा। नीति-कथाकार क्रिलोव ने जो निष्कर्ष दिया था, यांत्रिकी उससे बिल्कुल भिन्न निष्कर्ष देती है।

हमारे सामने किन्हीं कोणों पर परस्पर झुके तीन बलों को जोड़ने की समस्या है, जिसे अक्सर यांत्रिकी में हल करना पड़ता है। कथा में बलों की दिशाएँ निम्न शब्दों में बताई गई हैं :

...हंस उड़ता बादलों को,
चिंगट खिसक रहा है पीछे,
और मछली रही तान पानी में।

इसका अर्थ है कि (चित्र 12) कि एक बल (हंस की खींच) ऊपर की ओर क्रियाशील है; दूसरा, मछली का बल *(OB)*, बगल की ओर लग रहा है; तीसरा, चिंगट का *(OC)*,—पीछे की ओर। यह नहीं भूलें कि एक चौथा बल भी लग रहा है—गाड़ी का भार, जो उदग्र अधोमुखी है। कथा के अनुसार ''गाड़ी अब भी वहीं है,'' अर्थात् गाड़ी पर क्रियाशील सभी बलों का परिणामी बल शून्य के बराबर है।

क्या यह सत्य है? बादलों की ओर उन्मुख हंस चिंगट व मछली के कार्य में बाधक नहीं है, वह उनकी सहायता ही कर रहा है : उसका बल गुरुत्व बल की विपरीत दिशा में लगा है, अतः वह जमीन और अक्ष के साथ चक्कों के घर्षण के बल को कम कर रहा है; वह गाड़ी के भार को कम कर रहा है, या हो सकता

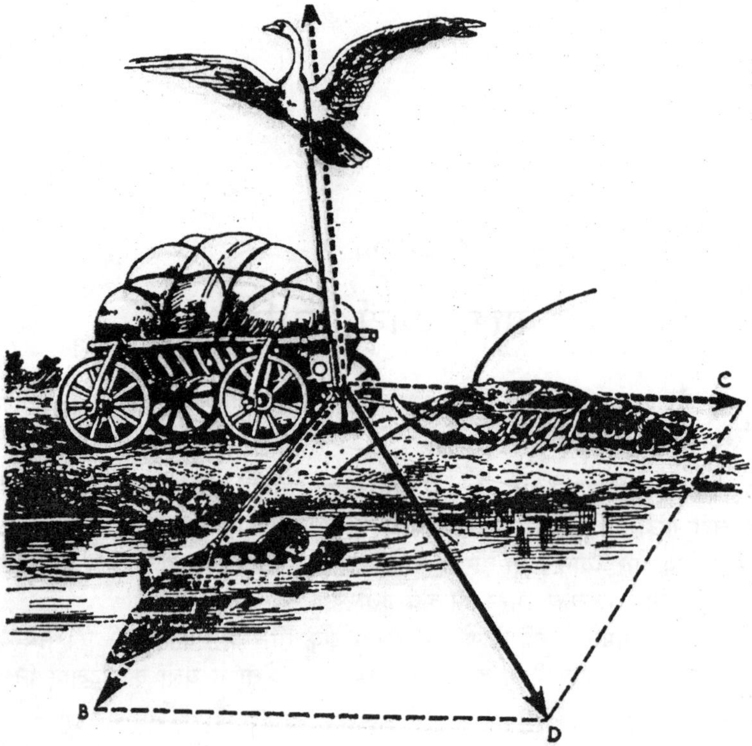

चित्र 12. झींगे, मछली और हंस के प्रश्न का यांत्रिकी हल। परिणामी बल *(OD)* गाड़ी को नदी में खींच ले जाएगा।

है कि उसे पूरी तरह से संतुलित कर रहा है, क्योंकि गाड़ी का बोझ कुछ ज्यादा नहीं है (कथा के अनुसार "बोझ उनके लिए काफी हल्का होता")। यदि सरलता के लिए मान लें कि आखिरी स्थिति ही सत्य है (हंस का खिंचावबल और गाड़ी का भार एक दूसरे को संतुलित कर रहे हैं), तो हम देखते हैं कि सिर्फ दो बल बच जाते हैं—मछली और चिंगट के। इन बलों के बारे में कथाकार लिखता है कि "चिंगट खिसक रहा पीछे, और मछली रही तान पानी में"। जाहिर है कि पानी गाड़ी के सामने नहीं, कहीं बगल में था (क्रिलोव के ये परिश्रमी जीव गाड़ी को पानी में डुबाने के लिए ही थोड़े जमा हुए थे!)। इसका मतलब है कि मछली और चिंगट के बलों की दिशा परस्पर कोई कोण बना रहे थे। यदि बल एक सरल रेखा पर क्रियाशील नहीं हैं, तो उनका परिणामी बल कभी भी शून्य के बराबर नहीं हो सकता।

यांत्रिकी के नियम के अनुसार दोनों बलों *OB* तथा *OC* पर एक समांतर

चतुर्भुज बनाएँ। उसका कर्ण *OD* परिणामी बल की दिशा व मात्रा द्योतित करेगा। स्पष्ट है कि यह परिणामी बल गाड़ी को जरूर खींच ले जाएगा; विशेषकर उस स्थिति में, जब हंस उसके भार को अंशतः या पूर्णतः संतुलित कर रहा है। यह प्रश्न और है : किधर खींच ले जाएगा—आगे, पीछे या बगल की ओर? यह इन दो बलों के अनुपात और उनके बीच के कोण की मात्रा पर निर्भर करता है।

जिन पाठकों को बलों के संघटन व विघटन का थोड़ा-बहुत अभ्यास है, वे आसानी से देख सकते हैं कि यदि हंस का बल गाड़ी के भार को संतुलित नहीं भी करता है, तो भी गाड़ी अपने स्थान पर अचल नहीं खड़ी रह सकती। सिर्फ एक स्थिति है, जिसमें इन तीन बलों की क्रिया से भी गाड़ी रुकी रहेगी : यदि चक्कों का अक्ष व सड़क के साथ घर्षण काफी बड़ा हो, इतना बड़ा कि सभी तीन बलों के परिणामी से अधिक हो। पर यह बात कहानी के तथ्य के विरुद्ध है। कहानी में कहा गया है कि "बोझ उनके लिए कहीं हल्का होता"।

हर हालत में क्रिलोव विश्वास के साथ नहीं कह सकते थे कि "गाड़ी अभी भी नहीं चली", "गाड़ी अब भी वहीं है", आदि। वैसे, इन बातों से आख्यायिका से मिलने वाली शिक्षा पर कोई असर नहीं पड़ता।

क्रिलोव के विपरीत

हमने अभी-अभी देखा कि क्रिलोव की शिक्षा—"जब मित्रों में मेल नहीं, काम बेढंगा होगा"—यांत्रिकी में सदा खरी नहीं उतरती। बल एक दिशा में नहीं भी लग सकते हैं, पर इसके बावजूद भी कोई-न-कोई फल दे सकते हैं।

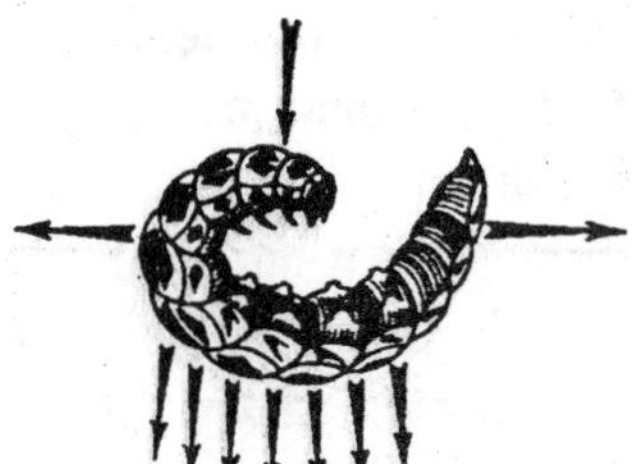

चित्र 13. कीड़े को चींटियाँ किस प्रकार घसीटती हैं।

बहुत कम लोग जानते होंगे कि हृदय से परिश्रम करने वाली चींटिया, जिनका, आदर्श श्रमिकों के रूप में, इन्हीं क्रिलोव ने इतना महिमा-गान किया है, मिल-जुल कर इसी विधि से काम करती हैं, जिसकी आख्यायिकाकार ने हँसी उड़ाई थी। पर उनका काम ढंग से ही चलता है। मदद करता है यहाँ पर वही : बल-संयोजन का नियम। यदि चींटियों को उनके काम करते वक्त ध्यान से देखेंगे, तो आप मान लेंगे कि उनकी समझदारी भरी सहकारिता मात्र मिथक है। वास्तविकता में हर चींटी सिर्फ अपने लिए काम करती है; दूसरे की सहायता करने को सोचती भी नहीं।

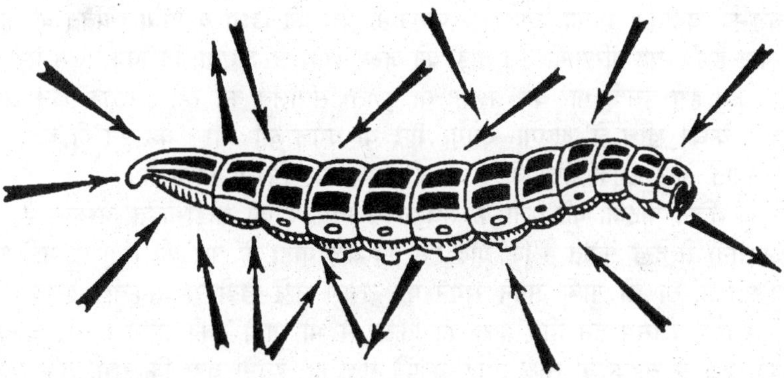

चित्र 14. चींटियाँ अपने शिकार को किस प्रकार खींचती हैं। तीरों द्वारा अलग-अलग चींटियों का प्रयत्न द्योतित किया गया है।

एक जीवशास्त्री चींटियों के काम का वर्णन इस प्रकार से करते हैं :[1]

"यदि शिकारी काफी बड़ा है और उसे अच्छी चौरस जमीन पर दसियों चींटियाँ खींच रही हैं, तो सब एक ही तरह से कार्यरत हैं और सहकारिता का आभास मिलता है। लेकिन शिकार—मान लें कि कोई कीड़ा—मार्ग में घास में घास या कंकड़ जैसी किसी चीज से फँस जाता है। अब सीधा आगे नहीं घसीटा जा सकता है, उसे घुमा कर ले जाना चाहिए। यहाँ पर बिल्कुल स्पष्टता के साथ दिख जाता है कि हर चींटी अपने साथी से कोई सलाह-मशविरा किए बगैर समस्या हल करने के लिए खुद खींच-तान शुरू कर देती है। एक बाएँ खींचती है, दूसरी दाएँ; एक आगे, तो दूसरी पीछे। बार-बार जगह बदलती हैं, एक जगह छोड़ कर दूसरी जगह कीड़े को पकड़ती हैं, और हरेक अपनी मर्जी के अनुसार उसे खींचती या धकेलती रहती है। इसी चक्कर में कभी ऐसा भी हो जाता है कि कीड़े को एक तरफ से (उदाहरणार्थ) चार चींटियाँ खींचने लगती हैं और दूसरी ओर से छः, तो अंततोगत्वा कीड़ा उस ओर घिसटने लगता है, जिधर छः चींटियाँ लगी हैं।"

एक और उदाहरण (किसी दूसरे अन्वेषक से लिया गया) प्रस्तुत करते हैं, जिससे चींटियों की यह मिथ्या सहकारिता और भी स्पष्ट हो जाती है। चित्र 15 में पनीर का एक आयताकार टुकड़ा दिखाया गया है, जिसे 25 चींटियाँ पकड़ कर खींच रही हैं। पनीर मंद गति से तीर *A* की दिशा में बढ़ रहा है। आप सोच सकते हैं कि आगे की चींटियाँ पनीर को अपनी और खींच रही हैं, पीछे की—उसे आगे धकेल रही हैं और बगल की चींटियाँ दोनों की ही मदद कर रही हैं। पर आसानी से देखा

1. ये. येलाच, 'अंतर्वृत्ति'।

जा सकता है कि बात ऐसी नहीं है : एक चाकू लीजिए और पनीर की पिछली किनारी (लंबाई के अनुतीर) काट कर अलग कर दीजिए। आगे वाला टुकड़ा और जल्दी से आगे बढ़ने लगेगा और कटी किनारी पीछे की ओर खिंचने लगेगी। स्पष्ट है कि पीछे से लगी 11 चींटियाँ पनीर को पीछे ही खींच रही थीं, आगे नहीं धकेल रही थीं। हरेक चींटी की कोशिश यही थी कि पनीर को इस प्रकार से घुमा लिया जाए कि उसे खींच कर पीछे चलते हुए माँद तक पहुँचा जा सके। इसका अर्थ है कि पीछे की चींटियाँ आगे वाली चींटियों की मदद नहीं कर रही थीं, बल्कि उल्टा, उनके प्रत्यनों को नष्ट करते हुए दम लगा कर उन्हें बाधा पहुँचा रही थीं। पनीर के इस टुकड़े को खींच ले जाने के लिए चार चींटियाँ ही काफी थीं, पर बिना सहमति के काम करने का फल यह हुआ कि 25 चींटियों को लगना पड़ा।

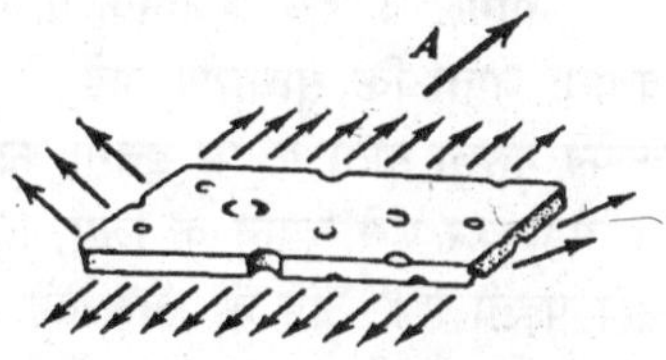

चित्र 15. तीन A की दिशा में स्थित मांद तक पनीर के टुकड़े को घसीटने के लिए चींटियों का प्रयत्न।

चींटियों के सहकारी श्रम की इस विशेषता पर बहुत पहले मार्क ट्वेन ने भी ध्यान दिया था। वे दो चींटियों के मिलने की एक घटना का वर्णन करते हैं (एक चींटी के पास टिड्डे की एक टाँग थी) : ''दोनों ही टाँग के दोनों सिरों को पकड़ लेती हैं और सारी शक्ति से अपनी-अपनी और विपरीत दिशाओं में खींचने लगती हैं। दोनों को ही महसूस हो जाता है कि काम में कोई गड़बड़ी है, पर क्या—यह उनकी समझ में नहीं आता। दोनों में तू-तू मैं-मैं शुरू हो जाती है; बहस मार-पीट में परिणत हो जाती है...फिर मेल हो जाता है, और फिर से वही अर्थहीन सम्मिलित श्रम शुरू हो जाता है। मार-पीट में घायल चींटी दूसरी शक्ति से शिकार घसीटती चल पड़ती है और साथ-साथ घायल चींटी को भी घसीट ले जाती है। घायल चींटी काम छोड़ देने की बजाय शिकार से लटकी रहती है।'' ट्वेन मजाक ही मजाक में बिल्कुल सही बात कहते हैं कि ''चींटियाँ सिर्फ तभी अच्छी तरह से काम करती हैं, जब कोई अनाड़ी प्रकृति-वैज्ञानिक उनके काम का अवलोकन करता है और इन अवलोकनों से गलत-गलत निष्कर्ष निकालता है।''

क्या अंडे के खोल को तोड़ना सरल है?

'मृत कृषि-दास' के कीफा मकीयेविच अपनी कुशाग्र बुद्धि जिन दार्शनिक प्रश्नों पर खर्च करते थे, उनमें एक यह था : ''और यदि हाथी अंडे से पैदा होता, तो ऐसे अंडे का खोल काफी मोटा होता—तोप के गोले से भी नहीं टूटता; उसके लिए शायद कोई दूसरा आग्नेयास्त्र ढूँढ़ना होगा''।

गोगल के इस दार्शनिक पात्र के आश्चर्य का ठिकाना नहीं रहता, यदि उसे बताया जाता कि साधारण अंडे के खोल को भी तोड़ना इतना सरल नहीं है। यह काफी पतला होता है, पर इतना कोमल नहीं होता। उसके दोनों सिरों को हथेलियों से अड़ा कर उसे दबाने के लिए, कि वह टूट जाए, कुछ कम बल की आवश्यकता नहीं पड़ती है।[1] अंडे के खोल की यह असाधारण मजबूती सिर्फ उसके उत्तल रूप पर निर्भर करती है। मकानों में मेहराब बनावटों की मजबूती का यही कारण है।

चित्र 17 में खिड़की पर एक छोटा सा मेहराबी दिख रहा है। बोझ S (अर्थात् ऊपरी ईंटों का भार) मेहराब के मध्य में स्थित शंक्वाकार ईंट को तीर A द्वारा द्योतित बल से नीचे दबाता है। पर यह ईंट नीचे नहीं गिर सकती, क्योंकि उसका आकार शंकु जैसा है। वह फिर अगल-बगल के ईंटों पर दबाव डालती है। समांतर चतुर्भुज के नियम से बल A दो बलों में विघटित होता है, जिसे चित्र में तीर C व B द्वारा

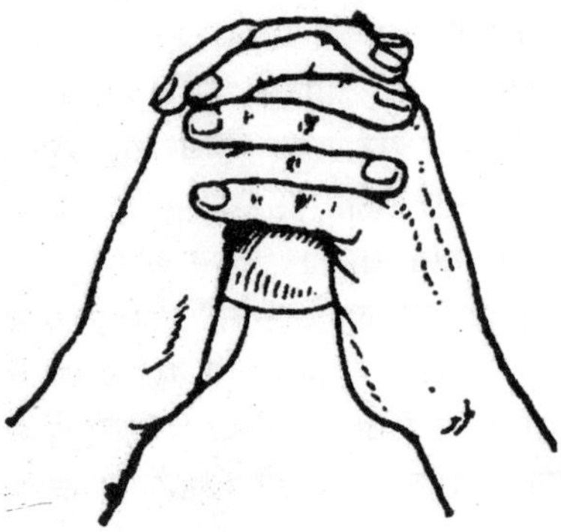

चित्र 16. इस विधि से अंडे को तोड़ने के लिए काफी बल की आवश्यकता है।

चित्र 17. मेहराब की मजबूती का कारण

द्योतित किया गया है। ये बल पड़ोसी ईंटों के प्रतिरोध द्वारा संतुलित हो जाते हैं। ये पड़ोसी ईंट भी बगल के ईंटों द्वारा दबी रहती हैं। अतः मेहराब पर ऊपर से क्रियाशील बल उसे तोड़ नहीं सकता। पर उसे बहुत आसानी से तोड़ा जा सकता है, यदि उस पर नीचे (भीतर) से आक्रमण किया जाए। कारण स्पष्ट है : ईंटों का शंक्वाकार उन्हें नीचे नहीं गिरने देता, पर उनके ऊपर उठने में कोई बाधा नहीं डालता।

---

1. इस प्रयोग में एक खतरा है, जिसने बचने का उपाय कर लेना चाहिए—खोल के नुकीले टुकड़े हथेली में चुभ सकते हैं।

अंडे का खोल भी ऐसा ही मेहराब है। फर्क इतना है कि वह व्योम मेहराब है। बाहर से दबाव डालने पर वह इतनी आसानी से नहीं टूटता, जितनी लोग ऐसी कमजोर वस्तु से आशा करते हैं। चार कच्चे अंडों पर काफी भारी टेबल को रखा जा सकता है, यदि अंडों के सिरों को पेरिस-प्लास्टर लगा कर थोड़ा चौड़ा कर दिया जाए (कठोर चूने के बने खोल के साथ प्लास्टर सरलतापूर्वक चिपक जाता है)। इससे टेबल को स्थिरता प्रदान की जा सकती है।

अब आप समझते होंगे कि मुर्गी जब सोने के लिए बैठती है, उसके भार से अंडे के टूटने का डर बिल्कुल नहीं रहता। और दूसरी ओर से, चूजे को अब अपनी प्राकृतिक कैद से निकलने की इच्छा होती है, तो भीतर से सरलतापूर्वक अंडे के कवच को तोड़ कर निकल आता है।

चम्मच की किनारी से ठोक कर अंडा फोड़ना बहुत आसान लगता है, इसीलिए हमें संदेह नहीं होता कि नैसर्गिक परिस्थितियों में अंडे पर पड़ने वाले दबावों के लिए उसका खोल कितना मजबूत होता है और उसके भीतर पलने वाले जीव के लिए प्रकृति ने कितना विश्वस्त कवच बनाया है।

विद्युत्-बल्ब कमजोर लगते हैं, पर उनकी मजबूती का राज वही है, जो अंडे के खोल की मजबूती का। उनकी मजबूती पर आप और भी आश्चर्य करेंगे, यदि आप को याद दिला दूँ कि बहुत सारे प्रकार के बल्ब बिल्कुल खाली होते हैं (बात निर्वात बल्बों की चल रही है, गैसीय की नहीं) और बाह्य वातावरण के दबाव का प्रतिकार करने के लिए भीतर कुछ भी नहीं होता। बल्ब पर हवा का कोई कम दबाव नहीं पड़ता। 10 cm की चौड़ाई वाले बल्ब पर दोनों ओर से 75 kg का (आदमी के भार से अधिक) बल लगता है। प्रयोग द्वारा सिद्ध होता है कि निर्वात बल्ब इससे 2.5 गुना अधिक दबाव सह सकते हैं।

हवा के विरुद्ध पाल

पाल वाला जहाज हवा के विरुद्ध कैसे चलता है, इसकी कल्पना करना कठिन है। वैसे नाविक कहते हैं कि हवा के ठीक विपरीत नहीं चला जा सकता। पाल-जहाज को हवा के बहाव के साथ न्यून कोण बनाते हुए चलना पड़ता है। पर यह कोण अत्यंत छोटा है (समकोण के एक चौथाई अंश के बराबर), अतः समस्या ज्यों की त्यों बनी रहती है : हवा के बहाव के साथ 22^0 का कोण बनाते हुए भी उसके विपरीत चलना संभव नहीं लगता।

यह कोण कम लगता है, पर व्यवहारतः यह नगण्य नहीं है और इसकी उपेक्षा नहीं की जा सकती। यदि हवा के विरुद्ध चलने में उसी की शक्ति का उपयोग करना हो, तो उसके बहाव की दिशा के साथ इतना कम कोण बनाते हुए चलना ही श्रेष्ठ है। यहाँ हम इसी बात को दिखाने की कोशिश करेंगे। पहले यह देखें कि हवा पाल

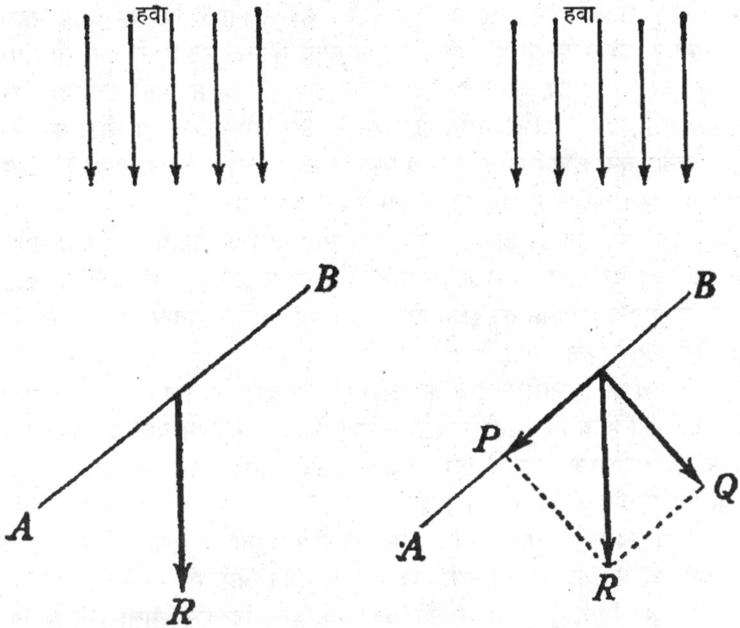

चित्र 18. हवा पाल को हमेशा उसकी सतह के अभिलंब धकेलती है।

को प्रभावित किस प्रकार करती है, अर्थात् जब पाल को हवा के झोंके लगते हैं, तो किस दिशा में वह धक्के खाता है। आप शायद सोचते होंगे कि हवा जिस दिशा में बहती है, पाल को उसी दिशा में धक्के देती है। पर बात ऐसी नहीं है : हवा किसी दिशा में क्यों न बह रही हो, वह पाल को उसके तल के अभिलंब धकेलती है। मान लें कि हवा चित्र 18 में दर्शित तीनों ही दिशाओं में बह रही है। AB रेखा पाल को द्योतित कर रही है। पाल के पूरे तल पर हवा का दबाव समरूप होता है, अतः इस दबाव को बल R द्वारा प्रतिस्थापित किया जा सकता है, जो पाल के मध्य में क्रियाशील है। इस बल को दो बलों P और Q में विघटित करते हैं। Q पाल के अभिलंब है और P पाल के अनुतीर क्रियाशील है (चित्र 18, दाएँ)। अंतिम बल P पाल को किसी भी दिशा में नहीं धकेलता, क्योंकि कपड़े और हवा के बीच घर्षण नगण्य है। सिर्फ बल Q रह जाता है, जो पाल को उसके अभिलंब धकेलता होता है।

यह जान लेने के बाद हम आसानी से समझ जाएँगे कि हवा के साथ न्यून कोण बनाते हुए पाल-जहाज विपरीत कैसे चल सकता है। मान लें कि रेखा KK (चित्र 19) जहाज की लंबाई के अनुतीर है। हवा इस रेखा के साथ न्यून कोण बनाती

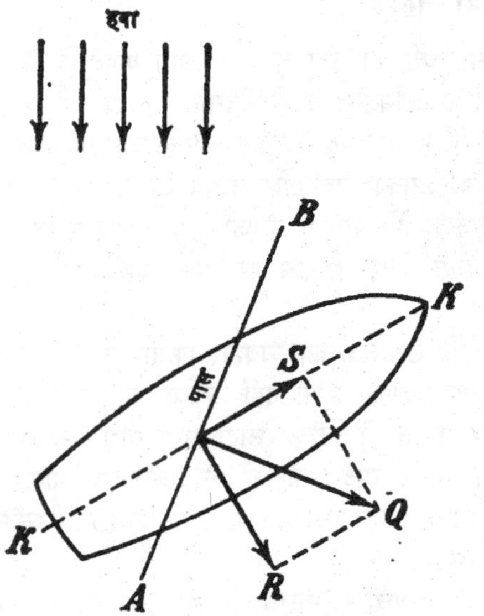

चित्र 19. पाल से हवा के विपरीत जाना।

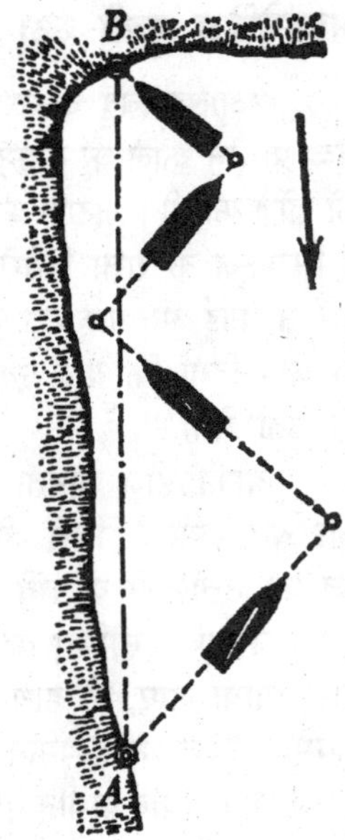

चित्र 20. पाल वाले जहाज की चाल

हुई तीरों की दिशा में बह रही है। AB रेखा पाल को द्योतित करती है। उसकी स्थिति ऐसी होती है कि उसका तल हवा बहने की दिशा और जहाज के बीच के कोण को समविभाजित करता है। चित्र 19 में बल के विघटन का ध्यान दें। पाल पर हवा के कुल दबाव को बल Q द्वारा दर्शाते हैं, जो पाल के अभिलंब है। इसे दो बलों R व S में विघटित करते है। बल R जहाज के अभिलंब है और बल S जहाज के अनुतीर क्रियाशील है। चूँकि R की दिशा में जहाज की गति को पानी अवरोधित करता है (पाल-जहाज का निचला भाग पानी में काफी नीचे डूबा रहता है), इसलिए R लगभग पूरी तरह पानी के प्रतिरोध द्वारा संतुलित हो जाता है। सिर्फ बल S बच जाता है, जो आगे की ओर क्रियाशील है और जहाज को हवा के विपरीत एक छोटे कोण पर धकेलता रहता है।[1] साधारणतया जहाज को चित्र 20 में दिखाए गए टेढे-मेढ़े पथ पर चलाया जाता है। नाविकों की बोल-चाल में इसे 'पैंतरेबाजी' कहते हैं।

1. यह सिद्ध किया जा सकता है कि बल S का मान तब अधिकतम होता है, जब पाल का तल जहाज और हवा के बीच के कोण को समद्विभाजित करता है।

आर्कमेडिस पृथ्वी उठा लेता या नहीं?

"आलंब-बिंदु दीजिए और मैं पृथ्वी को उठा लूँगा!"—लोग कहते हैं कि ये शब्द प्राचीन काल के महान् यंत्रवेत्ता आर्कमिडीज़ के हैं, जिसने उत्तोलकों के नियम की खोज की थी। प्लुटार्क की एक रचना में आप पढ़ सकते हैं—"एक बार आर्कमिडीज़ ने सिराकुज के राजा हियेरोन.को, जो उसका मित्र और सगोत्र था, लिखा कि इस बल से कोई भी भार उठाया जा सकता है। प्रमाणों के जोश में आकर उसने यह भी जोड़ दिया कि यदि एक और पृथ्वी होती, तो उस पर जाकर वह हमारी पृथ्वी को उठा लेता।"

आर्कमिडीज़ जानता था कि यदि उत्तोलक का व्यवहार किया जाए, तो ऐसा कोई बोझ नहीं है, जिसे क्षीण से क्षीण बल द्वारा भी नहीं उठाया जा सकता। इस बल को उत्तोलकों के लंबे भाग पर लगाते ही उसका छोटा भाग बोझ पर प्रभाव डालने लगेगा। इसीलिए वह सोचता था कि यदि उत्तोलकों के अत्यंत बड़े भाग पर जोर लगाया जाए, तो हाथ की शक्ति से ऐसा बोझ उठाया जा सकता है, जिसका द्रव्यमान पृथ्वी के द्रव्यमान के बराबर हो।[1]

लेकिन यदि प्राचीन युग के महान् यंत्रवेत्ता को मालूम होता कि पृथ्वी का द्रव्यमान कितना बड़ा है, तो शायद वह ऐसा वादा नहीं करता। क्षण भर को मान लें कि आर्कमिडीज़

चित्र 21. "आर्कमेडिस उत्तोलकों से पृथ्वी उठा रहे हैं" वैरीनियन (1787) द्वारा लिखित यांत्रिकी की पुस्तक से।

को 'दूसरी पृथ्वी' (अर्थात् आलंब-बिंदु), जिसे वह ढूँढ़ रहा था, मिल गई है। यह भी मान लें कि उसने आवश्यक लंबाई का उत्तोलक भी तैयार कर लिया है। आप

1. समस्या को सही रूप देने के लिए 'पृथ्वी को उठाना' शब्दों को कुछ दूसरे अर्थ में लेना चाहिए : पृथ्वी-तल पर हमारे ग्रह के द्रव्यमान के बराबर द्रव्यमान वाले बोझ को उठाना।

जानते हैं कि पृथ्वी के बराबर द्रव्यमान वाले बोझ को सिर्फ एक सेंटीमीटर उठाने में आर्कमिडीज़ को कितना समय लगेगा? ज्यादा नहीं, सिर्फ दस खरब वर्ष!

विश्वास करें। खगोलशास्त्रियों को पृथ्वी का द्रव्यमान ज्ञात है;[1] पृथ्वी पर इतने द्रव्यमान वाले पिंड का भार होता लगभग :

6 000 000 000 000 000 000 000 टन।

यदि कोई आदमी हाथों में सिर्फ 60 kg उठा सकता है, तो इतने बड़े पिंड को उठाने के लिए उसे ऐसे उत्तोलक का सहारा लेना पड़ता, जिसका बड़ा भाग छोटे से अधिक होता

100 000 000 000 000 000 000 000 गुना!

साधारण कलन से यह दिखाया जा सकता है कि उत्तोलक के छोटे भाग के सिरे को 1 cm उठाने के लिए दूसरे सिरे को ब्रह्मांड में एक विशाल चाप पर चलाना होगा, जिसकी लंबाई होगी

1 000 000 000 000 000 000 km.

पृथ्वी को सिर्फ 1 cm 'उठाने' के लिए उत्तोलक पर जोर लगाने वाले हाथ को इतनी बड़ी कल्पनातीत दूरी तय करनी पड़ेगी! कितना समय लगेगा इसमें? यदि मान लें कि आर्कमेडिस 60 kg का बोझ एक सेकेंड में 1 cm उठा सकता था (यह पूरी एक अश्व-शक्ति की कार्य क्षमता है), तो पृथ्वी को 1 cm 'उठाने' के लिए उसे लगते :

1 000 000 000 000 000 000 000 सेकेंड,

या तीन सौ खरब वर्ष! अपने लंबे जीवन-काल में आर्कमिडीज़ पृथ्वी को महीन से महीन बाल की मोटाई जितना ऊँचा भी नहीं उठा सकता...

यह प्रतिभावान् आविष्कारक इस अवधि को किसी भी उपाय से पर्याप्त रूप से कम नहीं कर पाता। यांत्रिकी के 'स्वर्ण नियम' के अनुसार किसी भी मशीन में बल-लाभ के साथ-साथ स्थानांतरण-दीर्घता के कारण समय का नुकसान अश्यंभावी है। यदि आर्कमिडीज़ सबसे बड़ी क्षिप्रता, जो प्रकृति में संभव–प्रकाश के वेग 300 000 km प्रति सेकेंड–से भी हाथ घुमाता, तो इस कल्पनातीत क्षिप्रता में भी पृथ्वी को 1 cm 'उठाने' में उसे सौ लाख से भी अधिक वर्षों तक काम करना पड़ता।

जूल वेर्न का भीम और ऐलर का सूत्र

आप को जूल वेर्न के हट्टे-कट्टे भीमकाय मैटिफ की याद है? विशाल कद के अनुपात में उसका सिर भी काफी बड़ा था; छाती लुहार की भाँथी जैसी थी; पैर शहतीरों की तरह थे; हाथ भार उठाने वाले क्रेन की तरह और मुट्ठियाँ हथौड़े जैसी

1. यह कैसे ज्ञात किया जाता है, इसके बारे में दे. "मनोरंजक खगोलशास्त्र"।

थीं...'उपन्यास मैटियस सैंडोर्फ' में उसकी जिन वीर-गाथाओं का वर्णन किया गया है, उनमें से आपको एक किस्सा अवश्य याद होगा, जब वह निर्माण स्थल से पानी की ओर फिसलते जहाज 'त्राबाकोलो' को अपने बाहुबल से खींच कर रोक लेता है। जहाज बिल्कुल नया था और उसे पहली बार पानी से छोड़ा जा रहा था।

उपन्यासकार इस कारनामे का वर्णन यूँ करता है :

''जहाज पार्श्वीय शिकंजों से छूट चुका था और नत चबूतरे पर फिसलता हुआ समुद्र में छूटने को तैयार था। सिर्फ रस्सा हटाने की देर थी कि जहाज फिसल पड़ता। करीब आध दर्जन मिस्त्री जहाज की पेंदी के पास लगे हुए कुछ तैयारी कर रहे थे। दर्शकों की भीड़ उत्सुकतापूर्वक खड़ी देख रही थी। इसी बीच घाट के बगल से निकल कर एक विहार-नौका सामने आ गई। बंदरगाह तक पहुँचने के लिए उसे त्राबाकोलो के छूटने की जगह के समाने से गुजरना था। जैसे ही उसने अपने आने की सीटी बजाई, दुर्घटना के डर से जहाज के उद्घाटन को कुछ देर के लिए स्थगित कर दिया गया। यदि नौका के पार्श्व में इतने बड़े जहाज का इतने वेग से धक्का लगता, तो नौका को खत्म ही हो जाना था। सभी इंतजार करने लगे कि नौका कब नहर में प्रवेश कर जाती है।

मिस्त्रियों ने ठोक-पीट बंद कर दी। सभी की आँखें इस भव्य पोत पर लगी हुई थीं। उसका सफेद पाल सूर्य की तिरछी किरणों से सुनहला हो रहा था। शीघ्र ही विहार-नौका पोत के निर्माण-स्थल के ठीक सामने से गुजरने लगी, जहाँ उत्सुक दर्शकों की भीड़ प्रतीक्षा कर रही थी। अचानक भय-मिश्रित चीखें सुनाई देने लगीं : 'त्राबाकोलो' ने एक हिचकोला लिया और समुद्र की ओर सरकने लगा। विहार-नौका का पार्श्व ठीक सामने था। दोनों ही जहाज—एक छोटा और एक बड़ा—टकराने के लिए तैयार हो चुके थे। उन्हें रोकने के लिए न तो समय था, न कोई उपाय ही। 'त्राबाकोलो' नत तल पर तेजी के साथ फिसल रहा था...घर्षण से उत्पन्न सफेद धुँआ उसके नाक के सामने नाच उठा और उसकी दुम या दुंबाल पानी में पहुँच चुकी थी (जहाज दुम की तरफ से पानी में उतर रहा था—या.पे.)।

उसी समय एक आदमी सामने आता है। वह 'त्राबाकोलो' के पीछे से लटकते रस्से को पकड़ लेता है और जमीन की ओर झुक कर खींचते हुए उसे रोकने की कोशिश करता है। एक मिनट में वह जमीन में धँसे लोहे के पाइप पर रस्से से चंद लपेटें डाल लेता है और दस सेकेंड तक अमानवीय शक्ति से रस्से को खींच कर रोके रखता है। अंत में रस्सा टूट जाता है। पर ये दस सेकेंड काफी थे : 'त्राबाकोलो' पानी में उतर आया और नौका को हल्के से छूता हुआ आगे बढ़ गया।

नौका बच गई थी। और जिस आदमी ने उसकी रक्षा की थी, वह था मैटिफ।''

उपन्यासकार को कितना आश्चर्य होता, यदि उससे कहा जाता कि ऐसे कारनामे के लिए मैटिफ की तरह भीमसेन बनने की कोई जरूरत नहीं थी। चलते दिमाग

का कोई भी आदमी यह कर लेता।

यांत्रिकी कहती है कि शहतीर या स्तंभ पर लिपटा रस्सा जब खिसकता है, तो दोनों के बीच का घर्षण-बल अत्यंत बड़ा होता है। रस्सा जितनी ही बार लपेटा जाएगा, घर्षण उतना ही अधिक होगा। घर्षण के बढ़ने का नियम इस प्रकार है कि यदि लपेटनों की संख्या समनांतर श्रेणी के रूप में बढ़े, तो घर्षण गुणोत्तर श्रेणी की तरह बढ़ेगा। इसीलिए कमजोर बच्चा भी स्थिर बेलन पर तीन-चार बार लपेटे रस्से के छोर को पकड़े हुए काफी बड़े बल को संतुलित कर सकता है।

कच्ची उम्र के लड़के इसी विधि द्वारा सैकड़ों यांत्रिकों समेत जहाजों को नदी के घाट पर रोक कर रखते हैं। यह उनके बाहु-बल का कमाल नहीं है, खूँटे के साथ रस्से के घर्षण का कमाल है।

XVII-वीं शती के विख्यात गतिणज्ञ ऐलर ने खूँटे के गिर्द रस्से को लपेटने की संख्या पर घर्षण-बल की निर्भरता का निर्धारण किया था। जिन्हें बीजगणित की संक्षिप्त भाषा से डर नहीं लगता, उनके लिए हम ऐलर का सूत्र दे रहे हैं :

$$F=fe^{ka}$$

यहाँ F का बल है, जिसके विरुद्ध हम अपनी शक्ति f लगा रहे हैं। वर्ण e नैसर्गिक लघुगणक के आधार (संख्या 2.718...) को द्योतित करता है। k—रस्से के साथ खूँटे का घर्षण-गुणांक है। वर्ण a द्वारा 'लपेटन कोण', अर्थात्, रस्से द्वारा बनाए गए चाप की लंबाई और इस चाप की त्रिज्या का अनुपात व्यक्त किया गया है।

सूत्र को उस स्थिति के लिए लागू करें, जिसका वर्णन जूल वेर्न ने किया है। परिणाम आश्चर्यजनक रहेगा। इस स्थिति में बल F डेक पर फिसलते जहाज का तनाव-बल होगा। जहाज का भार उपन्यास से ज्ञात है : 50 टन। निर्माण-चबूतरे का नतन यदि 1/10 था, तो रस्से को जहाज अपने पूरे भार से नहीं, उसके 1/10 अंश, अर्थात् 5 टन या 5000 kg से खींच रहा था।

राशि k—खूँटे के साथ रस्से के घर्षण-गुणांक—को 1/3 मान लेते हैं। a का मान सरलतापूर्वक निर्धारित हो सकता है, यदि मान लें कि मैटिफ ने खूँटे पर रस्से के तीन लपेटन डाले। इस स्थिति में

$$\alpha = \frac{3 \times 2\pi r}{r} = 6\pi$$

इन मूल्यों को उपरोक्त सूत्र में बैठाने पर निम्न समीकरण प्राप्त होगा :

$$5000 = f.2.72^{6\pi.\frac{1}{3}} = f.2.72^{2\pi}$$

अज्ञात राशि f (अर्थात् जहाज को रोकने वाली शक्ति) इस समीकरण द्वारा ज्ञात हो सकती है, यदि लघुगणकों की सहायता ली जाए :

$$\lg 5000 = \lg f + 2\pi \lg 2.72, \quad \text{इससे} \quad f = 9.3 \text{ kg}$$

इस प्रकार, वीरता का कार्य संपन्न करने के लिए 'भीमसेन' को रस्सा सिर्फ 10 kg के बल से खींचना था।

यह मत सोचिए कि 10 kg सिर्फ सैद्धांतिक परिणाम है और वास्तविकता में इससे कहीं अधिक बल की आवश्यकता होगी। इसके विपरीत, हमारा परिणाम कुछ बढ़ा-चढ़ा कर निकाला गया है। यदि रस्सा सन का होता और खूँटा लकड़ी का, तो घर्षण-गुणांक k और भी अधिक होता; अतः जहाज को रोकने के लिए और भी कम शक्ति लगानी पड़ती। यदि रस्सा इतना मजबूत हो कि तनाव से टूट न जाए, तो उसे 3-4 बार लपेट कर एक बच्चा भी जूल वेर्न के भीम की बराबरी ही नहीं कर लेता, उससे कहीं अधिक बढ़ जाता।

गाँठ की मजबूती

हमें संदेह भी नहीं होता कि दिनचर्या में हम जाने-अनजाने उसी गुण का उपयोग करते हैं, जिसके बारे में ऐलर का सूत्र बताता है। गाँठ और कुछ नहीं खूँटे पर लपेटी गई रस्सी ही है। सिर्फ यहाँ खूँटे का काम उसी रस्सी का दूसरा भाग करता है। किसी भी गाँठ की मजबूती सिर्फ घर्षण पर ही निर्भर करती है, जो सिर्फ इसलिए कई गुना बढ़ जाता है कि रस्सी अपने चारों ओर लपेटी जाती है। यदि आप गाँठ में रस्सी के मोड़ों पर ध्यान देंगे, तो इस बात की सत्यता में कोई संदेह नहीं रह जाएगा। जितने ही अधिक मोड़ होंगे, रस्सी उतनी ही अधिक बार अपने गिर्द लिपटी होगी, अर्थात् उतना ही अधिक 'लपेटन कोण' होगा और इसीलिए गाँठ उतना ही अधिक मजबूत होगा।

दर्जी जब बटन सीता है, वह भी अनजाने में इसी बात का उपयोग करता है। सिलाई के स्थान को वह धागे से कई बार लपेट लेता है और तब जाकर उसे तोड़ता है। यदि धागा खुद कमजोर नहीं है, तो बटन अलग नहीं होगा। यहाँ हमारा परिचित नियम ही व्यवहृत हुआ है; धागे की लपेटन-संख्या जब समनांतर श्रेणी के रूप में बढ़ती है, तो सिलाई की मजबूती गुणोत्तर श्रेणी सी बढ़ती है।

यदि घर्षण नहीं होता, तो हम बटन का उपयोग नहीं कर सकते : उसके भार से धागा खुद खुल जाता और बटन गिर जाता।

यदि घर्षण नहीं होता

आप देखते हैं कि कितने भिन्न और कभी-कभी आशातीत रूपों में घर्षण प्रकट होता है। घर्षण की भूमिका उन घटनाओं में भी काफी गंभीर होती है, जहाँ हमें संदेह भी नहीं होता। यदि घर्षण दुनिया से अचानक गायब हो जाए, तो बहुत सारी साधारण परिघटनाएँ भी असाधारण रूप से घटने लगेंगी।

फ्रांसीसी भौतिकविद् गिलियोम घर्षण की भूमिका का अत्यंत रोचक वर्णन

करते हैं :

"फिसलन भरी बर्फ़ पर चलने का अवसर सबों को मिला होगा : गिरने से बचने के लिए वहाँ कितना प्रयत्न करना पड़ता है, खड़े रहने के लिए वहाँ कितनी हास्यजनक गतियाँ करनी पड़ती हैं! यह हमें मानने पर विवश कर देता है कि जमीन में, जिस पर हम चलते हैं, बहुमूल्य गुण है, जिसके कारण हम बिना किसी विशेष प्रयत्न के अपना संतुलन बनाए रखते हैं। हमारे मन में यही विचार उस समय भी उत्पन्न होता है, जब हम फिसलन भरे रास्ते पर साइकिल चलाते हैं, या जब आसफाल्ट पर घोड़ा फिसल कर गिरता है। इस तरह की संवृत्तियों को देख कर हम उन परिणामों से अवगत होते हैं, जो घर्षण के कारण होते हैं। इंजिनियर मशीनों में उसे कम करने की कोशिश करते हैं; और ठीक ही करते हैं। व्यावहारिक यांत्रिकी में घर्षण को बिल्कुल ही अवांछित बात मानते हैं। यह भी अच्छी बात है, लेकिन सिर्फ संकीर्ण व विशेष क्षेत्र में। हर दूसरी स्थिति में हमें घर्षण के प्रति कृतज्ञ होना चाहिए : उसी के कारण हम उठते-बैठते और चलते हैं, काम कर सकते हैं और है में इस बात का कोई भय नहीं होता कि किताब और दवात फर्श पर गिर जाएँगी, टेबल तब तक फिसलता रहेगा, जब तक दीवार से नहीं अड़ जाएगा, कलम उँगलियों से फिसल कर गिर जाएगी।

घर्षण इतनी सामान्य संवृत्ति है कि कुछ विशेष स्थितियों को छोड़ कर हमें उसे सहायता के लिए निमंत्रण नहीं देना पड़ता : वह खुद आ जाता है।

घर्षण वस्तुओं को स्थिरता प्रदान करना है। फर्श ऐसा है कि टेबल-कुर्सी वहीं पड़े रहते हैं, जहाँ उन्हें रखा जाता है। तश्तरी, गिलास आदि टेबल पर स्थिर पड़े रहते हैं और इसके लिए हमें कोई विशेष प्रयत्न नहीं करना पड़ता (हिचकोले खाते जहाज पर बात दूसरी होती है)।

मान लें कि घर्षण बिल्कुल खत्म कर दिया जा सकता है। तब कोई भी पिंड, चाहे वे चट्टान हों या रेत-कण, एक दूसरे पर स्थिर नहीं रह सकेंगे; वे लुढ़कते व फिसलते रहेंगे, जब तक कि सभी एक स्तर पर नहीं आ जाएँगे। यदि घर्षण नहीं होता, तो पृथ्वी का गोला द्रव के गोले की तरह बिल्कुल चिकना होता।"

उपरोक्त कथन में और भी जोड़ा जा सकता है कि घर्षण की अनुपस्थिति में पेंच व कीलें दीवार में से फिसल कर बाहर आ जातीं, हाथ में किसी भी वस्तु को पकड़कर रखना संभव नहीं होता, कोई भी आँधी कभी खत्म नहीं होती, कोई भी ध्वनि कभी चुप नहीं होती, वह बिना क्षीण हुए परावर्तित होती रहती (जैसे, कमरे की दीवारों से) और हम उसकी अनंत प्रतिध्वनियाँ सुनते रहते।

घर्षण कितना अधिक महत्त्व रखता है, इसका मूर्त्त ज्ञान हमें रास्ते की फिसलन भरी बर्फ देती है। यदि हमें ऐसे रास्ते से जाना पड़ता है तो हम हर क्षण अपने को असहाय महसूस करते हैं और हर क्षण हमारे गिरने का खतरा रहता है। अखबारों में छपी चंद खबरें देखें ('दिसंबर 1927) :

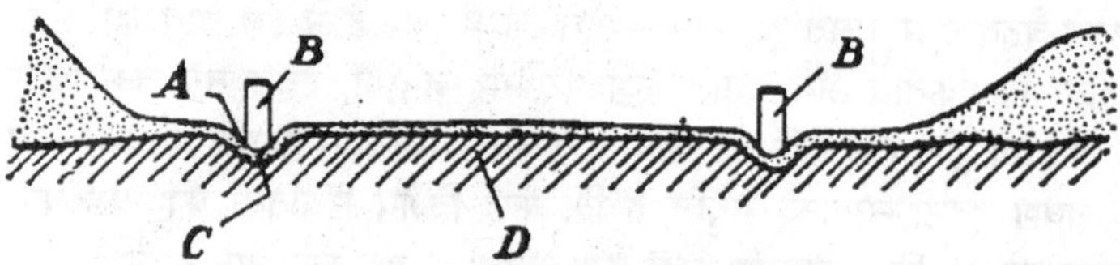

चित्र 22 ऊपर–बर्फीले पथ पर स्लेज-गाड़ी; दो घोड़े मिल कर 70 टन का भार खींच रहे हैं। नीचे–बर्फीला पथ; A–लीक; B–गाड़ी का बर्फ पर फिसलने वाला भाग; C–दबाव से घनित बर्फ; D–जमीन, जिस पर बर्फीला पथ है।

''लंदन, 21। पिच्छट बर्फ के कारण लंदन में सड़कों का आवागमन कठिन हो गया है। हाथ-पैर आदि टूटने के कारण 1400 व्यक्ति अस्पतालों में दाखिल हुए हैं।''

''हाइड-पार्क में निकट दो ट्रामों के साथ टकराने के कारण तीन मोटर-कारों के पेट्रौल में विस्फोट हो गया। कारें पूर्णतया नष्ट हो गईं...।''

''पेरिस, 21। पेरिस और उसके आस-पास पिच्छट बर्फ के कारण कई दुर्घटनाएँ हुई हैं...।''

लेकिन बर्फ के नगण्य घर्षण का उपयोग तकनीकी तौर पर सफलतापूर्वक किया जा सकता है। साधारण स्लेज गाड़ी का ही उदाहरण ले सकते हैं। और अच्छा उदाहरण है हिम-पथ। जाड़ों में जंगल से रेलवे स्टेशन तक शहतीरें ढोने के लिए इन पथों का निर्माण किया जाता है। इसमें बर्फ की चिकनी 'पटरियाँ' होती हैं (चित्र 22), जिस पर दो घोड़े 70 टन शहतीरें ढो सकते हैं।

'चेल्यूस्किन' की दुर्घटना के भौतिक कारण

उपरोक्त बातों से यह निष्कर्ष निकालने की जल्दबाजी न करें कि बर्फ के साथ घर्षण हर स्थिति में नगण्य होता है। कभी-कभी वह काफी अधिक होता है, चाहे तापक्रम शून्य के निकट ही क्यों न हो। जब हिमभंजन जहाजों के फौलादी अस्तर के साथ ध्रुववर्ती सागरों की बर्फ के घर्षण का बारीकी से अध्ययन किया गया, तो पता चला कि वह आशातीत रूप से अधिक है। वह लोहे के साथ लोहे

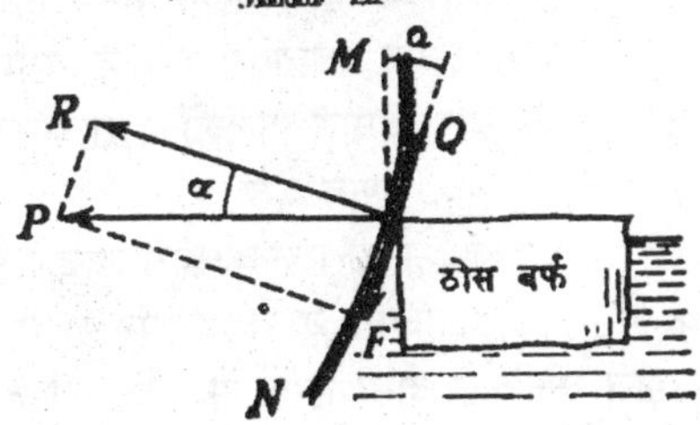

चित्र 23. हिम चट्टानों से दबा हुआ 'चेल्यूस्किन'। नीचे : जहाज के पार्श्व MN पर बर्फ के दबाव से उत्पन्न बलों की क्रिया।

के घर्षण से कुछ कम नहीं होता : जहाज के फौलादी अस्तर के साथ बर्फ का घर्षण-गुणांक 0.2 के बराबर है।

बर्फ पर जहाज चलाने में इस सांख्यिक मान का कितना महत्त्व है, यह समझने के लिए चित्र 23 पर गौर करें। उसमें जहाज के पार्श्व MN पर हिम-दाब के बल की दिशा दिखाई गई है। हिम-दाब का बल P दो बलों में विघटित होता है–R, जो पार्श्व के अभिलंब है और F, जो पार्श्व की स्पर्शरेखीय दिशा में क्रियाशील है। P और R के बीच का कोण उदग्र रेखा के साथ पार्श्व MN के झुकाव का कोण है। बर्फ के साथ पार्श्व के घर्षण का बल Q घर्षण गुणांक से गुणित बल R के बराबर है, अर्थात् $Q=0.2R$। यदि F घर्षण-बल Q से अधिक है, तो वह हिम-शैलों को पानी के नीचे घसीट ले जाता है। हिम-शैल पार्श्व के सहारे फिसलते रहते हैं और जहाज को नुकसान नहीं पहुँचाते। पर यदि बल Q बड़ा है F से, तो घर्षण बर्फ के पिघलने में बाधक होता है। हिम का यह दबाव यदि दीर्घकाल तक बना रहे, तो जहाज का पार्श्व पिचक सकता है।

$Q<F$ कब होगा? सरलतापूर्वक देख सकते हैं कि $F=R\,tg\,a$; अतः $Q<Rtga$; पर $Q=0.2R$, अतः $Q<F$। दूसरी असमिका देती है :

$0.2R<Rtga$, या $tga>0.2$

सारणी में ऐसा कोण ढूँढ़ते हैं, जिसकी स्पर्शज्या 0.2 के बराबर होती है। ऐसा कोण 11^0 के बराबर होता है। अर्थात् $Q<F$ है तब, जब $a>11^0$ । इसमें ज्ञात होता है कि उदग्र रेखा के साथ पार्श्व का झुकाव कितना होना चाहिए, ताकि जहाज बिना खतरे के बर्फ पर चल सके। यह झुकाव 11^0 से कम नहीं होना चाहिए।

अब 'चेल्यूस्किन' की दुर्घटना की ओर लौटते हैं। वह हिम-भंजक नहीं, स्टीमर जहाज था। वह पूरे उत्तरी सागर-पथ को पार कर गया, लेकिन बेरिंग जलडमरूमध्य में हिम-शैलों के बीच फँस गया।

हिम-शैलों के साथ 'चेल्यूस्किन' सुदूर उत्तर की ओर बह चला (फरवरी, 1934) और अंत में उनके दबाव से पिचक गया। दो महीने लंबा यात्रियों का साहसपूर्ण जीवन और वीर विमान-चालकों द्वारा उनकी रक्षा की घटना बहुतों को याद होगी। दुर्घटना का एक वर्णन देखें :

"जहाज का फौलादी कोरपुस जल्द आत्म-समर्पण करने वाला नहीं था,–अभियान के नेता ओ.यू. श्मित ने रेडियो पर खबर दी।–साफ महसूस हो रहा था कि बर्फ जहाज को कैसे दोनों तरफ से दबा रही है और उसका फौलादी अस्तर उसे वापस धकेलता हुआ चरमरा रहा है। बर्फ का आक्रमण धीमी गति से जारी रहा, पर उसका कोई निवारण नहीं था। अस्तर के जोड़ टूट रहे थे। कीलों के उखड़ने की चटचटाहट सुनाई दे रही थी। क्षण भर बाद ही वाम पार्श्व पूरी तरह उखड़ चुका था...।"

जो कुछ यहाँ कहा गया है, इससे पाठक दुर्घटना का भौतिक कारण समझ गए होंगे। व्यावहारिक निष्कर्ष यह है कि हिम-सागर पर चलने वाले जहाजों के पार्श्व का उदग्र रेखा के साथ झुकाव 11 डिग्री से कम नहीं होना चाहिए।

संतुलित डंडा

तर्जनियों पर चित्र 24 की भाँति एक चिकना डंडा रख लें और उँगलियों को एक दूसरे की ओर खिसकाएँ। जब वे आपस में सट जाएँगी, वह विचित्र बात देखने को मिलेगी–उँगलियों की इस अंतिम स्थिति में डंडा गिरता नहीं है, अपना संतुलन कायम रखता है। आप इस प्रयोग को कई बार दुहरा सकते हैं; उँगलियों की आरंभिक स्थिति जो भी रही हो, अंतिम परिणाम हमेशा यही होगा : डंडा संतुलित हो जाया करेगा। डंडे की जगह आप कोई भी छड़ी जैसी चीज ले सकते हैं, आपको यही विशेषता नजर आएगी।

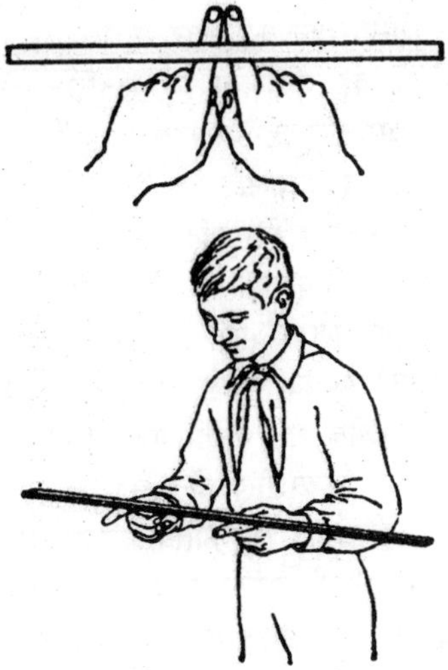

चित्र 24. गज के साथ प्रयोग, नीचे–प्रयोग का अंत।

इसका रहस्य क्या है?

एक बात स्पष्ट है : यदि सटी उँगलियों पर डंडा संतुलित हो जाता है, तो इसका मतलब है कि उँगलियाँ डंडे के गुरुत्व-केंद्र के नीचे हैं (पिंड संतुलन की अवस्था में तभी रहता है, जब उसके गुरुत्व-केंद्र से गुजरने वाली शाहुल रेखा आलंब क्षेत्र के भीतर गिरती है)।

चित्र 25. वही प्रयोग झाड़ू के साथ। पलड़े संतुलित क्यों नहीं होते ?

जब उँगलियाँ परस्पर दूर होती हैं, तो अधिक बोझ उस उँगली पर पड़ेगा, जो डंडे के गुरुत्व केंद्र के निकट होगी। दाब के साथ-साथ घर्षण भी बढ़ता है। गुरुत्व-केंद्र के निकट वाली उँगली अपेक्षाकृत अधिक घर्षण महसूस करती है और इसीलिए डंडे के नीचे आसानी से नहीं फिसलती; जो उँगली गुरुत्व-केंद्र से दूर होती है, वही खिसकती है। पर ज्यों ही वह दूसरी की अपेक्षा गुरुत्व-केंद्र के अधिक निकट हो जाती है, उँगलियों की भूमिकाएँ बदल जाती हैं : अब दूसरी उँगली खिसकने लगती है और पहली स्थिर रहती है। भूमिकाओं की अदला-बदली तब तक होती रहती है, जब तक कि दोनों

आपस में सट नहीं जातीं। और चूँकि हर बार सिर्फ वह उँगली खिसकती है, जो गुरुत्व-केंद्र से दूर होती है, स्वाभाविक है कि दोनों उँगलियाँ अंततोगत्वा गुरुत्व-केंद्र के ठीक नीचे आकर सटती हैं।

अंत में यह प्रयोग फर्श साफ करने वाले ब्रश के साथ दुहराएँ (चित्र 25, ऊपर) और निम्न प्रश्न का उत्तर सोचें : यदि ब्रश को ठीक उस स्थान से काट दिया जाए, जहाँ से वह उँगलियों पर संतुलित हो जाता है और दोनों टुकड़ों को तराजू के अलग-अगल पलड़ों पर रखा जाए (चित्र 25, नीचे), तो कौन सा पलड़ा भारी होगा—डंडे वाला या ब्रश वाला?

लगता है कि यदि ब्रश के दोनों टुकड़े एक दूसरे को संतुलित कर सकते हैं, तो तराजू के पलड़ों पर भी वे एक दूसरे को संतुलित रखेंगे। पर वास्तविकता में ब्रश वाला पलड़ा भारी निकलेगा। कारण समझना कठिन नहीं, यदि इस बात को ध्यान में रखें कि पहले दोनों टुकड़ों के भार-बल टेक (उँगलियों) से भिन्न दूरियों पर क्रियाशील थे। पलड़ों पर इन टुकड़ों को रखने से ये ही बल टेक-बिंदु से समान दूरियों पर क्रियाशील होते हैं।

लेनिनग्राद सांस्कृतिक उद्यान की 'मनोरंजक विज्ञान प्रदर्शनी' में मैंने कई डंडे रखवाए, जिनमें गुरुत्व-केंद्रों की स्थितियाँ भिन्न थीं। हर डंडा ठीक उस स्थान से दो टुकड़ों में विभक्त हो सकता था, जहाँ उसका गुरुत्व-केंद्र था। दर्शक इन टुकड़ों को तराजू के पलड़ों पर रख कर आश्चर्यचकित हो जाते थे कि छोटा भाग बड़े वाले से अधिक भारी है।

अध्याय 3

चक्रगति

नाचता लट्टू नहीं गिरता

इसका सही कारण बहुत कम लोग बता सकते हैं, यद्यपि बचपन में लट्टू या घिरनी सभी ने नचाया होगा। नाचते लट्टू को सीधा भी रख सकते हैं, और तिरछा भी; वह गिरता नहीं है। कौन सी शक्ति उसे गिरने से रोकती है? क्या गुरुत्व उस अपना प्रभाव नहीं डालता? यहाँ बलों की आपसी क्रिया अत्यंत रोचक है, पर लट्टू

चित्र 26. घिरनी गिरती क्यों नहीं?

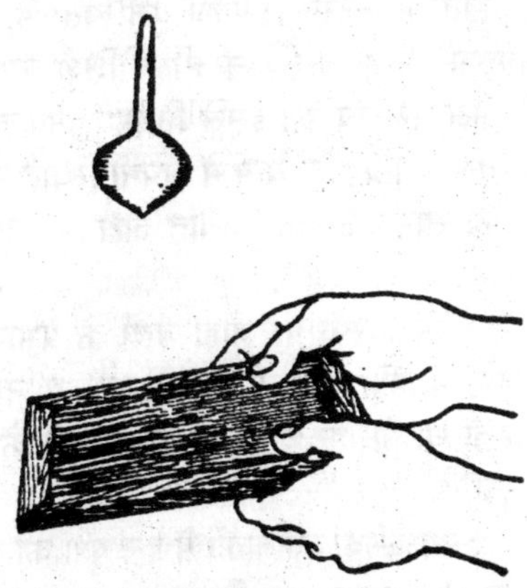

चित्र 27. नाचती घिरनी को उछालने पर वह अपने अक्ष की आरंभिक स्थिति अपरिवर्तित रखती है।

का सिद्धांत सरल नहीं है और उसकी गहराइयों में हम नहीं जाएँगे। हम सिर्फ यह देख लें कि नाचते लट्टू (या घिरनी) नहीं गिरने का मुख्य कारण क्या है।

चित्र 26 में एक घिरनी दिखाई गई है, जो तीर की दिशा में नाच रही है। उसकी किनारी पर आमने-सामने के भागों A व B पर गौर करें। भाग A **आप से** दूर भाग रहा है और भाग B **आपकी ओर** आ रहा है। अब आप घिरनी को हल्की ठोकर देकर उसके अक्ष को थोड़ा **अपनी ओर** झुका दें और देखें कि इन भागों की गतियों पर क्या प्रभाव पड़ता है। इस ठोकर के कारण भाग A ऊर्ध्वगति प्राप्त करता है और भाग B नीचे की ओर गतिमान हो जाता है। धक्का दोनों ही भागों को उनकी अपनी गतियों के लंब की दिशा में प्राप्त होता है। यदि घिरनी काफी तेजी से नाच रही है, तो इन भागों का घूर्णन वेग काफी अधिक होगा। बिंदुओं के इस बड़े वेग के साथ जब आपकी ठोकर से प्राप्त क्षुद्र वेग जुड़ता है, तो आरंभिक बड़े वेग पर बहुत कम असर पड़ता है और मिलने वाला परिणामी वेग इसके निकट होता है। इससे स्पष्ट हो जाता है कि घिरनी ठोकर का प्रतिरोध करती सी क्यों प्रतीत होती है। घिरनी जितनी ही भारी होगी और उसका घूर्णन जितना ही तेज होगा, वह धक्के का उतना ही अधिक प्रतिरोध करेगी।

सारतः यह व्योम जड़त्व से संबद्ध है। घिरनी के सभी कण वृत्ताकार पथ पर घूमते हैं और यह पथ अक्ष के अभिलंब समतलों पर है। जड़त्व नियम के अनुसार कण हर क्षण वृत्ताकार पथ को छोड़ कर वृत्त की स्पर्श रेखा की दिशा में सरल रेखा पर भागने को प्रवृत्त रहता है। चूँकि किसी भी वृत्त की सभी स्पर्शरेखाएँ उसी समतल पर होती हैं, जिस पर स्वयं वृत्त होता है, इसलिए हर कण अपने वृत्ताकार पथ वाले समतल पर ही बने रहने की कोशिश करता है। हमें ज्ञात है कि यह समतल घिरनी के अक्ष पर लंब है। इससे निष्कर्ष निकलता है कि घिरनी में अक्ष के अभिलंब सभी समतलों की प्रवृत्ति व्योम में अपनी स्थिति स्थायी बनाए रखने की होती है और इसीलिए उनका सामूहिक लंब, अर्थात् अक्ष, भी अपनी स्थिति स्थायी रखने की प्रवृत्ति रखता है।

हम घिरनी पर बाह्य बलों के प्रभाव से उत्पन्न होने वाले सभी बलों को नहीं देखेंगे, क्योंकि व्याख्या काफी बड़ी व नीरस हो जाएगी। मैं सिर्फ इतना समझाना चाहता था कि हर घूर्णनरत पिंड घूर्णन के अक्ष की दिशा को स्थायी रखने की चेष्टा करता है।

आधुनिक तकनीकों में इस गुण का काफी विस्तृत उपयोग है। जहाजों व विमानों में कंपास, स्थावक (स्टैबिलाइज़र) आदि जैसे वलयदर्शी उपकरण लगाए जाते हैं और इनका आधार भी लट्टू का ही गुण है।

लट्टू, घिरनी जैसे साधारण खिलौनों के भी कितने लाभप्रद उपयोग हैं! घूर्णन तोप के गोलों को उनकी उड़ान के समय स्थिरता देता है। घूर्णन का उपयोग अंतरिक्षीय तोप-गोलों—स्पूतनिकों व राकेटों—को भी स्थिरता प्रदान करने के लिए किया जा सकता है।

बाजीगरी

बाजीगरी के कमाल दिखाने में भी अधिकतर उसी गुण का उपयोग किया जाता है, जिसके कारण घूर्णनरत पिंड अपने अक्ष की दिशा को स्थायी बनाए रखता है। अंग्रेज भौतिकविद् जोन पेरी अपनी पुस्तक 'लट्टू का नाच' में लिखते हैं :

"विक्टोरिया रंगशाला में आलीशान कक्ष में एक दिन मैं कॉफी और सिगरेट का मजा लेते दर्शकों को कुछ प्रयोग दिखा रहा था। मैं यथासंभव रोचक शब्दों में बता रहा था कि छल्ले को घूर्णन-गति के साथ फेंकना चाहिए, यदि आप पहले से जानना चाहते हैं कि वह कहाँ और कैसे गिरेगा। टोप को छड़ी की नोक पर रोक सकने के लिए उसे चक्कर देते हुए ही ऊपर उछालते हैं। घूर्णनरत पिंड अक्ष की स्थिति में किसी भी परिवर्तन का प्रतिरोध करता है—इस गुण का सदा ही भरोसा

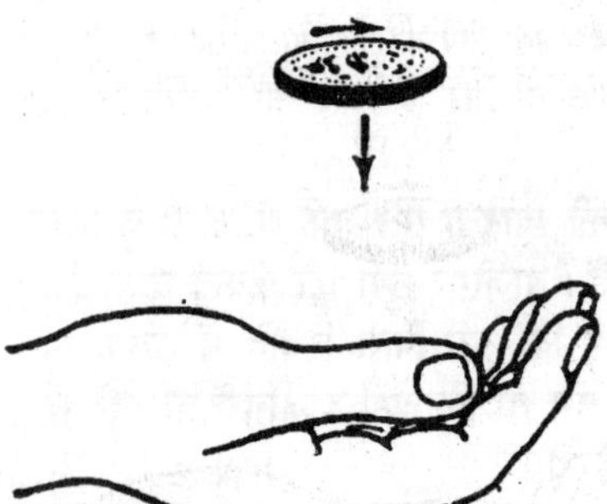

चित्र 28. घूर्णन के साथ उछालने पर सिक्के की उड़ान।

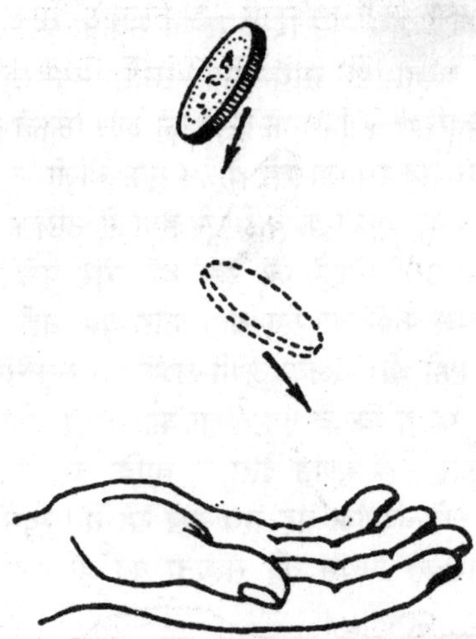

चित्र 29. बिना घूर्णन दिए उछालने पर सिक्का किसी भी स्थिति में गिर सकता है; यह सिर्फ संयोग की बात होगी।

किया जा सकता है; आप धोखा नहीं खाएँगे। इसके बाद मैंने समझाया कि भीतर से बिल्कुल चिकनी नली वाले तोप से सही निशाना नहीं लगाया जा सकता। अक्सर नली की भीतरी दीवार पर पेंचदार कटाव बने होते हैं, जिसमें गोले की निकली हुई किनारी फँसी रहती है। तोप दागने पर बारूद की विस्फोट-शक्ति जब गोले को निकालने के लिए धक्का देती है, गोला सीधा नहीं, पेंच के सहारे चक्कर खाता हुआ निकलता

है। निकलते वक्त उसकी एक विशेष घूर्णन गति होती है।

अपने व्याख्यान में मैं इससे अधिक कुछ नहीं कर सकता था, क्योंकि मुझे बाजीगरों की तरह टोप और तशतरियाँ उछालना नहीं आता। पर मेरे व्याख्यान के समाप्त होते ही मंच पर दो बाजीगर आ गए। कहना नहीं होगा कि जिन नियमों को मैं मझाने की कोशिश कर रहा था, उन्हें दृश्य-सुगम बनाने के लिए इन कलाकारों के करतब से बढ़ कर दूसरा कोई प्रयोग नहीं दिखाया जा सकता था। वे चुस्ती के साथ टोप, छाते, मुद्गर, तश्तरियाँ आदि एक दूसरे की ओर फेंकते और पकड़ते जा रहे थे...। एक बाजीगर एक के बाद एक कई छुरे हवा में उछाल कर उन्हें पकड़े जा रहा था और पुनः वापस फेंके जा रहा था। कोई चूक नहीं हो रही थी। दर्शक अभी-अभी इन संवृत्तियों की व्याख्या सुन चुके थे, अतः वे प्रसन्न हो रहे थे कि वे इन खेलों का रहस्य जानते हैं। बाजीगर छुरी को फेंकते वक्त किस प्रकार उन्हें घूर्णन देता है, ताकि उसे पता रहे कि छुरी किस स्थिति में उसके पास लौटेगी—दर्शक यह सब देख रहे थे। स्वयं मैं दंग था कि वहाँ बाजीगरों के सारे खेल उपरोक्त नियम की सत्यता को ही दर्शा रहे थे।''

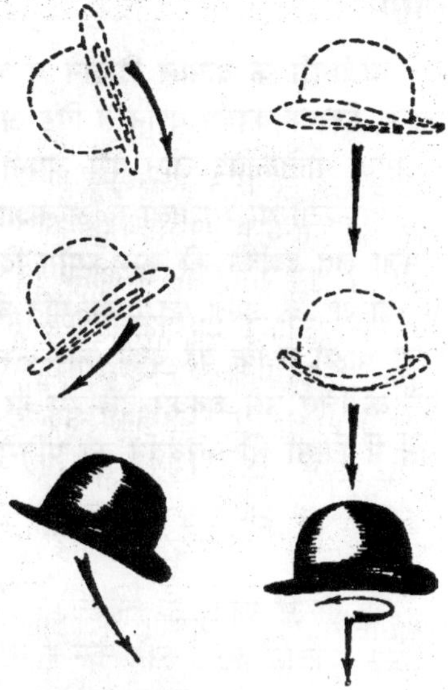

चित्र 30. टोप को लोकना आसान है, यदि उसे अक्ष के गिर्द घूर्णन दे कर उछाला जाए।

कोलंबो की समस्या का नया हल

अंडे को कैसे खड़ा किया जाए—इस विख्यात समस्या का हल कोलंबो ने कुछ ज्यादा ही सरलता से किया था : उसने अंडे के खोल को थोड़ा दबा कर तोड़ दिया और उसे टेबल पर खड़ा कर दिया।[1]

---

1. वैसे, इस किस्से का कोई ऐतिहासिक आधार नहीं है। प्रसिद्ध नाविक कोलंबो ने ऐसा किया था—यह अफवाह ही है। यह किया था बिलकुल दूसरे व्यक्ति ने और बिलकुल दूसरी परस्थितियों में। इतालियन वास्तुकार ब्रुनेल्स्की (1377-1446) कोलंबो से बहुत पहले हुए थे। फ्लोरेंस के गिरजे का विशाल गुंबज बना कर उन्होंने कहा : ''मेरा गुंबज इतना टिकाऊ है, जितना यह अंडा अपनी नोक पर!'' (और उन्होंने नोक तोड़ कर अंडे को टेबल पर खड़ा कर दिया)।

सच पूछें, तो समस्या का यह हल सही नहीं : अंडे का खोल तोड़ कर कोलंबो ने उसका **रूप** बदल दिया और इसका अर्थ है कि उसने अंडे को नहीं, बिल्कुल दूसरे

चित्र 31. कोलंबो की समस्या का हल : अंडा घूर्णन करता हुआ अपने सिरे पर खड़ा है।

पिंड को खड़ा किया था। समस्या का सार तो अंडे के रूप में ही था। रूप बदल जाने से अंडा अंडा नहीं रह गया, वह दूसरे पिंड में परिणत हो गया। कोलंबो ने उस पिंड के लिए हल नहीं दिया, जिसके लिए ढूँढा जा रहा था।

समस्या का हल अंडे का रूप बदले बगैर भी संभव है। आपको बस लट्टू के गुण का उपयोग करना पड़ेगा। अंडे को उसके लंबे अक्ष के गिर्द घूर्णन गति देने से अंडा अपने पतले या चौड़े सिरे पर खड़ा नाचता रहेगा; वह गिरेगा नहीं। चित्र में दिखाया गया है कि अंडे को घूर्णन गति उँगलियों के सहारे दी जाती है। हाथ हटा लेने के बाद आप देखेंगे कि अंडा कुछ समय तक नाचता रहता है। हल यही है।

प्रयोग के लिए उबला अंडा ही लेना चाहिए। यह रोक कोलंबो के प्रश्न की शर्तों का विरोध नहीं करती। कोलंबो ने अपना प्रश्न सुना कर वहीं खाने की मेज से एक अंडा उठाया और उसे खड़ा कर दिया। खाने की मेज पर कच्चा अंडा शायद ही रखा गया होगा। कच्चे अंडे को आप घूर्णन-गति नहीं दे सकते : अंदरूनी द्रव घूर्णन-गति में अवरोध डालेगा। इससे कच्चे व उबले अंडे की पहचान का एक आसान तरीका ज्ञात होता है, जिसे अनेक गृहणियाँ जानती हैं।

'नष्ट' गुरुत्व

अरस्तू ने दो हजार वर्ष पूर्व लिखा था कि "वलनरत (वृत्ताकार पथ पर गतिमान) बरतन में से पानी नहीं गिरता,–तब भी, जब बरतन उलट जाता है, क्योंकि वलन इसमें बाधक होता है।" यह प्रभावशाली प्रयोग, जिसे निस्संदेह बहुत से लोग जानते होंगे, चित्र 32 में दिखाया गया है : पानी से भरी बाल्टी को चित्र की भाँति तेजी से घुमाने पर उसमें से पानी नहीं गिरता; पथ से उस भाग में भी नहीं, जब बाल्टी औंधी हो जाती है।

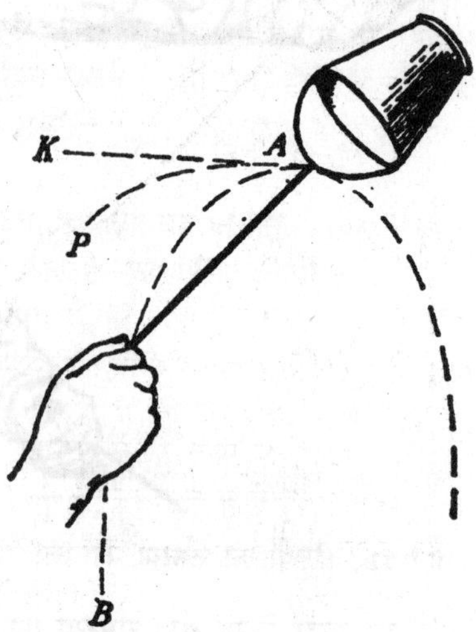

चित्र 32. चक्कर खाती बाल्टी से पानी क्यों नहीं गिरता?

बोल-चाल में इस संवृत्ति को 'केंद्रापसारी बल' द्वारा समझाया जाता है। यह एक काल्पनिक बल है और माना जाता है कि यह पिंड पर क्रियाशील हो कर उसे वलन-केंद्र से दूर भागने को प्रवृत्त करता है। पर ऐसा कोई बल है नहीं। केंद्र से दूर भागने की प्रवृत्ति और कुछ नहीं, **जड़त्व** की अभिव्यक्ति है और जड़त्व से प्रेरित गति के पीछे कोई बल नहीं होता। भौतिकी में केंद्रापसारी बल उस यथार्थ बल को कहते हैं, जिससे वलनरत पिंड उसे बाँधने वाली रस्सी को खींचता है या जिससे वह अपने वक्र पथ को दबाता है। यह बल गतिमान पिंड पर नहीं, बल्कि उस बाधा पर क्रियाशील होता है, जो उसे सरल रेखीय पथ पर चलने से रोकती है। इस तरह की बाधा का काम धागा, वक्र-पथ पर रेल की पटरी आदि कर सकते हैं।

आइए, वलनरत बाल्टी के अध्ययन से इस संवृत्ति का कारण समझने की कोशिश की जाए, ताकि 'केंद्रापसारी बल' जैसे द्वयर्थी शब्द का इस्तेमाल न करना पड़े। पहले इस प्रश्न पर गौर करें : यदि बाल्टी की दीवार में एक छेद बना दिया जाए, तो पानी की धार किस दिशा में बहेगी? गुरुत्व-बल की अनुपस्थिति में धार जड़त्ववश वृत्त AB की स्पर्श रेखा AK की दिशा में बहती (चित्र 32)। पर गुरुत्व पानी की धार को क्रमशः नीचे उतरने को बाध्य करता है, अर्थात् धार का पथ वक्र हो जाता है (वलय AP)। यदि वलन का वेग पर्याप्त अधिक होगा, तो वक्र AP वृत्त AB के बाहर रहेगा। यदि पानी बाल्टी की पकड़ (अर्थात् उसकी दीवारों के दबाव) से

मुक्त होता, तो वह उसी पथ AP पर गतिमान होता। इससे स्पष्ट हो जाता है कि बाल्टी के वलन से पानी में नीचे गिरने की कोई प्रवृत्ति नहीं रह जाती और इसीलिए वह नीचे नहीं गिरता। पानी गिरे, इसके लिए आवश्यक है कि बाल्टी का मुँह वलन की दिशा में हो।

अब कलन करें कि इस प्रयोग में बाल्टी को किस वेग से घुमाना चाहिए कि उसमें से पानी नीचे नहीं गिरे। वह वेग ऐसा होना चाहिए कि वलनरत बाल्टी का केंद्रोन्मुखी त्वरण गुरुत्व बल के त्वरण से कम हो : इस स्थिति में पानी का संभव पथ बाल्टी द्वारा निरूपित वृत्त के बाहर रहेगा और पानी बाल्टी से कहीं भी पीछे नहीं छूटेगा। केंद्रोन्मुखी त्वरण W ज्ञात करने के लिए सूत्र है :

$$W=v^2/R$$

जहाँ v—वलन वेग और R—वृत्ताकार पथ की त्रित्या है। पृथ्वी-तल पर गुरुत्व का त्वरण $g=9.8\ m/S^2$ है, अतः हमें असमिका $v^2/R \geq 9.8$ प्राप्त होती है। यदि $R=70$ cm लिया जाये, तो

$$\frac{v^2}{0.7} \geq 9.8 \text{ तथा } v \geq \sqrt{0,7\ .\ 9.8}; \quad v \geq 2.6\ m/s$$

सरलता से ज्ञात कर सकते हैं कि ऐसा वलनवेग प्राप्त करने के लिए आपके हाथ को प्रति सेकेंड करीब डेढ़ चक्कर लगाना पड़ेगा। इतना तेज वलन आसानी से प्राप्त किया जा सकता है और प्रयोग करने में कोई कठिनाई नहीं होती।

जब द्रव बरतन में अपने क्षैतिज अक्ष के गिर्द घूर्णन करता है, तो वह बरतन की दीवार को दबाता हुआ उसके निकट होने की प्रवृत्ति रखता है। द्रव का यह गुण तकनीकी में यथाकथित 'केंद्रापसारी ढलैया' के लिए प्रयुक्त होता है। यदि द्रव एकरूप नहीं होता, तो विशिष्ट भारों के अनुसार उसके अवयवों की परतें बन जाती हैं : अधिक भारी अवयव अक्ष से अधिक दूर होते हैं और हल्के अवयव अक्ष के निकट परतें बनाते हैं। फलस्वरूप पिघली धातु में उपस्थित गैसें, जिनके बुलबुले ढलैया में 'गुफाएँ' बना देते हैं, धातु से अलग हो कर ढलैया के अंदरूनी खोखले भाग में एकत्रित हो जाती हैं। ऐसी ढलैया से बनी वस्तुएँ 'गुफाओं' से मुक्त होती हैं। केंद्रापसारी ढलैया साधारण दबावी (प्रेस) ढलैया से सस्ता पड़ता है और इसका उपकरण अधिक जटिल नहीं होता।

आप और गैलीली

जो सनसनीखेज अनुभूतियों के प्रेमी हैं, उनका मनोरंजन तथाकथित 'शैतानी झूले' से किया जा सकता है। ऐसा एक झूला लेनिनग्राद में भी था। चूँकि मुझे उस पर झूलने का सुअवसर नहीं मिला, मैं उसका वर्णन फेडो की पुस्तक से उद्धृत कर

रहा हूँ, जिसमें अनेक वैज्ञानिक मनोरंजन संकलित हैं :

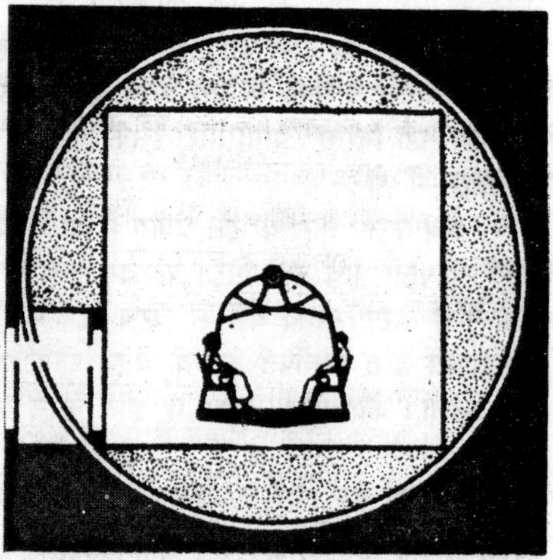

चित्र 33. 'शैतान का झूला' : आरेख

"झूला एक विशेष ऊँचाई पर कमरे से आर-पार लगे क्षैतिज छड़ से लटका होता है। जब सभी अपने स्थान पर बैठ जाते हैं, झुलाने वाला व्यक्ति कक्ष का दरवाजा बंद कर देता है और झूले पर चढ़ने के लिए रखे तख्त को हटा लेता है। वह एक छोटी सी हवाई यात्रा की घोषणा करता है और झूला झुलाना शुरू कर देता है। झुलाते-झुलाते वह उछल कर झूले पर टमटम वाले की तरह नीचे बैठ जाता है या थोड़ा झुला कर कक्ष से बाहर निकल जाता है।

झूले का झूलना क्रमशः तेज होने लगता है, पेंगे लंबी होने लगती हैं, झूला छड़ की ऊँचाई तक पहुँचने लगता है, धीरे-धीरे छड़ को पार करने लगता है और अंततोगत्वा गोल चक्कर काटने लगता है। गति क्षिप्र होती जाती है। यद्यपि लोग पहले से सावधान कर दिए जाते हैं; तेज गति और झूलन की अनुभूति से उनका सर चकराने लगता है, उन्हें लगता है कि वे सिर के बल नीचे किसी गहरी खाई में गिरते जा रहे हैं और इसीलिए डर के मारे कुर्सियों के हत्थे पकड़ लेते हैं।

झूलना धीरे-धीरे कम होने लगता है, अब वह छड़ से अधिक ऊँचा नहीं उठता ...कुछ क्षण और बीतते हैं और वह पूरी तरह रुक जाता है।

पर वास्तविकता में झूला **पूरे काल तक स्थिर** था। झूल रहा था कमरा। जटिल यंत्रों की सहायता से कमरा अपने क्षैतिज अक्ष के गिर्द घुमाया जाता है। कमरे में सभी टेबल, कुर्सी आदि फर्श से जड़े रहते हैं। टेबल पर रखा लैंप भी टेबल के साथ जड़ा रहता है। झुलाने वाला व्यक्ति सचमुच में नहीं झुलाता, वह कमरे की गति की लय में झुलाने की नकल करता है। सारी स्थिति ऐसी होती है कि धोखा पूर्णतया सफल रहता है।"

भ्रम का रहस्य इतना सरल है कि आपको हँसी आती होगी, पर इसका ज्ञान हो जाने पर भी यदि आपको झूले पर बैठा दिया जाए, तो आप धोखे में आने से बचेंगे नहीं। इतना शक्तिशाली है यह भ्रम!

गति नहीं है,—यति[1] बोला;
दूसरा[2] लगा टहलने चुपचाप।
बढ़ कर इससे क्या तर्क देते आप
और यश पाया उसने पीट ढिंढोला।
पर, श्रीमान्, यह किस्सा मजेदार
याद दिलाता एक और तकरार!
हर दिन सूरज घूमता नभ के आर-पार,
पर सच कहता गैलीली जिद्दीदार।

झूले में इस रहस्य से अनभिज्ञ लोगों के बीच आप की स्थिति गैलीली की तरह होगी। गैलीली सिद्ध कर रहा था कि सूरज और तारे अचल हैं, और हम (पृथ्वी के साथ) घूमते हैं। आप सिद्ध करेंगे कि कमरा आपके गिर्द घूम रहा है और आप (झूले के साथ) अचल हैं। संभवतः आप को गैलीली की तरह ही इसके दुखद परिणाम भी भोगने पड़ेंगे : आप ऐसे आदमी समझे जाने लगेंगे, जो बिल्कुल साफ दिखने वाली बात का विरोध करता है...।

मेरी आपकी बहस

आपके लिए अपने कथन की सत्यता सिद्ध करना इतना सरल नहीं होगा, जितना आप सोचते हैं। कल्पना करें कि आप सचमुच शैतानी झूले में बैठे हैं और अपने पड़ोसियों को समझाने की कोशिश कर रहे हैं कि वे गलत हैं। अपने तर्क आप मुझे पेश कर सकते हैं। आइए, हम दोनों इस झूले में बैठते हैं। झूला चक्कर खाने लगता है और हम विवाद शुरू करते हैं कि क्या घूम रहा है। सिर्फ एक बात को ध्यान में रखें : बहस के दरम्यान आप को झूले से उतरना नहीं होगा। आवश्यक वस्तुएँ आप अपने साथ पहले से रख लें।

आप—इसमें शक की कोई बात ही नहीं है कि हम स्थिर हैं और कमरा घूम रहा है। यदि हमारा झूला इस तरह चक्कर लगाता, तो ऊपर जा कर यह उल्टा हो जाता और हम जमीन पर गिर जाते; सिर नीचे और पैर ऊपर किए हुए हम लटके नहीं रहते। चूँकि हम गिरते नहीं हैं, इसलिए झूला स्थिर है और कमरा चक्कर खा रहा है।

मैं—आप पानी भरी बाल्टी को घुमाने का प्रयोग याद करें : इसमें बाल्टी के

1. प्राचीन यूनानी दार्शनिक क्सेनोन एलियन (ई.पू. V-शती), जिसके अनुसार विश्व में सब कुछ अचल है और गति की प्रतीति का कारण भ्रम है

2. डायागेन

उलटने पर भी पानी नहीं गिरता (पृ. 65)। 'शैतानी फंदे; को देखें; साइकिल सवार इसमें बिल्कुल उल्टा होकर साइकिल चलाता है, पर गिरता नहीं है (दे. आगे पृ. 77)

आप—यदि ऐसा है, तो आइए, अभिकेंद्री त्वरण ज्ञात करते हैं। देखें कि वह हमें गिरने से रोकने के लिए पर्याप्त है या नहीं। घूर्णन अक्ष से हमारी दूरी और प्रति सेकेंड की घूर्णन संख्या मालूम करना सहज है और अभिकेंद्र त्वरण ज्ञात करने का सूत्र है...

मैं—तकलीफ मत कीजिए। झूला बनाने वाले मुझे बता चुके हैं कि घूर्णन-संख्या मेरे पक्ष में निर्णय देगी। अतः आपके कथन से बहस का अंत होने वाला नहीं है।

आप—लेकिन मैंने उम्मीद नहीं छोड़ी है। देखिए, गिलास से पानी नहीं गिर रहा है...। अरे नहीं, यह तर्क नहीं चलेगा; आप फिर बाल्टी घुमाने वाला प्रयोग सुनाने लगेंगे। दूसरा तर्क सुनें : मेरे हाथ में शाहुल है वह नीचे की ओर हमारे पैरों के पास लटक रहा है। यदि कमरा अचल होता और हम घूमते होते, तो शाहुल कभी हमारे सर के पास आ जाता, तो कभी बगल की ओर खिंचने लगता।

मैं—आप गलत हैं। यदि हमारी गति पर्याप्त है, तो शाहुल हर वक्त घूर्णन की त्रिज्या की दिशा में भागने की कोशिश करेगा, अर्थात् वह हमारे पैरों के पास लटकता रहेगा, जैसा कि हम देख रहे हैं।

बहस का अंत

यदि आप बहस में जीतना ही चाहते हैं, तो मेरी सलाह सुनिए। झूले पर अपने साथ एक कमानीदार तुला रख लीजिए। जब झूला झूलने की बजाय चक्कर खाने की अनुभूति होने लगे, उससे कोई वजन (जैसे 1 kg का) लटका दीजिए और उसकी सूई की गति को देखिए। यदि झूला स्थिर लटक रहा है, तो सूई हमेशा एक ही वजन—1 kg—दिखाएगी।

यदि हम तुला के साथ-साथ अक्ष के गिर्द घूमते होते, तो वजन पर गुरुत्व बल की क्रिया के अतिरिक्त केंद्रापसारी प्रभाव भी देखने को मिलता। इस प्रभाव के कारण पथ के निचले बिंदुओं पर वजन 1kg **से अधिक** नजर आता और ऊपरी बिंदुओं पर 1 kg **से कम**। हमारे अवलोकन में तुला से लटकाई गई वस्तु का भार कभी अधिक होता, तो कभी कम। यदि ऐसा नहीं है, तो कमरा चक्कर लगा रहा है; हम नहीं।

'तिलस्मी' गोले में

अमेरिका के एक उद्योगपति ने कमाने के लिए एक मजेदार घुरनी (चक्रदोला) बनवाई उसका आकार गोलाकार कमरे की तरह था, जो अपनी धुरी पर घूम सकती

थी। भीतर बैठे लोगों को ऐसी अनुभूतियाँ होती थीं, जैसी सिर्फ सपने या परीकथाओं में होती हैं।

पहले यह देखें कि गोल घूर्णनरत चबूतरे पर आदमी क्या अनुभव करता है।

चक्रगति आदमी को दूर फेंकने की कोशिश करती है। केंद्र से भाग जितना ही दूर होंगे, आपको फेंकने की कोशिश करने वाला बल उतना ही अधिक होगा। आँखें बंद करने पर आपको लगेगा कि आप क्षैतिज चबूतरे पर नहीं, किसी ढालू तल पर खड़े हैं, जहाँ संतुलन कायम रखना बहुत कठिन है। यह समझने के लिए हमें शरीर पर क्रियाशील सभी बलों का अध्ययन करना होगा (चित्र 34)। घूर्णन-गति

चित्र 34. घूर्णन चबूतरे पर आदमी का अनुभव करता है।

हमारे शरीर को चबूतरे से बाहर फेंकने की कोशिश करती है और भार हमें नीचे की ओर खींचता है। बाहर की ओर फेंकने और नीचे की ओर खिंचने की गतियाँ समनांतर चतुर्भुज के नियम से जुड़ती हैं। इस तरह से प्राप्त परिणामी गति की दिशा नीचे की ओर झुकी होती है। घूर्णन गति जितनी ही अधिक होगी, उदग्र रेखा के साथ परिणामी बल का कोण और बड़ा होता जाएगा।

अब कल्पना करें कि चबूतरे की किनारी थाली जैसी मुड़ी हुई है और आप इसी ढालू भाग पर खड़े हैं (चित्र 35)। यदि चबूतरा अचल है, तो आप सरकते हुए नीचे आ जाएँगे या हो सकता है कि गिर जाएँगे। पर यदि चबूतरा घूर्णनरत

चित्र 35. आदमी घूर्णनरत चबूतरे की ढालू किनारी पर स्थिर खड़ा है।

है, तो दूसरी बात है। घूर्णन के एक विशेष वेग पर ढालू तल आपके लिए क्षैतिज सा हो जाएगा, क्योंकि आपको खींचने वाली दोनों गतियों से प्राप्त परिणामी गति की दिशा बाहर की ओर ढलान के लंब होगी।[1]

यदि विशेष वेग से घूर्णनरत चबूतरे के तल को ऐसी वक्रता प्रदान की जाए कि उसके हर बिंदु पर प्राप्त परिणामी गति की दिशा उसके अभिलंब हो, तो उसके किसी भी बिंदु पर आप नहीं महसूस करेंगे कि आप ढलान पर खड़े हैं; आपको लगेगा कि आप क्षैतिज तल पर खड़े हैं। गणितीय कलनों से ज्ञात है कि इस तरह के वक्रतल का एक विशेष ज्यामितीय रूप होता है—**परवलयी**। यदि गिलास को पानी से आधा भर कर उदग्र अक्ष के गिर्द नचाया जाये, तो पानी का क्षैतिज तल परवलयी तल में परिणत हो जाएगा : किनारी पर पानी ऊपर उठ आएगा और बीच में गहरा गड्ढा सा बन जाएगा।

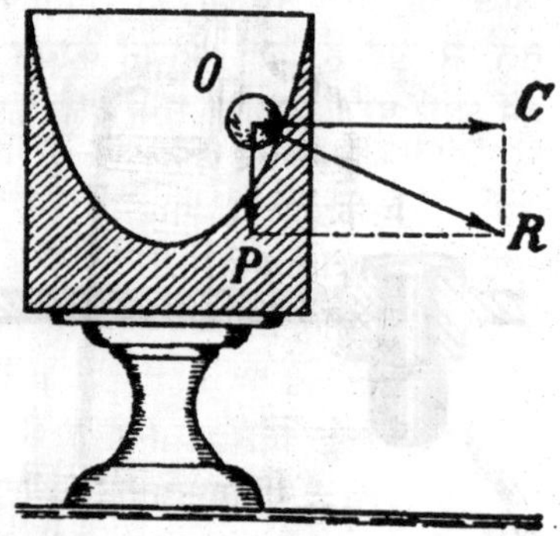

चित्र 36. यदि गिलास को पर्याप्त वेग से घूर्णित रखा जाए तो गोली पेंदी की ओर नहीं लुढ़केगी।

यदि हम पानी की जगह पिघला हुआ मोम लें और गिलास को मोम के जम जाने तक घूर्णित रखें, तो हमें परवलयी तल प्राप्त हो जाएगा। वेग-विशेष पर ऐसा तल भारी पिंडों के लिए क्षैतिज तल का काम करता है। उदाहरणार्थ, उसके किसी बिंदु पर रखी गई गोली नीचे नहीं लुढ़केगी, उसी ऊँचाई पर स्थित रहेगी (चित्र 36)।

अब आप 'तिलस्मी' गोले की बनावट समझ सकते हैं।

यह परवलयी तल वाला एक बहुत बड़ा चबूतरा होता है (चित्र 37)। इसकी घूर्णन-गति शांत व बिना किसी झटके की होती है, फिर भी उस पर खड़े लोगों के सर में चक्कर आना शुरू हो जाता है। इससे बचने के लिए चबूतरे को एक अल्पपारदर्शी काँच के गोले में बंद रखते हैं। गोला चबूतरे के साथ घूर्णन करता रहता है। चबूतरे पर घूमते व्यक्ति को जब परिवेशी वस्तुएँ उसी की गति से घूमती दिखती हैं, तो वह अपनी गति का अवलोकन नहीं कर पाता; उसे सब कुछ अचल सा प्रतीत होता

1. इन्हीं तथ्यों से कुछ अन्य बातें भी समझी जा सकती हैं। रेल-पथ के मोड़ पर बाहरी पटरी भीतर से कुछ ऊँची होती है। साइकिल व मोटरसाइकिल रेस के पथ मोड़ों पर वक्रता-केंद्र की ओर झुके होते हैं। पेशेवर मोटरसाइक्लिस्ट खड़ी ढलान वाले पथों पर भी बिना किसी डर के मोरटसाइकिल चला सकते हैं।

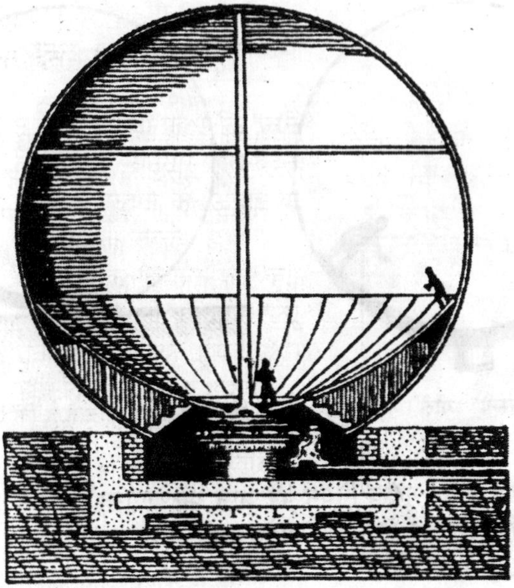

चित्र 37. 'तिलस्मी' गोला (अनुच्छेद)।

है और उसका सिर नहीं घूमता।

तिलस्मी गोला नामक इस मोहक घुरनी की बनावट यही है। इसके भीतर चबूतरे पर खड़े हो कर आप क्या अनुभव करते हैं? आप चाहे अक्ष के समीप खड़े हों या उससे दूर, जहाँ 45^0 की ढलान है, हर बिंदु पर आपको लगेगा कि आप क्षैतिज समतल पर खड़े हैं। आँखें साफ-साफ दिखाती हैं कि चबूतरे का तल वक्र है, पर पेशियों की संवेदना बताती है कि पैरों तले जमीन समतल है।

दोनों संवेदनाओं का यह परस्पर विरोध ही उन विचित्र अनुभूतियों का कारण है, जिसे आप गोले में प्राप्त करते हैं। उदाहरणार्थ, यदि आप चबूतरे के एक छोर से दूसरे पर पहुँचेंगे, तो आप को लगेगा कि गोला आपके भार से इस ओर झुक गया है और वह भाग, जहाँ आप पहले खड़े थे, ऊपर उठ आया है। कारण स्पष्ट है : आपको हर जगह लगता है कि आप समतल पर खड़े हैं। चबूतरे की ढलान पर खड़े लोगों की स्थिति और भी विचित्र लगेगी। वे छत पर रेंगती मक्खियों की तरह उल्टा लटके नजर आएँगे (चित्र 38)।

चबूतरे पर गिरा हुआ पानी उसके पूरे वक्र तल पर फैल कर समान मोटाई की परत बना लेगा। लोगों को प्रतीत होगा कि उनके सामने पानी की ढालू दीवार खड़ी है।

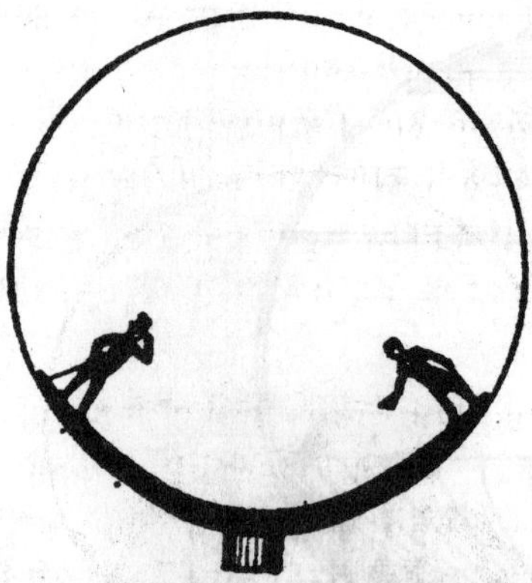

चित्र 38. 'तिलस्मी' गोले में लोगों की वास्तविक स्थिति।

चित्र 39. हरेक सोचता है कि जमीन पर सिर्फ वही खड़ा है।

आप देखते हैं कि गुरुत्व नियम की आम धारणाएँ यहाँ नष्ट हो जाती हैं और हम परीकथाओं की जादुई दुनिया में पहुँच जाते हैं...।

चित्र 40. घूर्णनरत, प्रयोगशाला–वास्तविक स्थिति।

चित्र 41. उसी प्रयोगशाला की प्रतीयमान स्थिति।

विमान-चालकों को हवाई जहाज घुमाते वक्त ऐसी ही अनुभूति होती है। मान लें कि वह 200 km प्रति घंटे की चाल से उड़ रहा है। पथ की वक्रता-त्रिज्या 500

m है। चालक को जमीन थोड़ी उभरी हुई 16^0 की ढलान बनाती नजर आएगी।

जर्मनी के हैटिंग्टन शहर में ऐसी ही एक घूर्णनरत प्रयोगशाला बनाई गई थी, जिसका आकार बेलनाकार कमरे जैसा था (चित्र 40)। इसका व्यास 3 m था और प्रति सेकेंड 50 चक्करों की चाल से नाचता था। चूँकि फर्श समतल था, अंदर खड़े प्रेक्षक को लगता था कि कमरा पीछे की ओर झुक गया है और वह पीठ के सहारे दीवार पर अधलेटी स्थिति में पड़ा हुआ है (चित्र 41)।

द्रव निर्मित दूरदर्शी

परावर्तक दूरदर्शी के दर्पण का इष्टतम रूप परवलयी ही है। यह वही परवलयी तल है, जो घूर्णनरत बरतन में रखे द्रव की सतह का रूप होता है। दर्पण को ऐसा रूप देने के लिए दूरदर्शी बनाने वालों को काफी कड़ी मेहनत करनी पड़ती है। दूरदर्शी का दर्पण बनाने में वर्षों का समय व्यतीत होता है। पर अमेरिकन भौतिकविद् वुड ने इन परेशानियों से बचने के लिए **द्रव से एक दर्पण** बना लिया। उन्होंने एक चौड़े बरतन में पारे को घूर्णित कर एक आदर्श परवलयी तल प्राप्त किया, जो दर्पण का काम कर सकता था, क्योंकि पारा प्रकाश का अच्छा परावर्तक है। वुड का दूरदर्शी एक कम गहरे कुएँ में रखा गया था। गतिदायक पट्टी पारे के बरतन के साथ-साथ उसमें प्रतिबिंबित प्रो. वुड की शक्ल भी घुमाती रहती थी।

इस दर्पण की कमी यह है कि हलकी सी ठोकर भी सतह पर हिलकोरें ला देती है, जिससे प्रतिबिंब विकृत हो उठता है। इसके अतिरिक्त, दर्पण सिर्फ क्षैतिज स्थिति में रखा जा सकता है, अतः इसके सहारे आप सिर्फ उन्हीं नक्षत्रों का अवलोकन कर सकते हैं, जो नभ में ठीक दर्पण के ऊपर (मध्य में) हैं।

आश्चर्य नहीं कि बनावट में इतना सरल होने के बावजूद भी प्रो. वुड के पारद दूरदर्शी का कोई व्यावहारिक उपयोग नहीं हो पाया। इसे गंभीरता से कोई ले भी नहीं रहा था—न ही आविष्कारक और न ही तत्कालीन भौतिकविद्।

उदाहरणार्थ ए.बी. वेब्स्टर, जो अमेरिका के एक विश्वविद्यालय में भौतिकी विभाग के अध्यक्ष थे, इस मौलिक उपकरण को देखने के बाद निम्न पंक्तियाँ लिख कर छोड़ गए :

डिंग, डौंग—घंटा बोला,
कुएँ में प्रो. डोला
क्या रखा उसमें आस से?
कठौता भरा बकवास से।
और क्या लाए साथ?
कुछ नहीं, आए खाली हाथ।

‘शैतान का फंदा’

आपने सरकस में साइकिल का एक कौशल देखा होगा। आदमी नीचे से ऊपर की ओर साइकिल चलाता हुआ गोल पथ तय करता है। इस पथ के ऊपरी भाग पर उसे पैर ऊपर व सिर नीचे किए हुए चलना पड़ता है। इसके लिए लीला स्थल पर लकड़ी का एक पथ रखा जाता है, जिसका रूप फंदे जैसा होता है (चित्र 42)। उसमें एक से अधिक फंदे भी हो सकते हैं। कलाकार साइकिल चलाता हुआ पथ के ढालू भाग से उतरता है और फिर तेजी से ऊपर चढ़ता हुआ गोल चक्कर लगाता है। इस क्रिया में उसके पैर ऊपर हो जाते हैं और सिर नीचे, लेकिन वह गिरता नहीं है; सकुशल वापस लौट आता है।[1]

साइकिल का यह सिर चकरा देने वाला कौशल दर्शकों को कलाबाजी का शिखर प्रतीत होता है। लोग सोचते हैं कि कोई रहस्यमय अलौकिक शक्ति ही साइकिल सवार को गिरने से रोकती है। उन्हें यह भी शक होता है कि इसमें कोई धोखा

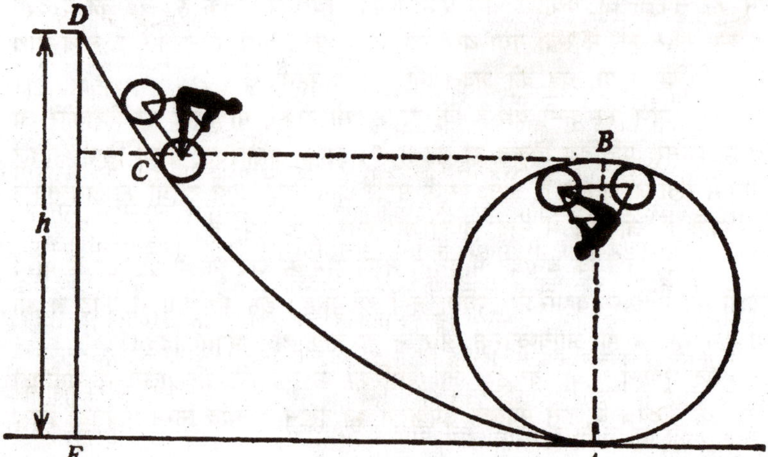

चित्र 42. ‘शैतान का फंदा’। वलन के लिए आरेख।

है। पर इस ट्रिक के पीछे कोई दिव्य चमत्कार नहीं है। इसे यांत्रिकी के नियमों से

1. “शैतान के फंदे” का आविष्कार सरकस के दो कलाकारों ने एक ही साथ 1902 ई. में किया था। एक का नाम था ‘दियाबोलो’ (जोन्सन) और दूसरे का ‘मेफिस्ती’ (नुवाजेत)। दियाबोलो और मेफिस्तो शैतान के नाम हैं।

समझाया जा सकता है। इस पथ पर यदि भारी गेंद को भी तेजी से लुढ़का दिया जाए, तो वह भी नहीं गिरेगी। स्कूलों में भौतिकी की प्रयोगशालाओं में भी ऐसे फंदों का नन्हा प्रतिमान देखा जा सकता है

इस कलाबाजी के विख्यात आविष्कारक एवं प्रदर्शक कलाकार 'मेफिस्तो' फंदे की मजबूती जाँचने के लिए एक गोला रखते थे, जिसका भार सवार समेत साइकिल के भार के बराबर था। गोले को फंदे के पथ पर तेजी से लुढ़काया जाता था। यदि गोला पूरा पथ सकुशल तय कर लेता था, तब कलाकार अपनी कला दिखाने को तैयार होते थे।

पाठक बेशक समझ गए होंगे कि इस विचित्र संवृत्ति का कारण वही है, जो घूमती बाल्टी से पानी को गिरने से रोकता है (पृ. 65)। पर ट्रिक हमेशा सफल नहीं होती। जिस स्थान से साइकिल सवार अपनी गति आरंभ करता है, उसकी ऊँचाई का सही-सही कलन पर लेना चाहिए, अन्यथा दुर्घटना हो जाएगी।

सरकस की गणित

मैं जानता हूँ कि भौतिकी के कुछ प्रेमी ऐसे भी हैं, जो नीरस सूत्रों को देखकर डर जाते हैं। पर घटनाओं के गणितीय पक्ष को जानने से इनकार करने पर हम उनके बारे में न कोई भविष्यवाणी कर सकते हैं, न उन परिस्थितियों को ही निर्धारित कर सकते हैं, जो दी हुई घटनाओं के लिए आवश्यक हैं। उदाहरणार्थ, 'शैतानी फंदे' जैसी कलाबाजी दिखाने के लिए आवश्यक बातें दो-तीन सूत्रों की सहायता से ज्ञात की जा सकती हैं।

आइए, कलन करते है। आरंभ करते हैं वर्णों द्वारा कलन के लिए आवश्यक राशियों के द्योतन से :

वर्ण h द्वारा द्योतित करते हैं ऊँचाई, जिससे कलाकर साइकिल लुढ़काना आरंभ करता है;

वर्ण x द्वारा ऊँचाई h के उस भाग को द्योतित करते हैं, जो 'फंदे' के उच्चतम बिंदु से ऊपर है; चित्र 42 से स्पष्ट है कि $x=h-AB$; वर्ण r द्वारा फंदे की त्रिज्या द्योतित करते हैं;

वर्ण m द्वारा—सवार व साइकिल का सम्मिलित द्रव्यमान; उनका सम्मिलित भार होगा mg, जहाँ :

वर्ण g द्वारा पृथ्वी के गुरुत्व-बल के प्राप्त त्वरण को द्योतित किया गया है; ज्ञात है कि $g=9.8m$ प्रति सेकेंड प्रति सेकेंड;

वर्ण u उस क्षण पर साइकिल का वेग द्योतित करता है, जब वह वृत्त के उच्चतम बिंदु पर पहुँचता है।

इन सभी राशियों को दो समीकरणों की सहायता से संबद्ध किया जा सकता

है। यांत्रिकी से ज्ञात है कि ढालू पथ के बिंदु C पर (जो कि बिंदु B जितना ही ऊँचा है) साइकिल का वेग उतना ही होगा, जितना उसका वेग फंदे के ऊपरी भाग के बिंदु B पर होगा (चित्र 41 के नीचे बाएँ)। C पर साइकिल के लुढ़कने का वेग होगा[1]

$$v = \sqrt{2gx}\,, \quad \text{या} \quad v^2 = 2gx$$

अतः बिंदु B पर साइकिल का वेग $v = \sqrt{2gx}$, अर्थात् $v^2 = 2gx$ ।

अब आगे चलें : साइकिल चालक वृत्ताकार पथ के ऊपर भाग में पहुँच कर नीचे न गिर जाए, इसके लिए आवश्यक है कि केंद्रोन्मुखी त्वरण अधिक हो गुरुत्व के त्वरण से (दे. पृ. 65-66), अर्थात्

$$\frac{v^2}{r} > g \quad \text{या} \quad v^2 > gr$$

पर हम निर्धारित कर चुके हैं कि $v^2 = 2gx$; अतः

$$2gx > gr \quad \text{या} \quad x > \frac{r}{2}$$

अंतिम असमिका बताती हैं कि सफलतापूर्वक खेल दिखाने के लिए ढालू पथ की चोटी फंदे के शिखर से ऊँची होनी चाहिए। कितनी? फंदे की ½ त्रिज्या से अधिक। पथ की ढलान का कोई महत्त्व नहीं होता। मुख्य बात यह है कि जिस बिंदु से साइकिल चलती है, उसे फंदे से उसके ¼ व्यास ऊपर होना चाहिए। उदाहरणार्थ, यदि फंदे का व्यास 16 m है, तो कलाकार को साइकिल लुढ़काने का काम 20 m से अधिक की ऊँचाई से शुरू करना चाहिए; कम से नहीं, अन्यथा उसका गिरना अवश्यंभावी हो जाएगा। यह ट्रिक की आवश्यक शर्त है।

हमारा कलन साइकिल में उपस्थित घर्षण बल को ध्यान में नहीं रखता : हम यह मान कर चलते हैं कि बिंदु B व बिंदु C पर साइकिल का वेग समान रहता है। अतः फंदे तक पहुचने के लिए पथ के ढालूपन को कम नहीं करना चाहिए; इससे पथ की लंबाई बढ़ जाएगी। और इसके फलस्वरूप साइकिल का वेग बिंदु B पर बिंदु C की तुलना में कम हो जाएगा।

आप इस पर भी ध्यान दें कि इस कला के प्रदर्शन में साइकिल को चेन निकाल ली जाती है। पैडल मारने की जरूरत नहीं पड़ती; साइकिल सिर्फ गुरुत्व के प्रभाव से गतिमान रहती है। चेन के बिना कलाकार न तो साइकिल की चाल तेज कर सकता है, न धीमी। और उसे यह करना भी नहीं चाहिए। उसकी कला इसी में है कि वह काष्ठ-पथ की लीक पर साइकिल स्थिर रख सके। थोड़ा भी इधर-उधर होने पर पथ से विचलित होने और गिर जाने का खतरा होता है। वृत्ताकार पथ पर वेग काफी अधिक होता है : व्यास 16 m होने पर साइकिल 3 सेकेंड में एक चक्कर

पूरा करती है। यह प्रति घंटे 60 m के तुल्य है। इस वेग से चलने पर साइकिल को नियंत्रण में रखना मुश्किल होता है; पर इसकी आवश्यकता भी नहीं है। यांत्रिकी के नियम काफी हैं। ''साइकिलबाजी का यह कौशल,—एक पेशेवर कलाकार लिखते हैं,—खतरनाक नहीं है, यदि सारे कलन सही हैं। खतरा खुद कलाकार को होता है। यदि कलाकार का हाथ काँप जाए, वह आत्मनियंत्रण खो बैठे या अचानक उसका सिर चकराने लगे, तो दुर्घटना की संभावना तेजी से बढ़ जाती है।''

विमान-संचालन में 'मृत-फंदा' आदि जैसी कलाबाजियाँ इन्हीं नियमों पर आधारित हैं। 'मृत-फंदे' में विमान को वक्र पथ पर सही वेग देने और उसे पूरी तरह नियंत्रण में रखने की समस्या मुख्य भूमिका अदा करती है।

डंडीमारी

किसी ने मजाक में कहा कि वह डंडी मारने की एक गुप्त विधि जानता है। उसने बताया कि माल विषुवत् रेखा के पास खरीदना चाहिए, और बेचना चाहिए ध्रुववर्ती देशों में। सभी जानते होंगे कि विषुवत् रेखा के समीप वस्तुओं का भार कुछ कम होता है और ध्रुव के पास कुछ अधिक। विषुवत् रेखा के पास यदि किसी वस्तु का भार 1kg है, तो ध्रुव पर उसके भार में 5 g की वृद्धि हो जाएगी। लेकिन यहाँ साधारण तुला से काम नहीं चलेगा : वस्तु के भार के साथ-साथ बाटों का भार भी बढ़ जाएगा। इस काम के लिए कमानीदार तुला चाहिए, और वह भी ऐसी, जिसमें भारों का निशान विषुवत् रेखा के पास लगाया गया हो अन्यथा आपको कोई लाभ नहीं होगा। वैसे भी, डंडीमारी की यह विधि इतनी लाभदायक नहीं है। यदि पेरू के पास एक टन सोना खरीदा जाए, और उसे आइसलैंड में बेचा जाए, तब कहीं कुछ फायदा होगा; और वह भी उस हालत में, जब यातायात का साधन मुफ्त का हो।

मैं नहीं सोचता कि इस व्यापार से कोई बहुत मालामाल हो जाएगा, पर मजाक में सत्य का कुछ अंश जरूर है : विषुवत् (विषुवत् रेखा) से दूर जाने पर भार में सचमुच कमी आ जाती है। उसके दो कारण हैं। प्रथमतः, पृथ्वी के घूर्णन के कारण विषुवत् पर स्थित पिंड सबसे बड़ा वृत्त निरूपित करता है। और दूसरे, पृथ्वी का गोला विषुवत् पर कुछ फूला सा है।

पर भार में अधिकांश कमी का कारण घूर्णन है। यह ध्रुव से विषुवत् पर लाए गए पिंड के भार में $^{1}/_{290}$ अंश की कमी ला देता है।

कम भारी पिंडों को एक अक्षांश से दूसरे पर लाने से उनके भारों में कमी नगण्य होती है। एक से अधिक भारी वस्तुओं के लिए यह राशि पर्याप्त बड़ी हो सकती है। किसी ने संदेह नहीं किया होगा कि मास्को में 60 टन भार रखने वाला रेल-इंजन अर्खांगेल्सक में 60 kg अधिक भारी हो जाता है और ओडेसा में उतना ही हल्का हो जाता है।

शिपत्सबेर्गेन द्वीप से एक जमाने में 300 000 टन से अधिक कोयला भेजा जाता था। यदि कोयले की यह मात्रा किसी विषुवत्वर्ती बंदरगाह पर आती और वहाँ कोयले को कमानीदार तुला पर तौला जाता, तो पता चलता कि 1200 टन कोयला घट रहा है। अर्खांगेल्सक में 20 000 टन भार रखने वाला जहाज विषुवत्वर्ती सागरों में 80 टन भार खो देता है। हम इसे महसूस नहीं करते, क्योंकि अन्य सभी वस्तुएँ भी इसी अनुपात में हल्की हो जाती हैं। खुद सागर का पानी ध्रुव की अपेक्षा विषुवत् पर अधिक हलका होता है।[1]

यदि पृथ्वी का गोला अपने अक्ष के गिर्द और तेजी से घूर्णन करता, तो ध्रुव व विषुवत् पर वस्तुओं के भारों में और गहरा अंतर होता। उदाहरणार्थ, यदि पृथ्वी इतनी तेजी से घूर्णन करती कि एक दिन-रात 24 घंटे का नहीं होकर 4 घंटे का होता, तो ध्रुव पर 1kg भार रखने वाला पिंड विषुवत् पर सिर्फ 875 g भारी होता। शनि ग्रह पर लगभग ऐसी ही स्थिति है : वहाँ विषुवत् की तुलना में ध्रुव पर पिंड का भार 1/6 भाग अधिक होता है।

केंद्रोन्मुखी त्वरण वेग के वर्ग के समानुपाती होता है, अतः कलन द्वारा सरलतापूर्वक वह घूर्ण-वेग ज्ञात किया जा सकता है, जिसके लिए केंद्रोन्मुखी त्वरण 290 गुना अधिक हो जाए। यह तब होगा, जब पृथ्वी अपने वर्तमान वेग से 17 गुना अधिक तेज घूर्णन करने लगे (17X17=290 लगभग)। इस अवस्था में वस्तुएँ अपने अवलंब पर दबाव डालना बंद कर देंगी। दूसरे शब्दों में, यदि पृथ्वी 17 गुना अधिक तेजी से घूर्णन करने लगेगी, तो विषुवत् पर वस्तुओं का भार कुछ भी नहीं रह जाएगा। शनि पर यह स्थिति उसके 2.5 गुना तेजी से घूमने पर ही आ जाएगी।

---

1. इसी लिए विषुवर्ती क्षेत्रों में जहाज का उतना ही भाग पानी में डूबा रहता है, जितना ध्रुववर्ती क्षेत्रों में।

अध्याय 4

गुरुत्वाकर्षण बल

गुरुत्वाकर्षण बल की मात्रा

"यदि हम वस्तुओं का हमेशा नीचे गिरना नहीं देखते, तो हमारे लिए यह अत्यंत आश्चर्य की बात होती"–विख्यात फ्रांसीसी खगोलशास्त्री अरागो ने यह लिखा था। हम इस बात के आदी हो गए हैं कि पृथ्वी हर पार्थिव वस्तु को अपनी ओर आकर्षित करती है, इसीलिए यह संवृत्ति सामान्य व नैसर्गिक प्रतीत होती है। लेकिन जब हमें कहा जाता है कि दुनिया में सभी वस्तुएँ एक दूसरे को आकर्षित करती हैं, तो विश्वास मुश्किल से होता है। कारण यह है कि दैनंदिन जीवन में हमें ऐसी कोई बात देखने को नहीं मिलती।

आखिर क्या बात है कि साधारण परिस्थितियों में हमारे इर्द-गिर्द गुरुत्वाकर्षण-बल अपने व्यापक रूप से प्रकट नहीं होता? टेबल, लोग, तरबूज आदि क्यों नहीं एक दूसरे को आकर्षित करते? क्योंकि छोटी वस्तुओं के बीच गुरुत्वाकर्षण-बल नगण्य होता है : औसत भार वाले दो व्यक्तियों के बीच इस बल का मान सिर्फ 1/100 मिलिग्राम होता है। इसका अर्थ है कि दो आदमी एक दूसरे को अपनी ओर उसी बल से खींचते हैं, जिससे 1/100 000 ग्राम का बाट तराजू के पलड़े को दबाता है; इतने नन्हे बोझ का पता विज्ञान-प्रयोगशालाओं में व्यवहृत अतिसंवेदनशील तुला ही दे सकती है। स्पष्ट है कि ऐसा बल किसी व्यक्ति को अपने स्थान से नहीं खिसका सकता,–इसमें जूते और फर्श के बीच का घर्षण बाधक होगा। लकड़ी के फर्श पर खड़े आदमी को घसीटने के लिए 20 kg से अधिक का बल चाहिए (जूते के तल्ले और लकड़ी के फर्श के बीच क्रियाशील घर्षण-बल का मान आदमी के भार का 30% जितना होता है)। इतने बड़े बल के साथ मिलिग्राम के शतांश जितने गुरुत्वाकर्षण-बल की तुलना करना हास्यास्पद ही है। मिलिग्राम एक ग्राम का हजारवाँ अंश है; अर्थात् 0.01 mg में खिसका सकने वाले बल का एक अरबवाँ अंश है। इसीलिए इस में

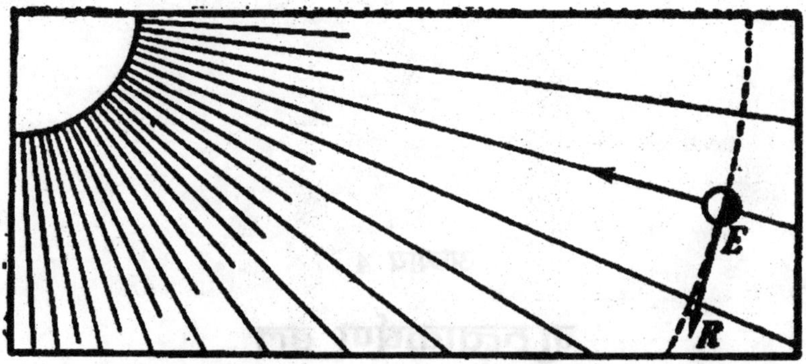

चित्र 43. सूर्य का गुरुत्वाकर्षण पृथ्वी E का पथ वक्रित कर देता है। जड़त्व के कारण पृथ्वी स्पर्श रेखा ER पर भागने को प्रवृत्त रहती है।

आश्चर्य की कोई बात नहीं होनी चाहिए कि आम परिस्थितियों में पार्थिव पिंडों के बीच लागू आकर्षण-बल का लेश मात्र भी दर्शन नहीं होता।

यदि घर्षण नहीं होता, तो बात दूसरी होती; पिंडों को निकट लाने में इन क्षीण बलों का कोई बाधक नहीं होता। पर 0.01 mg बल के लोग बहुत मंद गति से एक दूसरे की ओर खिंचेंगे। कलन किया जा सकता है कि घर्षण की अनुपस्थिति में एक दूसरे से दो मीटर की दूरी पर खड़े दो व्यक्तियों को यह बल प्रथम घंटे में सिर्फ 3cm निकट लाएगा; अगले घंटे में उनके बीच की दूरी और 9cm कम हो जाएगी। तीसरे घंटे के दरम्यान वे 15cm और नजदीक हो जाएँगे। कहने का तात्पर्य यह है कि गति बढ़ती जाएगी, पर दोनों व्यक्ति एक दूसरे से सट जाएँगे, इसमें 5 घंटे से कम समय नहीं लगेगा।

घर्षण जैसी बाधा की उपस्थिति में भी पार्थिव पिंडों के पारस्परिक आकर्षण का पता लगाया जा सकता है। धागे से लटका हुआ मनका पार्थिव आकर्षण के प्रभाव में होता है, अतः धागे की दिशा उदग्र होती है। यदि निकट कोई भारी पिंड हो, तो वह मनके को अपनी ओर आकर्षित करेगा। फल यह होगा कि धागा अपनी उदग्र दिशा से विचलित हो जाएगा। अब उसकी दिशा मनके को आकर्षित करने वाले दो बलों—पृथ्वी और पिंड के आकर्षण-बल—के परिणामी बल की दिशा बताएगी। मनके के इस विचलन का प्रथम अवलोकन स्कौटलैंड के मास्केलाइन ने 1775 ई. में एक पहाड़ के निकट किया था। उसने पहाड़ के दोनों तरफ से शाहुल और तारक-नभ के ध्रुव की दिशाओं की तुलना की। इसी के बाद पार्थिव पिंडों के आकर्षण सम्बन्धी अधिक परिष्कृत प्रयोग कार्यान्वित किए गए, जिनमें विशेष बनावट वाली तुला की सहायता से गुरुत्वाकर्षण-बल का अधिक शुद्ध मान ज्ञात किया जा सका।

कम द्रव्यमान वाले पिंडों के बीच गुरुत्वाकर्षण-बल नगण्य होता है। द्रव्यमानों

के बढ़ने पर वह उनके गुणनफल के अनुपात में बढ़ता है। इसी तथ्य के आधार पर बहुत से लोग इस बल का अतिमूल्यांकन करने लग जाते हैं। एक वैज्ञानिक,—वैसे वे भौतिकविद नहीं, जीवशास्त्री थे,—मुझे विश्वास दिलाना चाहते थे कि समुद्री जहाजों के पारस्परिक खिंचाव का कारण गुरुत्वाकर्षण-बल ही है! कलन द्वारा दिखाया जा सकता है कि इस खिंचाव के पीछे गुरुत्वाकर्षण की कोई भूमिका नहीं है। 25000 टन भार वाले दो जहाज 100 m की आपसी दूरी से एक दूसरे को सिर्फ 400 g के गुरुत्वाकर्षण-बल से खींचते हैं। स्पष्ट है कि इतना क्षीण बल इतने बड़े जहाजों को बाल भर भी अपने स्थान से नहीं खिसका सकता। जहाजों के बीच इस रहस्यमय खिंचाव का कारण हम द्रवों के गुण वाले अध्याय में समझाएँगे।

गुरुत्वाकर्षण-बल का प्रभाव तब महत्त्व रखता है, जब विराट् पिंडों की बात चल रही होती है। नेपचून ग्रह हमसे काफी दूर है, पर पृथ्वी को 18 टन के तुल्य गुरुत्वाकर्षण-बल से प्रभावित करता है। पृथ्वी सूरज से इतनी दूर है, पर गुरुत्वाकर्षण-बल के कारण ही वह अपनी कक्षा पर स्थित है। यदि सूर्य की आकर्षण-शक्ति किसी कारणवश नष्ट हो जाए, तो पृथ्वी अपने अक्ष की स्पर्श रेखा की दिशा में भाग जाएगी और ब्रह्मांड की गहराइयों में अनंत काल तक बिना किसी ठौर-ठिकाने से भटकती रहेगी।

पृथ्वी को रोकने के लिए फौलादी रस्सा

कल्पना कीजिए कि सूर्य की आकर्षण-शक्ति सचमुच लुप्त हो गई है और पृथ्वी की, किस्मत में सदा के लिए ठंडे और अँधेरे ब्रह्मांड में भटकना रह गया है। इंजिनियर लोग पृथ्वी को रोकने के लिए गुरुत्वाकर्षण-बल के अदृश्य बंधन की जगह मूर्त फौलादी रस्से का इस्तेमाल करना चाहते हैं। वे इस रस्से से पृथ्वी को सूर्य के साथ बाँधना चाहते हैं, ताकि वह भागे नहीं, अपने अक्ष पर बनी रहे। कहना नहीं होगा कि यह सब कल्पना की बात है, पर फौलादी रस्से के बारे में थोड़ा सोचें। फौलाद से बढ़ कर मजबूत चीज और क्या होगी, जो हर वर्ग मिलिमीटर पर 100kg का तनाव सहन कर सके। अब आप 5cm व्यास वाले विराट् लौह-स्तंभ की कल्पना करें। उसके अनुप्रस्थ-काट का क्षेत्रफल लगभग 20 000 000 वर्ग मिलिमीटर होगा; अतः यह खंभा 20 000 000 टन के तनाव से टूट सकता है। अब कल्पना करें कि ऐसे अत्यंत लंबे खंभे (या खंभे जितने मोटे फौलादी तार) से पृथ्वी को सूर्य के साथ बाँधना है। आप जानते हैं कि पृथ्वी को उसके अक्ष पर रोके रखने के लिए ऐसे कितने खंभों की जरूरत पड़ेगी? करोड़ों करोड़। सूर्य की ओर वाले पृथ्वी के पूरे अर्द्ध पर यदि इन खंभों का घनघोर जंगल बना दिया जाए, और ये सारे खंभे सूर्य से जुड़े हों, तब जाकर काम चल सकता है। इतने तारों को ऐंठ कर बने रस्से को तोड़ने वाले बल की यदि आप कल्पना कर सकें, तो आप समझ जाएँगे कि

पृथ्वी और सूर्य के बीच गुरुत्वाकर्षण-बल का अदृश्य बंधन कितना विराट् है।

और यह विराट् बल करता क्या है? पृथ्वी को स्पर्शरेखा से प्रति सेकेंड 3 mm का विचलन देते हुए उसके पथ को वक्रित करता रहता है। इसी के कारण पृथ्वी का पथ बंद दीर्घवृत्ती घेरे जैसा होता है। आश्चर्य की बात है कि पृथ्वी को प्रति सेकेंड 3mm (अर्थात् इन अक्षरों की ऊँचाई के बराबर) खिसकाने के लिए इतने बड़े बल की आवश्यकता पड़ती है! यदि यह विराट् बल पृथ्वी को इतना नगण्य स्थानांतरण देता है, तो इससे आप पृथ्वी के द्रव्यमान का अंदाजा लगा सकते हैं। कितना बड़ा है वह!

गुरुत्वाकर्षण-बल के प्रभाव से कैसे बचें?

अभी हमने कल्पना-दृष्टि से देखा कि पृथ्वी और सूर्य को जोड़ने वाले गुरुत्वाकर्षण-बल के अदृश्य बंधन के टूट जाने पर पृथ्वी ब्रह्मांड में भटकना शुरू कर देगी। अब देखें कि पृथ्वी पर स्थित वस्तुओं के साथ क्या होगा, यदि गुरुत्व का लोप हो जाए। वस्तुओं को हमारे ग्रह पर रोक रखने वाला बंधन नष्ट हो जाएगा, वे हल्की सी भी ठोकर लगने पर ब्रह्मांड में उड़ना शुरू कर देंगी। ठोकर देने की भी आवश्यकता नहीं पड़ेगी : हमारे ग्रह का घूर्णन उन सभी वस्तुओं को व्योम में फेंक देगा, जो उसके साथ मजबूती से नहीं जुड़ी हैं।

अंग्रेज लेखक वेल्स ने इस विचार का उपयोग अपने उपन्यास में चंद्रमा की काल्पनिक यात्रा का वर्णन करने के लिए किया है। 'चंद्रमा के प्रथम यात्री' नामक इस कृति में उपन्यासकार ने अंतर्ग्रही यात्राओं की एक मौलिक विधि बताई है। उपन्यास का नायक कैवर एक विशेष प्रकार के पदार्थ का आविष्कार करता है, जो गुरुत्वाकर्षण-बल के लिए अबेध्य होता है। किसी पिंड के नीचे इस पदार्थ की एक परत बना देने पर पिंड पृथ्वी के आकर्षण-बल के बंधन से मुक्त हो जाता है। इस काल्पनिक पदार्थ का नाम वेल्स ने 'कैवरीट' रखा।

उपन्यास का एक अवतरण पढ़ें :

"हम जानते हैं कि गुरुत्वाकर्षण, या गुरुत्व बल, सभी वस्तुओं के आर-पार जा सकता है। प्रकाश के मार्ग में दीवार डाल कर आप उसे वस्तु तक पहुँचने से रोक सकते हैं। रेडियो या टेलीग्राफ संचार के वैद्युत-तरंगों का पथ धातुई चद्दर से रोका जा सकता है। पर वस्तु को सूर्य या पृथ्वी की गुरुत्वाकर्षण से बचाने वाला कोई कवच नहीं है। प्रकृति में ऐसे पदार्थ की अनुपस्थिति का कारण ज्ञात नहीं है, पर कैवर के विचार में गुरुत्व के लिए अबेध्य पदार्थ बनाया जा सकता है और वह सोचता है कि बना भी लेगा।

यदि किसी में थोड़ी भी विचारशक्ति हो, तो वह सरलतापूर्वक ऐसे पदार्थ के लाभ की कल्पना कर सकता है। यदि कोई भार उठाना हो, तो उसके नीचे इस पदार्थ

की चादर बिछा देना काफी रहेगा। वस्तु कितनी भी भारी क्यों न हो, उसे उठाना बिल्कुल कठिन नहीं रह जाएगा।''

ऐसे पदार्थ का आविष्कार कर लेने के बाद उपन्यास का नायक एक यान बनाता है, जिसमें चंद्रमा की यात्रा को निकल पड़ता है। यान की बनावट जटिल नहीं। उसमें कोई चलित्र (मोटर) नहीं है; वह नक्षत्रों के गुरुत्वाकर्षण-बल से चलता है।

यान की बनावट का वर्णन देखें :

''आप मोटे काँच के एक बड़े गेंद की कल्पना करें, जिसमें आवश्यक सामान सहित दो आदमी अँट सकते हैं। यह गेंद एक फौलादी गेंद के भीतर ठीक-ठीक अँट जाती है। साथ में आप संघनित वायु, जलासवन यंत्र, सांद्रित खाद्य-सामग्री आदि रख ले सकते हैं। फौलादी गेंद पर बाहर से 'कैवरीट' की परत चढ़ी होगी। अंदरूनी काँच का खोल दरवाजे की जगह छोड़कर सर्वत्र एकाश्म होगा। फौलादी गेंद अलग-अलग खिड़कियों में बँटा होगा। हर खिड़की पर्दे की तरह मोड़ी जा सकेगी। इसके लिए विशेष कमानियों व विद्युत् का प्रयोग करना होगा। बिजली भीतर से खिड़कियों पर प्लैटटिन के तारों की मदद से लाई जाएगी। ये सब तो तकनीकी विवरण हुए। मुख्य बात यह है कि बाहरी खोल 'कैवरीट' के पर्दों से बना होगा, जो जरूरत पड़ने पर हटाए जा सकेंगे। जब सारे पर्दे गिरे होंगे, यान के भीतर किरण के रूप में बाह्य कोई भी ऊर्जा नहीं आ सकेगी—चाहे वह प्रकाश हो, या किरण के रूप में कोई अन्य ऊर्जा, या गुरुत्वाकर्षण-बल। अब मान लें कि एक खिड़की खुली हुई है। इस स्थिति में खिड़की के सामने जो भी बड़ा पिंड होगा, यान को अपनी ओर खींचना शुरू कर देगा। व्यवहारतः ब्रह्मांड में हम किसी भी दिशा में यात्रा कर सकेंगे। इसके लिए सिर्फ आवश्यक दिशा में खिड़की खोलनी होगी।''

चंद्रमा की ओर

उपन्यासकार ने प्रस्थान का बड़ा ही रोचक वर्णन किया है। यान की सारी खिड़कियाँ बंद है। 'कैवरीट' की परत के कारण वह बिल्कुल भारहीन हो गया है। आप समझते होंगे कि भारहीन वस्तु तल पर नहीं रह सकती। गहरे झील के तल पर रखा हुआ लकड़ी का हल्का काग जैसे तेजी से ऊपर उठता है, वैसे ही यान हवा में ऊपर उड़ना शुरू करता है और हवा की सीमा पर आकर काग की तरह ही हवा से ऊपर उछलता है और अंतरिक्ष में चलना शुरू कर देता है। पृथ्वी का घूर्णन भी उसे फेंकता हुआ उसकी उड़ान में सहायक होता है। उपन्यास के नायक इसी प्रकार अपनी यात्रा आरंभ करते हैं। अंतरिक्ष में वे कभी सूरज, तो कभी पृथ्वी, तो कभी चंद्रमा के आकर्षण बल से खिंचते हुए हमारे एकमात्र उपग्रह की सतह तक पहुँच जाते हैं। बाद में उनमें से एक यात्री इसी यान में पृथ्वी पर वापस भी

लौट आता है।

वेल्स के विचार का विश्लेषण हम यहाँ नहीं करेंगे; यह मैं पहले कर चुका हूँ और दिखा चुका हूँ कि इसका कार्यान्वयन संभव नहीं है।[1] फिलहाल उपन्यासकार की बातों का विश्वास कर लेते हैं और देखते हैं कि आगे क्या होता है।

चाँद पर आधा घंटा

उपन्यास के पात्र एक ऐसी दुनिया में पहुँच गए हैं, जहाँ गुरुत्व-बल पृथ्वी की तुलना में अत्यंत क्षीण है। उसके विचित्र अनुभवों का रोचक वर्णन उन्हीं में से एक की मुँहजबानी सुनें :[2]

"मैंने ढक्कन घुमा कर खोलना शुरू किया। घुटनों पर खड़ा हो कर छेद में से बाहर झाँकने लगा; मेरे सिर से तीन फुट की दूरी पर नीचे चाँद का अक्षत हिम पड़ा हुआ था।

कैवर कंबल ओढ़ कर छेद की किनारी पर बैठ गया और सावधानी से पैर नीचे करने लगा। जमीन से करीब आधा फुट ऊपर तक पैर लटका चुकने के बाद वह थोड़ा हिचकिचाया और फिर कूद गया। उसके पैर अब चाँद की धरती पर थे।

मैं शीशे के खोल में बैठा उसे देख रहा था। कुछ कदम चलने के बाद वह रुक गया, मिनट भर अपने इर्द-गिर्द देखता रहा और अंत में उसने आगे की ओर छलांग लगा दी।

शीशे से साफ नहीं दिख रहा था, पर मुझे लगा कि छलांग कुछ ज्यादा ही लंबी थी। कैवर एक छलांग में ही 6-10 मीटर दूर पहुँच गया था। वहाँ चट्टान पर खड़ा हो कर उसने मुझे कुछ इशारे किए; हो सकता है कि चिल्ला कर कुछ कहा भी हो,—पर आवाज मुझ तक नहीं आ रही थी...पर इतनी लंबी छलांग उसने कैसे लगा ली?

मैं चक्कर में पड़ा छेद के बाहर निकला और नीचे उतर आया। पैरों तले बर्फ थी। मैंने कदम उठाया और छलांग लगा दी।

मुझे लगा कि मैं उड़ रहा हूँ; पर जल्द ही उस चट्टान पर उतर आया, जहाँ कैवर मेरा इंतजार कर रहा था। मैं आश्चर्य से कर्त्तव्यविमूढ़ चट्टान का कोना पकड़े लटका हुआ था।

कैवर झुका हुआ खसखसी आवाज में चिल्ला रहा था कि मुझे सावधानी बरतनी चाहिए। मैं तो बिल्कुल भूल गया था कि चाँद पर गुरुत्व की प्रचंडता पृथ्वी से छः

---

1. दे. 'अंतर्ग्रही यात्राएँ'।

2. 'चाँद के प्रथम यात्री' उपन्यास का यह अवतरण बीच-बीच से कुछ छोड़ कर दिया जा रहा है।

गुनी कम है। पर यहाँ की वास्तविकता स्वयं इस बात की याद दिला रही थी।

सावधानी से अपनी गति नियंत्रित करते हुए मैं चट्टान की चोटी पर चढ़ आया और गठिए के बीमा जैसा रेंगता हुआ कैवर के पास खड़ा हुआ। हमारा यान हमसे करीब 30 फुट की दूरी पर खड़ा था। उसके नीचे पड़ी बर्फ हल्के-हल्के पिघल रही थी।

—देखिए,—मैंने कैवर की ओर मुड़ते हुए कहा।

पर कैवर गायब था।

क्षण भर में आश्चर्य से ठगा खड़ा रहा। होश में आते ही चट्टान की किनारी से झाँकने के लिए मैंने जल्दी-बाजी में एक कदम बढ़ाया। पृथ्वी पर यह कदम एक मीटर लंबा होता, पर मैं भूल गया था कि यह चाँद है। यहाँ इस कदम से मैं अपने स्थान से 6 मीटर आगे बढ़ गया। मैं चट्टान की किनारी से 5 मीटर दूर था।

मैं चक्कर खाता हुआ गिर रहा था। अनुभव वैसा ही था, जैसे आप सपने में किसी खाई में गिरते जा रहे हों। पृथ्वी पर गिरता हुआ आदमी प्रथम सेकेंड में कोई 5 मीटर की दूरी तय करता है। चाँद पर सिर्फ 80 सेंटीमीटर। इसीलिए मैं करीब 9 मीटर नीचे उड़ता हुआ बिना किसी चोट के जमीन पर पहुँच गया। मुझे लगा कि मैं काफी देर से गिर रहा था, पर इसमें तीन सेकेंड से अधिक नहीं लगे थे। मैं रुई के फाहे की तरह हौले से जमीन पर गिरा और घुटनों तक नर्म बर्फ में धँस गया।

—कैवर!—मैंने निगाहों से उसे ढूँढ़ते हुए पुकारा। पर वह कहीं नजर नहीं आ रहा था।

—कैवर!—मैंने और जोर से पुकारा।

अचानक मेरी नजर उस पर पड़ी : वह हँस रहा था। मुझसे करीब 20 मीटर की दूरी पर खड़ा वह मुझे इशारे कर रहा था। उसकी आवाज मुझे सुनाई नहीं दे रही थी, पर उसके इशारों का अर्थ मैं समझ गया : वह मुझसे अपनी ओर छलांग लगाने को कह रहा था।

पहले तो मैं थोड़ा हिचकिचाया, क्योंकि हम दोनों के बीच दूरी बहुत बड़ी थी। पर मैंने सोचा कि यदि कैवर इतनी लंबी छलांग लगा सकता है, तो शायद मैं भी लगा लूँगा।

एक कदम पीछे हट कर मैंने सारी शक्ति से छलांग लगा दी। मैं तीर की तरह हवा में उड़ गया। मुझे लगा कि अब जमीन पर कभी नहीं उतरूँगा। यह कल्पनातीत उड़ान थी। जैसा कि सपने में होता है, डर भी लग रहा था और मजा भी आ रहा था।

छलांग काफी बढ़ी निकली : मैं कैवर के सर के ऊपर से गेंद की तरह निकल गया।''

चाँद पर चाँदमारी

विख्यात सोवियत आविष्कारक क.ए. त्सियलकोव्स्की के उपन्यास 'चाँद पर' की यह कहानी गुरुत्व-बल के आधीन संपन्न होने वाली गतियों की प्रकृति समझने में सहायक होगी। वातावरण गति में बाधक होता है, इसीलिए पृथ्वी पर अभिपातन के सरल नियम साफ प्रकट नहीं होते। पिंड पर गुरुत्व-बल के साथ-साथ वातावरण का घर्षण बल भी क्रियाशील हो जाता है, जिसके कारण स्थिति की जटिलता बढ़ जाती है और चित्र साफ नहीं मिलता। चाँद पर हवा बिल्कुल नहीं है, अतः वह पिंडों के अभिपातन का अध्ययन करने के लिए अच्छी प्रयोगशाला सिद्ध हो सकता है, यदि वहाँ पहुँच कर वैज्ञानिक अध्ययन करने का मौका मिले।

निम्न अवतरण में चंद्रमा पर स्थित दो व्यक्ति बंदूक से निकली गोली की गति का अध्ययन करना चाहते हैं :

"—लेकिन क्या बारूद यहाँ विस्फोट करेगा?

—विस्फोटक पदार्थ हवा की अपेक्षा शून्य में और अधिक शक्ति से काम करते हैं, क्योंकि हवा उनके प्रसार में बाधक होती है। जहाँ तक ऑक्सीजन का सवाल है, उन्हें इसकी जरूरत नहीं है, क्योंकि ऑक्सीजन की आवश्यक मात्रा इन पदार्थों में पहले से मौजूद रहती है।

—बंदूक उदग्र खड़ा रखते हैं, ताकि विस्फोट के बाद गोली यहीं नजदीक में ढूँढ़ी जा सके...

आग, हलका सा धमाका, धरती में क्षीण कंपन।[1]

—खोल कहाँ गया? उसे तो आस-पास ही होना चाहिए।

—खोल गोली के साथ ही उड़ गया और शायद ही उनका पीछा छोड़े। पृथ्वी पर वातावरण का घर्षण खोल को सीसे से अलग कर देता है, पर यहाँ रुई का फाहा भी इतनी तेजी से गिरता या उठता है, जैसे पत्थर हो। तुम रुई का गोला लो और मैं लोहे का गोला लेता हूँ। दोनों अपना-अपना गोला फेंकते हैं। जितनी आसानी से मैं फेंकूगा उतनी ही आसानी से तुम भी फेंक लोगे। मैं करीब 400 m तक फेंक सकता हूँ। तुम भी करीब इतना ही दूर फेंक लोगे। यह बात दूसरी है कि तुम्हारे गोले से किसी को चोट नहीं आएगी। तुम महसूस भी नहीं करोगे कि कुछ फेंक रहे हो। आओ, दोनों अपना-अपना गोला फेंकते हैं उस लाल ग्रैनाइट पर...तुम देखोगे कि ज्यादा अंतर नहीं है।

रुई का गोला लोहे वाले से कुछ आगे निकल गया, मानों उसे कोई आँधी उड़ा ले गई हो।

---

1. धमाके की आवाज कानों तक जमीन पर आदमी के शरीर से गुजरती हुई पहुँचती है, हवा के माध्यम से नहीं। चाँद पर हवा नहीं है।

—पर यह क्या बात है? गोली छोड़े तीन मिनट बीत चुके हैं और वह अभी तक लौटी नहीं?

—दो मिनट और ठहर जाओ; लौटेगी जरूर।

दो मिनट बाद गोली सचमुच में वापस आ गिरी : जमीन में हल्का सा कंपन हुआ और थोड़ी दूर पर खोल उछलता हुआ नजर आया।

—कितनी देर तक वह उड़ती रही! कितनी ऊँची वह गई होगी?

—करीब सत्तर किलोमीटर। इतनी ऊँचाई तक जा सकने के दो कारण हैं—क्षीण गुरुत्व और वातावरण के प्रतिरोध की अनुपस्थिति।"

देखा जाए कि वह ऊँचाई कहाँ सच है। यदि बंदूक से निकलते वक्त गोली का वेग 500 m सेंकेड माना जाए (आधुनिक अस्त्र डेढ़ गुने अधिक वेग से गोल फेंकते हैं), तो पृथ्वी पर वातावरण की अनुपरिस्थिति में गोली के उड़ने की ऊँचाई होती

$$x = \frac{v^2}{2g} = \frac{500^2}{2.10} = 12500 \text{ m},$$

अर्थात् 12½ km। चांद पर गुरुत्व की प्रचंडता 6 गुनी कम है, अतः g के स्थान पर $10/6 \text{ m/s}^2$ रखना चाहिये; इस स्थिति में गोली के उड़ने की ऊंचाई होगी

$$12500 \,.\, 6 = 75 \text{ km}$$

तलहीन कुएँ में

पृथ्वी के गर्भ में क्या हो रहा है, इसके बारे में हमें बहुत कम ज्ञान है। कुछ लोग मानते हैं कि पृथ्वी में सैकड़ों किलोमीटर मोटी ऊपरी ठोस परतों के नीचे गर्म तरल पदार्थ भरा हुआ है। दूसरों का कहना है कि पृथ्वी केंद्र तक ठोस ही ठोस है। असलियत क्या है, इसका उत्तर देना कठिन है, क्योंकि पृथ्वी में बनाया गया सबसे गहरा सुराख 7.5 किलोमीटर से अधिक गहरा नहीं हैं और सबसे गहरी खान, जिसमें आदमी उतर सका है, 3300 m की गहराई पर स्थित है।[1] पर पृथ्वी की त्रिज्या है 6400 km। यदि जमीन में इतना गहरा कुँआ खोदा जाए कि पृथ्वी में आर-पार छेद ही हो जाए और यह छेद पृथ्वी के केंद्र से होता हुआ, अर्थात् व्यास के सहारे गुजरे, तब शायद ऐसे प्रश्नों का उत्तर देना संभव होगा। आधुनिक तकनीकी उपलब्धियों के वंश का यह काम नहीं है, यद्यपि पृथ्वी में जितने सुराख अब तक किए जा चुके हैं, उनकी लंबाइयों का कुल योग हमारे ग्रह के व्यास से अधिक ही होगा।

---

1. बोक्सबर्ग (दक्षिणी अफ्रीका, ट्रांसवाल) में सोने की खान की बात चल रही है। ज्ञातव्य है कि इसका मुहाना सागर-तल से 1600 m ऊपर है। सागर-तल से नीचे इसकी गहराई सिर्फ 1700 m है।—संपादक।

चित्र 44. यदि पृथ्वी में उसके व्यास के सहारे एक छेद किया जाए...

पृथ्वी के आरपार सुराख बनाने का सपना अठारहवीं शती के गणितज्ञ मोपोर्टी और दार्शनिक वोल्टर देख सकते थे। फ्रांस के खगोलशास्त्री फ्लैमारियन ने बाद में इस योजना को पुनर्जन्म दिया, पर इनकी योजना उतने बड़े पैमाने की नहीं थी। इस विषय पर उनका निबंध छपा था, जिसके प्रथम पृष्ठ से एक चित्र यहाँ दिया जा रहा है (चित्र 44)।

पर अभी तक इस तरह का कुछ किया नहीं जा सका है, अतः हम काल्पनिक तलहीन कुएँ से संबंधित एक रोचक प्रश्न का उत्तर ढूँढ़ने की कोशिश करते है। यदि आप ऐसे कुएँ में गिर जाएँ, तो क्या होगा (हवा के प्रतिरोध को आप थोड़ी देर के लिए भूल जा सकते हैं)? आपके चूर होने का कोई डर नहीं है, क्योंकि तल है ही नहीं। आप कहाँ रुकेंगे?

पृथ्वी के केंद्र में? नहीं।

जब आप गिरते हुए पृथ्वी के केंद्र तक पहुँचेंगे, आपकी गति इतनी तीव्र होगी (करीब 8km/s) कि रुकने का प्रश्न ही नहीं उठता। आप केंद्र से आगे बढ़ते जाएँगे, पर इस क्षण से आपका वेग कम होने लगेगा। जब आप कुएँ के दूसरे छोर पर पहुँचेंगे, तब आप रुकेंगे। यहाँ आपको किनारी कसकर पकड़ लेनी चाहिए, अन्यथा फिर से आपको पूरे कुएँ की सैर करनी पड़ेगी; आप वापस उस छोर पर पहुँच जाएँगे, जहाँ से आप का गिरना शुरू हुआ था। यदि यहाँ भी कुछ पकड़ने को नहीं मिला, तो आप इसी तरह कुएँ के दोनों छोरों के बीच अविराम झूलते रहेंगे। यांत्रिकी बताती है कि इन परिस्थितियों में (मैं एक बार फिर से दुहरा दूँ कि कुएँ में हवा का प्रतिरोध नहीं है), पिंड अनंत काल तक इधर-उधर झूलता रहेगा।[1]

एक बार एक छोर से दूसरे तक जाने और वहाँ से लौटने में कितना समय लगेगा? कलन से ज्ञात होता है कि ऐसे एक पूर्ण झूलन में 84 मिनट 24 सेकेंड, अर्थात् लगभग डेढ़ घंटा खर्च होगा।

"ये बातें होतीं,—फ्लैमारियन आगे लिखते हैं,—यदि कुआँ पृथ्वी के अक्ष के सहारे एक ध्रुव तक खोदा गया होता। लेकिन कुआँ किसी दूसरे अक्षांश पर यूरोप, एशिया या अफ्रीका में कहीं खोदा जाएगा, तो पृथ्वी के घूर्णन के प्रभाव को भी ध्यान में रखना होगा। ज्ञात है कि विषुवत् पर पृथ्वी तल पर हर बिंदु एक सेकेंड

1. यदि कुएँ में वायु का प्रतिरोध होगा, तो झूलने की गति शनैः-शनैः धीमी पड़ने लगेगी और आदमी अंततोगत्वा केंद्र में आकर रुक जाएगा।

में 465 m तय करता है और पेरिस के अक्षांश पर–300 m। चूँकि घूर्णनाक्ष से दूर जाने पर वलन-वेग बढ़ता है, सीसे का गोला कुएँ में फेंकने पर वह उदग्र दिशा में नहीं, पूरब की ओर थोड़ा झुकता हुआ गिरेगा। यदि तलहीन कुआँ विषुवत् पर खोदना हो, तो उसका मुँह बहुत चौड़ा बनाना पड़ेगा। यहाँ कुएँ को सीधा नीचे की ओर नहीं, बल्कि बहुत तिरछा खोदना पड़ेगा, क्योंकि पृथ्वी-तल से उसमें गिरता हुआ पिंड उसके केंद्र से बहुत दूर पूर्व की दिशा में चला जाएगा।

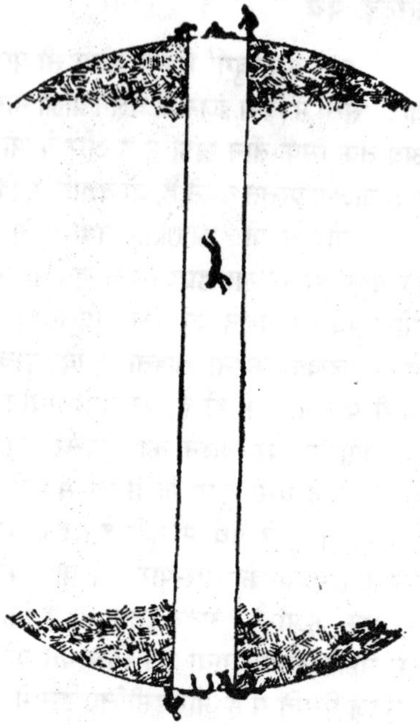

चित्र 45 पृथ्वी के केंद्र से होकर आर-पार खोदे गए कुएँ में गिरने पर आदमी एक छोर से दूसरे छोर तक अविराम झूलता रहेगा और एक पूर्ण झूलन में उसे 1 घंटा 24 मिनट का समय लगेगा।

यदि कुएँ का एक मुहाना दक्षिणी अमेरिका के किसी 2 किलोमीटर ऊँचे पठार पर हो और दूसरा मुहाना सागर-तल की ऊँचाई पर हो, तो पठार वाले मुहाने से गिरता हुआ आदमी दूसरे मुहाने से इतनी तेजी से निकलेगा कि वह दो किलोमीटर ऊँचा चला जाएगा।

यदि कुएँ के दोनों ही मुहाने सागर-तल की ऊँचाई पर बने हों, तो

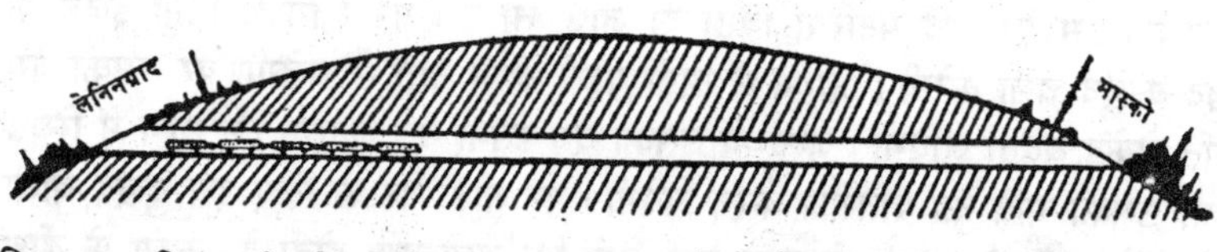

चित्र 46. यदि मास्को और लेनिनग्राद के बीच एक सुरंग खोदी जाए, तो उसमें रेलगाड़ी सिर्फ अपने भार से चला करेगी; इंजन की आवश्यकता नहीं पड़ेगी।

एक से गिर कर दूसरे तक पहुँचने के क्षण आदमी का वेग शून्य होगा और कोई भी दूसरा आदमी हाथ बढ़ा कर उसे पकड़ ले सकेगा। इसके पहले वाली स्थिति में कोई हाथ देने में भी डरेगा।''

जादुई पथ

सान-पिटरबुर्ग[1] में एक छोटी सी पुस्तिका छपी थी, जिसका नाम कुछ विचित्र सा था : "सुरंग में बिना इंजन के चलने वाली मास्को-पिटरबुर्ग गाड़ी। कल्पनातीत उपन्यास, जो अब तक सिर्फ तीन खंडों में है और वे भी पूरे नहीं हैं।" उसके लेखक आ आ रदनिख एक योजना प्रस्तुत करते हैं, जो वैज्ञानिक विरोधाभासों के प्रेमियों को बहुत पसंद आएगी।

योजना थी "600km लंबी सुरंग बनाने की, जो हमारी दोनों राजधानियों को बिल्कुल सरल रेखा द्वारा मिला सके। इसके फलस्वरूप मनुष्य-जाति को पहली बार सीधे पथ पर चलने का मौका मिलता। अब तक हमें वक्र पथों पर ही चलना पड़ता है।" (लेखक कहना चाहता है कि पृथ्वी-तल के वक्र होने के कारण उस पर बने सभी पथ भी वक्र ही हैं, पर योजनाधीन सुरंग सीधी रेखा पर, अर्थात् पृथ्वी के गोले के चापकर्ण पर चलने का अवसर देगी।)

यदि ऐसी सुरंग खोदी जा सकती, तो इस पर बने पथ में एक खासियत होती, जो किसी दूसरे पथ में नहीं है। इस पर कोई भी गाड़ी बिना किसी इंजन के चला करती। पृथ्वी के आर-पार बने कुएँ को स्मरण करें। लेनिनग्राद-मास्को सुरंग ऐसा ही एक कुआँ है। अंतर इतना ही है कि यह पृथ्वी के व्यास के सहारे नहीं, चापकर्ण के सहारे बनाया गया है। चित्र 46 को देखने पर आपको लग सकता है कि सुरंग क्षैतिज स्थिति में है और इसीलिए इस में कोई भी गाड़ी स्वयं अपने भार से नहीं चलेगी। पर यह दृष्टि-भ्रम है। आप मन-ही-मन सुरंग के दोनों छोरों से पृथ्वी की त्रिज्या खींच कर देखें (त्रिज्या की दिशा शाहुल-रेखा की दिशा बताती है); आप समझ जाएँगे कि सुरंग उदग्र शाहुल-रेखा के साथ समकोण नहीं बनाती, अर्थात् वह क्षैतिज नहीं **तिरछी** है।

ऐसे तिरछे कुएँ में कोई भी वस्तु गुरुत्व-बल के प्रभाव से आगे-पीछे झूलना शुरू कर देगी। पर इस कुएँ में पिंड बीचों-बीच नहीं गिरेगा, वह पृथ्वी के केंद्र की ओर वाली दीवार के सहारे फिसलता हुआ यात्रा करेगा। यह दीवार ही सुरंग का तल है। इस पर यदि पटरियाँ बिछा दी जाएँ, तो उन पर रेलगाड़ी बिना इंजन के खुद-ब-खुद चला करेगी। आरंभ में गाड़ी बहुत धीमी गति से चलेगी, पर उसका वेग प्रति सेकेंड बढ़ता जाएगा। जल्द ही उसका वेग इतना बढ़ जाएगा कि सुरंग में स्थित हवा उसकी गति का प्रतिरोध करने लगेगी। पर थोड़ी देर के लिए इस दुखद बाधा को भूल जाएँ और गाड़ी के साथ चलें; देखें कि आगे क्या होता है। सुरंग के बीच आते-आते गाड़ी का वेग इतना बढ़ जाएगा कि तोप के गोले से चार-पाँच गुना तेज भगाना शुरू कर देगा। यद्यपि इस क्षण से उसका वेग घटना शुरू हो जाएगा, वह रुकते-रुकते लगभग दूसरे छोर तक पहुँच जाएगा। यदि घर्षण बल नहीं होता, तो

1. लेनिनग्राद का पुराना नाम।

यह 'लगभग' भी नहीं रह जाता : गाड़ी बिना इंजन के लेनिनग्राद से मास्को तक स्वयं पहुँच जाती। कलन बताते हैं कि एक तरफ की यात्रा में उतना ही समय लगेगा, जितना कुएँ में पृथ्वी के आर-पार गिरने में लगता है—42 मिनट 12 सेकेंड। यह अंतराल सुरंग की लंबाई पर निर्भर नहीं करता। मास्को-लेनिनग्राद, मास्को-व्लादीवस्तोक या मास्को-मेलबुर्न—इन सारी सुरंगों की यात्रा में एक ही समय लगेगा। है न विचित्र बात?[1]

यह बात रेलगाड़ी के साथ ही नहीं, किसी भी दूसरी गाड़ी के साथ होगी, अतः रेलगाड़ी की बजाय आप मोटर-कार भी इस्तेमाल कर सकते हैं। चार चक्कों वाले रथ में भी ऐसी यात्राएँ संपन्न की जा सकती हैं; घोड़े की जरूरत नहीं पड़ेगी। अब आप अवश्य सहमत होंगे कि ऐसा पथ सचमुच तिलस्मी है, जिस पर कोई भी गाड़ी खुद ब खुद इतने बड़े वेग से चल सकती है।

सुरंग कैसे खोदते हैं?

चित्र 47 में सुरंग खोदने की तीन विधियाँ दिखाई गई हैं। आप इन्हें देख कर बताएँ कि इनमें से कौन भी सुरंग क्षैतिज है।

सिर्फ बीच वाली सुरंग क्षैतिज है, क्योंकि वह अपने हर बिंदु पर शाहुल रेखा (या पृथ्वी की त्रिज्या) के साथ समकोण बनाती है। उसका मोड़ पृथ्वी-तल की वक्रता के अनुरूप है।

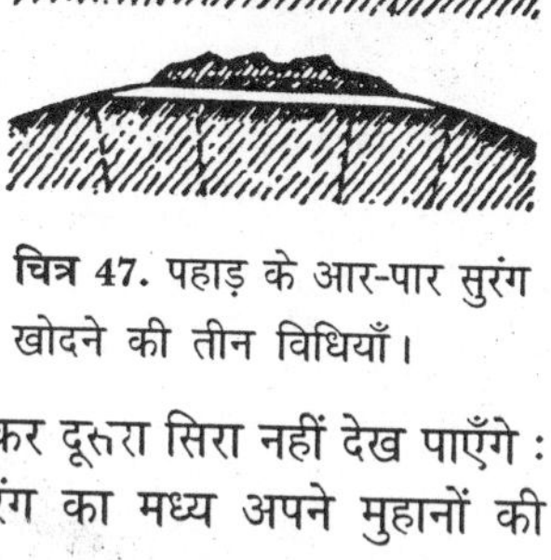

चित्र 47. पहाड़ के आर-पार सुरंग खोदने की तीन विधियाँ।

लंबी सुरंगें अक्सर ऊपर वाले चित्र की तरह खोदी जाती हैं। यह सुरंग अपने सिरों पर पृथ्वी-तल की स्पर्श रेखा का काम करती है। ऐसी सुरंगें पहले कुछ ऊपर जाती हैं और फिर नीचे। इनका सबसे बड़ा लाभ यह है कि भीतर पानी नहीं जमता, वह बह कर मुहानों से निकल आता है।

यदि सुरंग बिल्कुल क्षैतिज बनाई जाए, तो उसका रूप मेहराब की तरह होगा। इसमें पानी कहीं भी नहीं बह सकेगा, क्योंकि वह हर बिंदु पर संतुलन की अवस्था में रहेगा। यदि ऐसी सुरंग की लंबाई 15km से अधिक होगी (जैसे 20km लंबी सिंप्लोंस्की सुरंग) तो आप तक मुहाने से झाँक कर दूसरा सिरा नहीं देख पाएँगे : आपकी निगाह छत से टकरा जाएगी, क्योंकि सुरंग का मध्य अपने मुहानों की

1. एक इससे भी रोचक बात सिद्ध की जा सकती है : ग्रह के आर-पार खुदे कुएँ में 'झूलन-काल' ग्रह के आकार पर निर्भर नहीं करता; यह सिर्फ उसके घनत्व पर निर्भर करता है।

तुलना में कहीं अधिक ऊँचा है।

अंत में, यदि सुरंग उसके मुहानों को जोड़ने वाली सरल रेखा पर खुदी होगी, तो वह दोनों ही सिरों से बीच की ओर थोड़ी झुकी होगी। ऐसी सुरंग से पानी बह कर बाहर तो क्या निकलेगा, उल्टा उसके बीच में जमा होने लगेगा, क्योंकि यह स्थान सबसे गहरा होगा। पर यदि आप इसके एक मुहाने पर खड़े होकर देखेंगे, तो दूसरा सिरा बिल्कुल साफ नजर आएगा। जो कुछ यहाँ कहा गया है, आप चित्र देख कर समझ जाएँगे।[1]

1. ऊपर कही गई बातों से यह भी निष्कर्ष निकलता है कि क्षैतिज रेखाएँ वक्र होती हैं; सरल (ऋजु) क्षैतिज रेखाएँ नहीं होतीं। उदग्र रेखाएँ हमेशा ऋजु होती हैं; वे वक्र नहीं हो सकतीं।

अध्याय 5

तोप से यात्रा

गुरुत्वाकर्षण-बल व गति-नियमों के बारे में बातचीत समाप्त करने के पहले चंद्रमा की उस कल्पनातीत सैर का थोड़ा विश्लेषण कर लें, जिसका जूल वेर्न ने 'पृथ्वी से चाँद पर' और 'चाँद की परिक्रमा' नामक अपने उपन्यासों में इतना रोचक वर्णन किया है। आपको बाल्टीमोर तोप-क्लब के सदस्य तो याद ही होंगे, जिन्होंने चाँद पर भेजने के लिए एक विशाल तोप के खोखले में यात्रियों को बैठा कर तोप दागने का निश्चय किया था।

विचार कोरी कल्पना ही है या इसके पीछे सत्य का भी कुछ अंश है? पहला प्रश्न है : क्या किसी पिंड को इतना बड़ा वेग संप्रेषित किया जा सकता है कि वह पृथ्वी पर वापस न लौटे?

न्यूटन का पहाड़

देखें कि इसके बारे में गुरुत्वाकर्षण–नियम के अन्वेषक प्रतिभावान न्यूटन क्या के कहते हैं। अपनी कृति 'भौतिकी की गणितीय आधार' में वे लिखते हैं (समझने में आसानी हो, इसके लिए अवतरण का स्वतंत्र अनुवाद दिया जा रहा है)।

"फेंका गया पत्थर गुरुत्व के प्रभाववश अपने ऋजु पथ से विचलित होता है और वक्र रेखा निरूपित करता हुआ जमीन पर गिर जाता है। यदि पत्थर को अधिक वेग से फेंका जाए, तो वह और बड़ा पथ तय करेगा; अतः यह भी संभव है कि वह दस मील का चाप निरूपित करे, सौ मील का, हजार मील का, आदि। अंत में यह भी सम्भव है कि वह पृथ्वी की सीमा से बाहर चला जाएगा और कभी वापस नहीं लौटेगा।

माना कि AFB (चित्र 48) पृथ्वी की सतह है, C–उसका केंद्र और UD, UE, UF, UG आदि वक्र रेखाएँ हैं, जो अत्यंत ऊँचे पहाड़ की चोटी से क्षैतिज दिशा में क्रमशः अधिक बड़े वेगों से फेंके गए पिंड द्वारा निरूपित होती हैं। हम वातावरण

के प्रतिरोध को ध्यान में नहीं रख रहे हैं, अर्थात् हम मान लेते हैं कि वातावरण है ही नहीं। यदि पिंड का आरंभिक वेग कम है, तो उसका पथ *UD* होता है। और अधिक वेग होने पर उसका पथ *UE* हो जाता है। वेग के और बढ़ने पर उसके पथ क्रमशः *UF* तथा *UG* वक्र रेखाएँ होती हैं। एक विशेष वेग होने पर पिंड पृथ्वी की परिक्रमा करता हुआ पुनः उसी पहाड़ की चोटी पर पहुँच जाएगा, जहाँ से वह फेंका जाता है। चूँकि इस आरंभिक बिंदु पर पिंड का वेग उतना ही रहेगा, जितना पहले इस बिंदु पर था (अर्थात् जिस वेग से फेंका गया था), इसलिए वह आगे बढ़ जाएगा और पुनः इसी पुराने वक्र पर परिक्रमा शुरू कर देगा।"

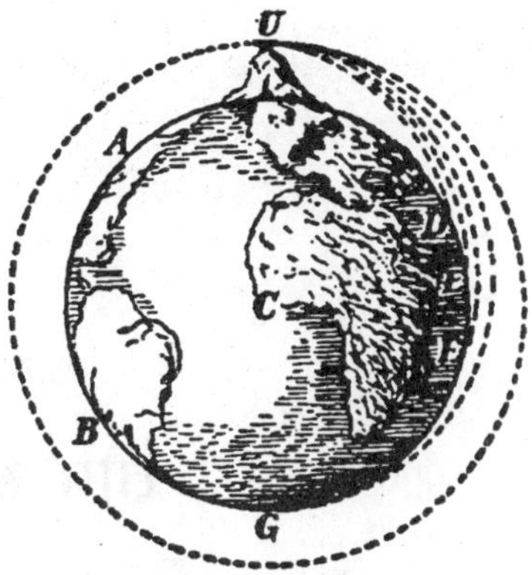

चित्र 48. पर्वत-शिखर से क्षैतिज दिशा में फेंके गए पत्थर का गिरना; प्रक्षेपन-वेग बहुत अधिक है।

अगर इस काल्पनिक पहाड़ की चोटी पर तोप होती, तो उससे एक विशेष वेग से छोड़ा गया गोला कभी जमीन पर वापस नहीं गिरता; वह पृथ्वी की अविराम परिक्रमा करता रह जाता। पर्याप्त सरल कलनों द्वारा ज्ञात किया जा सकता है कि लगभग 8km प्रति सेकेंड के वेग में फेंका गया गोला वापस नहीं आएगा; पृथ्वी की परिक्रमा करने लगेगा।[1] अन्य शब्दों में, आठ किलोमीटर प्रति सेकेंड के वेग से फेंका गया गोला पृथ्वी की परिक्रमा करता हुआ उसका उपग्रह बन जाता है, उस पर वापस नहीं लौटता। वह विषुवत् के किसी भी बिंदु की तुलना में 17 गुना तेज गतिमान होगा और हमारे ग्रह की एक पूरी परिक्रमा 1 घंटा 24 मिनट में किया करेगा। यदि गोले का वेग इससे अधिक होगा, तो वह पृथ्वी की परिक्रमा वृत्ताकार पथ पर नहीं, बल्कि पृथ्वी से काफी दूर होते हुए लमड़े दीर्घवृत्तीय पथ पर करेगा। यदि वेग और बड़ा होगा, तो गोला हमेशा के लिए हमारे ग्रह से दूर ब्रह्मांड में चला जाएगा। इसके लिए आवश्यक है कि आरंभिक वेग करीब 11 km प्रति सेकेंड का हो (ये सारी बातें उस स्थिति के लिए सत्य हैं, जब गोला **शून्य** व्योम में भ्रमण कर रहा होता है, हवा में नहीं)।

जब देखें कि जूल वेर्न द्वारा प्रस्तावित साधनों की सहायता से चंद्रमा तक की उड़ान संभव है या नहीं। आधुनिक तोप भी अपने गोले को प्रथम सेकेंड 2 km से अधिक का वेग नहीं संप्रेषित कर पाते। चाँद पर पहुँचने के लिए आवश्यक वेग

1. दे. "मनोरंजक भौतिकी' भाग 1, अध्याय 2

से यह पाँच गुना कम है। उपन्यास के पात्र सोचते हैं कि यदि बहुत बड़ी तोप में बारूद की बहुत बड़ी मात्रा भर कर गोला छोड़ा जाए, तो वह चाँद तक पहुँचने के लिए आवश्यक वेग प्राप्त कर लेगा।

विराट् तोप

तोप-क्लब के सदस्य चौथाई किलोमीटर लंबी तोप जमीन में उदग्र गाड़ देते हैं। इसके अनुरूप ही एक बहुत बड़ा गोला बनाया जाता है, जो यात्रियों के लिए यान का काम करेगा। उसका भार 8 टन है। तोप में 160 टन बारूदी रूई (पाइरोक्सीलीन) भरी जाती है। यदि उपन्यासकार की बातों का विश्वास किया जाए, तो विस्फोट के फलस्वरूप गोले को 16km/s का वेग मिलता है, जो हवा के घर्षण से कम हो कर 11 km/s का रह जाता है। इस प्रकार जूल वेर्न का गोला वातावरण की सीमा से निकलने के बाद ठीक इतना वेग रखता है कि चाँद तक पहुँच जाए।

उपन्यास में यात्रा का वर्णन इसी प्रकार है। अब देखें कि भौतिकी इसके बारे में क्या कह सकती हैं।

जूल वेर्न की योजना उस जगह ढीली नहीं है, जहाँ पाठक अक्सर संदेह करते हैं। पहली बात तो यह है कि बारूद के काम करने वाले तोप गोले को 3 km/s से अधिक का वेग नहीं दे सकते (यह मैंने अपनी पुस्तक 'अंतर्ग्रही यात्राएँ' में सिद्ध किया है)।

इसके अतिरिक्त जूल वेर्न ने हवा के प्रतिरोध का सही मूल्यांकन नहीं किया है। गोले के इतने बड़े वेग के लिए हवा का प्रतिरोध भी काफी बड़ा होगा—इतना बड़ा कि उड़ान की रूप-रेखा बदल कर कुछ दूसरी ही हो जाए। पर तोप के गोले में बैठ कर चंद्र-यात्रा की योजना के विरुद्ध कुछ गंभीर आपत्तियाँ भी हैं।

मुख्य खतरा यात्रियों को है। यह मत सोचें कि खतरा पृथ्वी से चाँद तक की उड़ान में है। यदि वे तोप की नली से जीते-जागते निकल जाएँ, तो आगे की यात्रा में उन्हें किसी बात का डर नहीं होना चाहिए। यह विशाल वेग, जिससे यात्री अंतरिक्ष में उड़ेंगे, उनके लिए बिल्कुल नुकसानदेह नहीं होगा। आखिर पृथ्वीवासी इससे कहीं अधिक वेग से सूर्य का चक्कर लगाते हैं!

भारी-भरकम तोप

यात्रियों के लिए सबसे खतरनाक समय एक सेकेंड के कुछ शतांश भर हैं, जब गोला तोप की नली में भ्रमण करता है। इस क्षुद्र अंतराल में यात्रियों का वेग शून्य से 16 km/s तक बढ़ जाएगा! उपन्यास में यात्रीगण तोप दागने के क्षण का इंतजार करते वक्त यूँ ही नहीं घबरा रहे थे। बार्बीकेन बिल्कुल सच कह रहा था कि जिस समय तोप से गोला छूटेगा, उसमें बैठे यात्रियों के लिए

उतना ही खतरा रहेगा, जितना गोले से बाहर उसके रास्ते में पड़े आदमी को। जिस क्षण तोप छूटेगी, यान का फर्श यात्रियों को उसी बल से धक्का देगा, जिससे तोप का गोला अपने पथ पर पड़े किसी भी दूसरे पिंड को धक्का देगा। उपन्यास के पात्रों ने इस खतरे को कोई खास महत्त्व नहीं दिया। उन्होंने सोचा कि ज्यादा-से-ज्यादा बेहोश हो जाएँगे...

पर स्थिति कहीं अधिक गंभीर है। नली में गोला त्वरित गति से चलता है। उसका वेग विस्फोट से उत्पन्न गैसों के दबाव से निरंतर बढ़ता ही रहता है। सेकेंड के क्षुद्रांश में उसका वेग शून्य से बढ़ पर 16km/s हो जाता है। यदि प्रश्न को सरल बनाने के लिए मान लें कि वेगवृद्धि समरूप है, तो इस नन्हें अंतराल में गोले के वेग को 16dm/s तक पहुँचाने के लिए आवश्यक त्वरण होगा 600 km/S^2 (कलन आगे पृ. 104-106 पर देखें)।

इस संख्यात्मक मान का महत्त्व समझने के लिए स्मरण करें कि पृथ्वी तल पर गुरुत्व-बल से प्राप्त त्वरण साधारणतः प्रति सेकेंड 10 m प्रति सेकेंड होता है।[1] इससे निष्कर्ष निकलता है कि तोप दागने के क्षण गोले के भीतर की हर वस्तु फर्श पर अपने भार से 60 000 गुना अधिक दबाव डालेगी। सरे शब्दों में : यात्रियों को लगेगा कि वे दसियों हजार गुना अधिक भारी हो गए हैं। इतने बड़े भार से दब कर वे क्षण भर में पिचक जाएँगे। तोप दागने के क्षण बार्बीकेन की तोप का भार 15 टन से कम नहीं होगा। यह सामान से भरे मालगाड़ी के डिब्बे का भार है। ऐसी तोप अपने मालिक का जान लेने के लिए काफी है।

वैसे, उपन्यास में यह भी बताया गया है कि उक्त चोट से बचने के लिए कुछ कदम उठाये गए थे : गोले में कमानीदार प्रत्याघाती लगे हुए थे; गोले के दो पेंदे थे, जिनके बीच पानी भरा हुआ था, आदि। इससे चोट की मियाद थोड़ी लंबी हो जाती और इसीलिए वेगवृद्धि की क्षिप्रता कुछ कम पड़ जाती। पर जिन विशाल बलों की यहाँ बात चल रही है, उनके सामने इन उपायों से प्राप्त लाभ नगण्य ही माना जाएगा। यात्रियों को पिचकाने वाला बल क्षुद्रांश भर ही कम होगा। आप 15 टन भारी तोप से दब जाएँ या 14 टन भारी तोप से—अंतर विशेष बड़ी नहीं होगा!

चोट कम करने का उपाय

वेगवृद्धि की खतरनाक क्षिप्रता कम कैसे की जाए, उसका उपाय यांत्रिकी से ज्ञात होता है। इसके लिए तोप की नली को कई गुना अधिक लंबा करना होगा।

---

1. यह भी बता दूँ कि मोटर-रेस की गाड़ी जब तेजी से अपना वेग बढ़ाती है, उसका त्वरण 2-3 m/s^2 से अधिक नहीं होता और स्टेशन से चलते वक्त ट्रेन का त्वरण 1 m/s^2 होता है।

यदि हम चाहते हैं कि तोप दागने के क्षण गोले में 'कृत्रिम' गुरुत्व का बल पृथ्वी के गुरुत्व बल के बराबर हो, तो तोप की नली को बहुत लंबा करना पड़ेगा। समीपवर्ती कलन के आधार पर कहा जा सकता है कि इसके लिए तोप की लंबाई 6000km होनी चाहिए; इससे न ज्यादा, न कम। अन्य शब्दों में, तोप को पृथ्वी के केंद्र तक गहरा गड़ा होना चाहिए। सिर्फ तभी यात्री पिचकने के खतरे से बच सकेंगे : उनके अपने भार में मंद वेगवृद्धि के फलस्वरूप प्रतीत होने वाला उतना ही और भार जुड़ जाएगा और वे अपने को दुगुना भारी महसूस करेंगे।

वैसे, कम समय के लिए मानव शरीर कई गुनी भार-वृद्धि सहन कर सकता है। बर्फीले टीले से स्लेज के सहारे फिसलते वक्त जब हम गति की दिशा बदलते हैं, क्षण भर को हमारा भार बढ़ जाता है, अर्थात् हमारा शरीर स्लेज को अधिक बल से दबाता है। भार में तिगुनी वृद्धि हम काफी आराम से सहन कर लेते हैं। यदि मान लें कि एकाध क्षण के दरम्यान आदमी भार में दस गुनी वृद्धि भी सहन कर ले सकता है, तो तोप की नली सिर्फ 600km लंबी करनी होगी। लेकिन इससे कोई अधिक लाभ नहीं होगा। आधुनिक तकनीकी ज्ञान इतनी लंबी तोप नहीं बना सकता।

ये ही हैं वे परिस्थितियाँ, जिनमें जूल वेर्न की चंद्र-यात्रा की योजना सफल हो सकती है।[1]

गणित-प्रेमियों के लिए

हमारे पाठकों के बीच निस्संदेह ऐसे भी होंगे, जो उपरोक्त कलनों की जाँच करना चाहेंगे। यहाँ वे कलन सविस्तार दिए जा रहे हैं। पर वे समीपवर्ती हैं, क्योंकि हम मान कर चल रहे हैं कि तोप की नली में गोले की वेगवृद्धि समरूप है (यथार्थ में वेग की वृद्धि असमान रूप से होती है)।

कलन में समरूप त्वरित गति के निम्न दो सूत्रों का उपयोग हुआ है :

t-वां सेकेंड बीतने पर वेग v बराबर होगा at के, जहाँ a त्वरण है :

$$v=at.$$

t सेकेंड में तय किया गया पथ S ज्ञात करने का सूत्र है

$$S=at^2/2.$$

पहले इन सूत्रों की सहायता से तोप की नली में गोले का त्वरण ज्ञात करते हैं।

---

1. उपन्यास के गोले के भीतर की जिंदगी का वर्णन करते वक्त जूल वेर्न ने एक महत्त्वपूर्ण भूल की है, जिसके बारे में 'मनोरंजक भौतिकी' के प्रथम भाग में कहा जा चुका है। याद दिला दें कि उपन्यासकार ने इस बात पर बिल्कुल ही ध्यान नहीं दिया कि **तोप दागने के बाद पूरे उड़ानकाल में गोले के भीतर सभी वस्तुएँ बिल्कुल भारहीन रहेंगी,** क्योंकि गुरुत्व-बल गोले और उसके भीतर की सभी वस्तुओं को समान त्वरण संप्रेषित करता है (आगे भी देखें शीर्षक 'जूल वेर्न के उपन्यास में अलिखित अध्याय')।

उपन्यास से ज्ञात है कि नली का वह भाग, जो बारूद से नहीं भरा गया है, 210 m लंबा है। नली में गोले के पथ की लंबाई S यही है।

पथ के अंत में गोले का वेग हमें ज्ञात है : $v=16000$ m/s। S व v की सहायता से t ज्ञात करते है। यह नली में गोले की गति का समय है (गति को समरूप त्वरित माना जा रहा है। समीकरणों का उपयोग करें :

$$v = at = 16000, \quad 210 = S = \frac{at.t}{2} = \frac{16000t}{2} = 8000t,$$

$$t = \frac{210}{8000} = \text{ करीब } \frac{1}{40} \text{ सेकेंड।}$$

मतलब कि गोला नली का पथ $1/40$ सेकेंड में तय करता है! सूत्र $v=at$ में $t = 1/40$ रखने पर :

$$16000 = \frac{1}{40}a, \text{ अतः } a = 640000 \ m/2^2 .$$

आप देखते हैं कि नली का त्वरण 640000 m/s^2 के बराबर है। यह गुरुत्व-बल के त्वरण से 64000 गुना अधिक है।

नली की लंबाई कितनी रखी जाये कि उसमें गोले का त्वरण किसी स्वतंत्र गिरते हुए पिंड के त्वरण से सिर्फ 10 गुना अधिक हो (अर्थात् 100 m/s^2 के बराबर हो)?

यह उस प्रश्न का ठीक उल्टा है, जिसे हम अभी-अभी हल कर चुके हैं। प्रदत्त मान हैं : $a = 100$ m/s^2, $v=11000$ m/s (वातावरण के प्रतिरोध की अनुपस्थिति में यह वेग पर्याप्त रहेगा)।

सूत्र $v=at$ से $11000=100\,t$, अतः $t=110$ s.

सूत्र $S=at^2/2=at\,.\,t/2$ से तोप की आवश्यक लंबाई ज्ञात होती है

$$\frac{11000-110}{2} = 605000 \ m$$

अर्थात् लगभग 600km.

आप देखते हैं कि इन कलनों से प्राप्त सांख्यिक मान जूल वेर्न की लुभावनी योजना को बिल्कुल अव्यावहारिक सिद्ध कर देते हैं।[1]

1. इस अध्याय में बताई गई सभी बातें सिद्धांततः सही है। अंतरिक्षी उड़ान की समस्याओं के व्यावहारिक हल विज्ञान की अद्यतन पुस्तकों से प्राप्त हो सकते हैं।—संपादक।

अध्याय 6

गैस और द्रव के गुण

समुद्र, जिसमें डूबते नहीं

इस तरह का सागर उस देश में है, जिसे मानव-जाति प्राचीन काल से जानती है। यह पालेस्तीन का मृत सागर है। इसका पानी इतना खारा है कि इसमें कोई जीवित प्राणी नहीं रह सकता। पालेस्तीन में वर्षा बहुत कम होती है और वहाँ की जलवायु अत्यंत गर्म है, अतः वहाँ पानी का वाष्पीकरण बहुत तेजी से होता रहता है। वाष्पीकरण से सिर्फ पानी ही उड़ता है, लवण सागर में रह जाते हैं। यही कारण है कि मृत सागर का खारापन बढ़ता जा रहा है। मृत सागर के पानी में अन्य सागरों की भाँति लवणों की मात्रा भारानुसार 2 या 3 प्रतिशत नहीं, बल्कि 27 प्रतिशत है। गहराई में लवण की मात्रा बढ़ती जाती है। इस प्रकार, मृत सागर के पानी में चौथाई अंश लवणों का है। लवणों की पूरी मात्रा इस सागर में कोई 40 मिलियन टन आँकी गई है।

अत्यधिक खारेपन के कारण मृत सागर में एक विशेषता आ गई है : इसका पानी अन्य सागरों के जल से अधिक भारी है; इतना भारी कि इसमें आदमी डूबता नहीं है। आदमी का शरीर इसके पानी से हल्का है।

हमारे शरीर का भार तुल्य आयतन के घोर नमकीन पानी के भार से काफी हल्का है, इसलिए प्लवन नियम के अनुसार आदमी मृत सागर में नहीं डूबता; उसके पानी में वह वैसे ही तैर पर ऊपर आ जाता है, जैसे नमकीन पानी में मुर्गी का अंडा (जो मीठे पानी में डूब जाता है)।

व्यंग्यकार मार्क ट्वेन इस विशाल झील के भारी पानी में नहाने के अनुभवों का बड़ा ही रोचक व सविस्तार वर्णन करते हैं :

''स्नान-बेहद मजेदार था! हम डूबते नहीं थे। डुबकी लगाना भी मुश्किल था। यहाँ आप हाथ वक्ष पर रख कर पानी पर पीठ के बल लंबे लेट सकते हैं; आपके

शरीर का अधिकतर भाग पानी के ऊपर रहेगा। इस स्थिति में आप सिर ऊपर भी उठा सकते हैं...। आप घुटनों को ठुड्डी तक मोड़ कर उन्हें हाथों से पकड़े हुए भी लेट सकते हैं; पर जल्द ही आप उलट जाएँगे, क्योंकि सिर अधिक भारी होता है। आप सिर के बल खड़े हो सकते हैं–वक्ष के मध्य से पैरों तक आप पानी के ऊपर रहेंगे। पर इस स्थिति में आप काफी देर तक नहीं टिके रह सकते। आप पीठ के बल लेटे हुए तैर कर दूर नहीं जा सकते, क्योंकि आपका पैर पानी से ऊपर रहता है। पानी को धक्का सिर्फ तलवों से देना पड़ता है। यदि आप पट हो कर तैरते हैं, तो आगे बढ़ने की बजाय पीछे खिसकने लगते हैं। घोड़ा मृत सागर में न तो खड़ा रह सकता है, न तैर सकता है–वह करवट के बल लेट जाता है।''

चित्र 49 में आप एक आदमी को देख रहे हैं, जो मृत सागर की सतह पर आराम से लेटा हुआ हैं। पानी के उच्च विशिष्ट भार के कारण ही वह इस स्थिति में किताब पढ़ रहा है। प्रचंड सूर्य-किरणों के बचने के लिए छाता वह भी रख पा रहा है।

चित्र 49. मृत सागर की सतह पर आदमी (फोटोचित्र से)।

ऐसा ही असाधारण गुण कास्पियन सागर की खाड़ी कारा-बोगाज-कोला[1] और एल्तन झील के नमकीन पानी में है। एल्तन के पानी में लवणों की मात्रा 27 प्रतिशत है।

---

1. कारा-बोगाज-कोला के पानी का विशिष्ट भार 1.18 है। उसके एक अध्ययनकर्ता लिखते हैं कि ''इसमें बिना किसी कठिनाई के तैरा जा सकता है और आर्कमिडीज़ के नियम का उल्लंघन किए बगैर इसमें डूबना नामुमकिन है''।

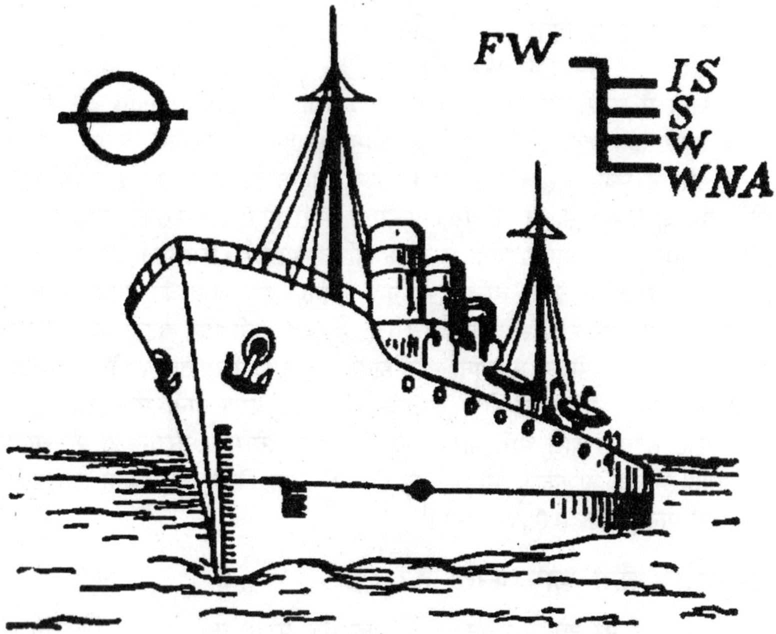

चित्र 50. जहाज के पार्श्व पर बोझ-चिह्न। चिह्न जल-स्तर पर बनाया जाता है। स्पष्टता के लिए उसे अलग से बड़ा करके दिखाया गया है। अक्षरों का अर्थ पुस्तक में देखें।

कुछ ऐसा ही अनुभव उन लोगों को होता है, जिन्हें डाक्टर की सलाह पर नमकीन पानी के टब में स्नान करना पड़ता है। यदि पानी में काफी अधिक लवण हैं, जैसा कि स्तारोरूस के खनिज जलों में होता है, तो बीमार व्यक्ति को टब में अपना शरीर डुबाए रखने के लिए काफी शक्ति लगानी पड़ती है। स्ताराया रूस्सा में चिकित्साधीन एक औरत की शिकायत थी कि पानी "उसे टब से बिल्कुल बाहर धकेल देता है"। वह आर्कमिडीज़ के नियम को नहीं, चिकित्सागृह के प्रबंधक को दोषी ठहराना चाहती थी।

भिन्न समुद्रों में पानी का खारापन भी भिन्न होता है और इसीलिए उनमें जहाज का निचला भाग भिन्न ऊँचाई तक डूबता है। कुछ पाठकों ने बंदरगाहों पर खड़े जहाज की जलरेखा के समीप तथाकथित "लायड चिह्न" अंकित देखा होगा। यह चिह्न बताता है कि किस घनत्व वाले पानी में जहाज का निचला भाग कितना डूबेगा। चित्र 50 में दर्शित बोझ-चिह्न महत्तम जलरेखा का स्तर बताता है :

मीठे पानी में (Fersch Water)...FW

हिंद महासागर में (India Summer)...IS

खारे पानी में गर्मियों में (Summer)...S

खारे पानी में जाड़ा (Winter)...W

जाड़े में उत्तरी अटलांटिक महासागर (Winter North Atlantik)...WNA

हमारे यहाँ जहाजों में यह चिह्न लगाना 1909 ई. अनिवार्य किया गया है।

अंत में एक और बात स्पष्ट कर देना चाहूँगा कि पानी का एक प्रकार है, जो अपने शुद्ध रूप में भी साधारण पानी से भारी होता है। उसका विशिष्ट भार 1.1 है, अर्थात् वह साधारण पानी से 10% अधिक भारी है। ऐसे पानी से भरे तालाब में तैरना नहीं जानने वाला व्यक्ति भी नहीं डूबेगा। इस पानी को 'भारी' नाम से पुकारा गया है। इसका रासायनिक सूत्र Do है (यह पानी ऐसे हाइड्रोजन से बनता है, जो साधारण हाइड्रोजन से दुगुना भारी होता है; इसे D से द्योतित करते हैं)। 'भारी' पानी साधारण पानी में भी होता है—एक बाल्टी साधारण पानी में करीब 8g।

Do संरचना वाले भारी पानी (भारी पानी की विभिन्न संरचनाओं की संख्या भी सत्रह है) को आजकल लगभग शुद्ध रूप में प्राप्त किया जा सकता है : इसमें साधारण पानी सिर्फ 0.05% होगा।[1]

हिम-भंजक कैसे काम करता है?

पानी से भरे टब में स्नान करते वक्त एक प्रयोग करें। टब से निकलने के पहले उसके तल पर लेटे रहिए और पानी निकलने का छेद खोल दीजिए। जैसे-जैसे पानी निकलता जाएगा, आपका शरीर पानी से ऊपर निकलना शुरू कर देगा और आप महसूस करेंगे कि आपका शरीर अधिक भारी होता जा रहा है। आपको विश्वास हो जाएगा कि पानी में खोया हुआ भार (स्मरण करें कि टब में आप अपने को कितना हल्का महसूस करते हैं) पुनः वापस आ जाता है, जब अपना शरीर पानी से बाहर निकल आता है।

जब व्हेल मछली ज्वार-भाटे के साथ छिछले स्थान पर आकर अनजाने में इस तरह का प्रयोग कर बैठती है, तो उसे प्राण गँवाने पड़ते हैं : वह अपने ही भार से कुचल जाती है। इसीलिए तो व्हेल पानी में रहती है : वहाँ द्रव का उत्प्लावक बल गुरुत्व-बल के घातक प्रभाव से उसकी रक्षा करता है।

जो कुछ यहाँ कहा गया है, इस लेख के शीर्षक के साथ उसका निकटतम संबंध है। हिम-भंजक का कार्य इसी भौतिक संवृत्ति पर आधारित है : पानी से बाहर निकाला गया जहाज का भाग पानी के उत्प्लावक बल से संतुलित नहीं रहता है और अपना 'थलीय' भार प्राप्त कर लेता है। यह मत सोचें कि हिम-भंजक चलता हुआ अपने

---

1. भारी पानी का विस्तृत उपयोग परमाण्विक तकनीकी में और खास कर परमाण्विक रिएक्टर में होता है। उसे साधारण पानी से ही औद्योगिक विधियों द्वारा प्राप्त किया जाता है।—संपादक।

अग्र-भाग के दबाव से बर्फ की परत काटता रहता है। इस तरह से काम करता है **हिम-भंजक नहीं, हिम-कर्तक**। यह विधि तभी काम आती है, जब बर्फ की परत अधिक मोटी नहीं होती है।

'क्रासीन' और 'येरमाक' जैसे असली समुद्री हिम-भंजक कुछ दूसरी तरह से काम करते हैं। शक्तिशाली मशीन की सहायता से हिम-भंजक अपना अग्र-भाग बर्फ की सतह पर धकेल कर चढ़ा देता है। उसका अग्र-भाग इसीलिए तिरछा बनाया जाता है। पानी से बाहर आकर हिम-भंजक का अग्र-भाग अपना वास्तविक भार प्राप्त कर लेता है और यह इतना अधिक होता है ('येरमाक' का अग्र-भाग 800 टन भारी था) कि बर्फ को पीस कर रख देता है। इस प्रभाव को और शक्तिशाली बनाने के लिए अग्र-भाग के पीपों में पानी भर दिया जाता है, जो 'द्रव-गिट्टी' का काम करता है।

हिम-भंजक इस तरह से तब काम करता है, जब बर्फ की परत आधे मीटर से अधिक मोटी नहीं होती। इससे अधिक मोटी परत जहाज की **चोट** से तोड़ी जाती है। हिम-भंजक थोड़ा पीछे हटता है और फिर आगे बढ़ता हुआ अपने पूरे द्रव्यमान से बर्फ पर टक्कर मारता है। इस स्थिति में जहाज का भार नहीं, उसकी गति ऊर्जा काम आती है; जहाज तोप के गोले सा काम करता है, जिसका वेग तो अधिक नहीं होता, पर द्रव्यमान बहुत बड़ा होता है।

यदि बर्फ का टीला कई मीटर ऊँचा होता है, तो हिम-भंजक को कई बार टक्कर मारनी पड़ती है। इसके लिए उसका अग्र-भाग बहुत मजबूत बनाना पड़ता है।

1392 ई. में संगठित 'सिबिरिकोव' के विख्यात अभियान के एक सदस्य नि. मार्कोव इस हिम-भंजक के कार्य का वर्णन निम्न शब्दों में करते हैं :

'सिबिरिकोव' ने सैकड़ों बर्फीली चट्टानों और बर्फ की मोटी एकाश्म परतों के बीच अपना संघर्ष आरंभ किया। लगातार बावन घंटों तक मशीनी टेलीग्राफ की सुई 'पीछे हटो' से 'आगे बढ़ो' पर छलांग लगाती रही। बावन घंटों तक 'सिबिरिकोव' टक्कर मार-मार कर बर्फ को तोड़ता रहा। बर्फ की तीन चौथाई मीटर मोटी परत जहाज को बहुत कठिनाई से आगे बढ़ने दे रही थी। हर टक्कर से जहाज अपनी लंबाई की एक तिहाई दूरी तय करता था।''

दुनिया के सबसे बड़े व शक्तिशाली हिम-भंजक सोवियत संघ के पास हैं।

डूबे हुए जहाज कहाँ है?

एक प्रचलित धारणा है (बहुत से समुद्री नाविक भी यही सोचते हैं) कि सागर में डूबे हुए जहाज सागर के तल तक नहीं पहुँचते; वे बीच में ही किसी विशेष गहराई पर लटके होते हैं, जहाँ **''पानी ऊपर की परतों के दबाव से अधिक घना हो जाता है''**।

"पानी में 20 हजार ली नीचे" के लेखक का भी शायद यही खयाल था। इस उपन्यास के इस अध्याय में जूल वेर्न पानी में डूब कर लटके हुए एक जहाज का वर्णन करते हैं। इसी उपन्यास के एक अन्य अध्याय में वे 'पानी में स्वतंत्र लटके हुए डूबे जहाजों" की याद दिलाते हैं।

क्या इस तरह के कथन सही हैं?

इसके लिए कुछ आधार तो है ही। सागर की गहराइयों में पानी का दबाव बहत ज्यादा होता है। 10 मीटर की गहराई में डूबे पिंड के प्रति वर्ग सेंटीमीटर पर पानी 1kg का दबाव डालता है। 20 मीटर की गहराई पर यह दबाव 2 kg के बराबर हो जाता है, 100 m की गहराई पर—10kg और 100m के बराबर। लेकिन अनेक स्थानों पर सागर की गहराई कई किलोमीटर की होती है। ये गहराइयाँ 11 km से भी अधिक की हो सकती हैं (जैसे मेरियन दरार में)। आप आसानी से कलन कर सकते हैं कि इतनी गहराई में डूबी वस्तु पर पानी का दबाव कितना होगा।

यदि खाली बोतल को डाट से बंद कर के काफी गहराई में रखा जाएँ, तो पानी दबाव के साथ डाट को धकेल कर भीतर घुस आएगा। विख्यात समुद्रविद जोन मेरी अपनी पुस्तक 'महासागर' में निम्न प्रयोग का वर्णन करते हैं : भिन्न नाप वाली शीशे के तीन नलियाँ ली गईं। उनके दोनों सिरों को झलैया (वेल्डिंग) से बंद कर के उन्हें एक कपड़े से लपेट दिया गया और ताँबे के खोखले बेलन में रख कर 5 km की गहराई पर उतारा गया। बेलन में इस तरह से छिद्र बने थे कि पानी उसमें स्वतंत्रतापूर्वक प्रविष्ट हो सके। जब उसे वापस निकाला गया, कपड़े में बर्फ के चूरन सा कोई पदार्थ भरा हुआ था। यह शीशे का चूरन था। लकड़ी के टुकड़े को इतनी गहराई पर रखने से वह इतना दब जाता है कि पानी में ईंट के समान डूबने की विशेषता प्राप्त कर लेता है।

उक्त तथ्यों के आधार पर यह आशा करना बिल्कुल स्वाभाविक होगा कि बड़ी गहराइयों पर अत्यधिक दबाव के कारण पानी इतना घना हो जाता है कि उसमें भारी वस्तुएँ भी नहीं डूबतीं। स्मरण करें कि पानी में लोहे की वस्तु नहीं डूबती, क्योंकि पानी का घनत्व काफी अधिक होता है।

पर इस तरह के विचार बिल्कुल निराधार हैं। प्रयोगों से ज्ञात होता है कि अन्य सभी द्रवों के समान पानी भी बहुत मुश्किल से संकुचित होता है। प्रति cm^{-2} पर 1 kg का दबाव डालने पर पानी में संकोचन उसके आयतन के 1/22 000 वें अंश के बराबर होता है। दबाव बढ़ाने पर प्रति किलोग्राम के लिए संकोचन-दर लगभग यही रहता है। यदि आप पानी का घनत्व इतना बढ़ाना चाहते हैं कि इसमें लोहा तैरने लगे, तो आपको उसे 8 गुना अधिक घना करना पड़ेगा। पर उसे सिर्फ दुगुना घना करने के लिए, अर्थात् उसके आयतन को आधा करने के लिए प्रति वर्ग सेंटीमीटर पर 11000kg का दबाव चाहिए (यदि इतने बड़े दबाव के लिए उपरोक्त संकोचन

दर सही हो)। इसके लिए आपको सागर में 110km गहरे स्थान की खोज करनी होगी।

इससे स्पष्ट हो जाता है कि सागर की गहराइयों में पानी के कुछ विशेष घना होने की बात करना बेकार है। सबसे गहरे स्थान पर पानी का घनापन सिर्फ 1100/22000, अर्थात् 1/20 भाग ही अधिक होता है। यह पानी के साधारण घनत्व से 5% अधिक होगा।[1] यह अंतर भिन्न पिंडों के प्लवन पर कोई प्रभाव नहीं डाल सकता। इसके अतिरिक्त, ऐसे पानी में ठोस वस्तुएँ भी तो दब कर कुछ अधिक घनी हो जाएँगी।

इसलिए इसमें शक नहीं है कि डूबे हुए जहाज सागर के तल पर ही होते हैं। मेरी लिखते हैं : ''जो वस्तु गिलास के पानी में डूब सकती है, वह गहरे से गहरे सागर में भी डूबेगी और उसके तल को अपना विश्राम-स्थल बनाएगी।''

इस बात को काटने के लिए अक्सर यह तर्क सुनने में आता है : गिलास को **औंधा** कर के सावधानी से पानी में डुबाया जाए, तो वह इसी स्थिति में टिका रह सकता है, क्योंकि उसके द्वारा विस्थापित पानी का भार उसके भार के तुल्य होता है। धातु का अधिक भारी गिलास यह स्थिति बिना तल पर गए जल-स्तर से कुछ नीचे प्राप्त कर सकता है। औंधा जहाज भी डूबते वक्त इसी तरह आधे रास्ते में रुक सकता है। यदि जहाज के भीतरी भाग में कहीं हवा अच्छी तरह से कैद रह गई हो, तो जहाज एक विशेष गहराई पर रुक जाएगा।

औंधी स्थिति में अनेक जहाज डूबते हैं और बिल्कुल संभव है कि उनमें से कुछेक तल तक नहीं पहुँचते; सागर की अँधियारी गहराइयों में कहीं लटके रह जाते हैं। ऐसे जहाज के लिए हल्का सा धक्का काफी रहेगा कि उसका संतुलन बिगाड़ दिया जाए और उसे थोड़ा उलट कर उसमें पानी भर दिया जाए। वह आराम से तल पर पहुँच जाएगा। पर सागर की गहराई में कहाँ से धक्का मिल सकता है? वहाँ हमेशा शांति रहती है और पानी की सतह पर आए तूफानों की भी खबर वहाँ नहीं पहुँचती।

ये सब तर्क एक गलती पर आधारित है। औंधा गिलास **स्वयं नहीं डूबता;** उसे लकड़ी के टुकड़े या बंद खाली बोतल की तरह **बाह्य बल** की सहायता से डुबाना पड़ता है। यदि जहाज डूबते वक्त औंधा हो जाता है और उसमें कहीं बंद हवा रह जाती है, तो वह डूबेगा ही नहीं। वह तल और सतह के बीच किसी भी हालत में डूबा नहीं रह सकता।

---

1. अंग्रेज भौतिकविद थेट ने हिसाब लगाया कि यदि पार्थिव गुरुत्वाकर्षण समाप्त हो जाए और पानी भारहीन हो जाए, तो सागरों में जल-स्तर औसतन 35m ऊँचा उठ आएगा (क्योंकि भार से दबा पानी अपना यथार्थ आयतन ग्रहण करने को मुक्त हो जाएगा)। ''सागर 5000 000km^2 थल को डुबा देगा, जो पानी के दबे होने के कारण ही सागर-स्तर से ऊपर रहता है।'' (बेर्जे)

जूल वेर्न और वेल्स के सपने कैसे साकार हुए

हमारे समय की वास्तविक पनडुब्बियाँ कुछ बातों में जूल वेर्न की काल्पनिक 'नौटिलुस' से कहीं बढ़-चढ़ कर हैं। आधुनिक पनडुब्बियों की चाल 'नौटिलुस' की चाल से दुगुनी धीमी है : सिर्फ 24 नॉट, जबकि 'नौटिलुस' की चाल 50 नॉट थी (एक नॉट है करीब 1.8m/h)। सबसे लंबी यात्रा पर चली आधुनिक पनडुब्बी पृथ्वी का एक चक्कर लगाती है। कैप्टेन नेमा की पनडुब्बी ने इससे दुगुना रास्ता तय किया था। पर 'नौटिलुस' की जलविस्थापन क्षमता सिर्फ 1500 टन थी और उसमें करीब बीस-तीस व्यक्ति ही सफर कर सकते थे। यह पनडुब्बी 8 घंटे से अधिक लगातार पानी के नीचे नहीं रह सकती थी। 1929 ई. में निर्मित-फ्रांसीसी पनडुब्बी 'सुर्कुफ' की विस्थापन क्षमता 3200 टन थी। उसमें करीब डेढ़ सौ आदमी थे और वह एक सौ बीस घंटे से अधिक समय तक लगातार पानी के नीचे रह सकती थी।[1]

फ्रांस से मडागास्कर द्वीप तक की यात्रा के बीच यह पनडुब्बी एक बार भी पानी से बाहर नहीं आई। 'सर्कुफ' 'नौटिलुस' से कम आरामदेह नहीं था। 'सुर्कुफ' के ऊपरी डेक पर एक टोही जल विमान के लिए गैरेज भी था, जिसमें पानी नहीं घुस सकता था। कैप्टेन नेमा के पास समय-समय पर आस-पास की टोह लेने के लिए कोई साधन नहीं था। जूल वेर्न के 'नौटिलुस' में पानी से ऊपर देखने के लिए पेरिस्कोप भी नहीं था।

वास्तविक पनडुब्बियाँ सिर्फ एक बात में फ्रांसीसी उपन्यासकार की काल्पनिक पनडुब्बी से लोहा नहीं ले सकतीं। 'नौटिलुस' काफी गहराई में तैर सकती थी, पर वास्तविक पनडुब्बियाँ नहीं। लेकिन इस बात में जूल वेर्न की कल्पना सत्य से बहुत दूर है। ''कैप्टने नेमा,—उपन्यास में एक जगह लिखा है,—तीन से दस हजार मीटर की गहराई में उतर सकते थे।'' और एक बार 'नौटिलुस' 16 हजार मीटर की गहराई में उतर आया। वह कल्पनातीत घटना थी। उपन्यास का मुख्य पात्र अपनी कहानी कहता है : ''मैं साफ महसूस कर रहा था कि पनडुब्बी की बाहरी सतह पर चादरों के जोड़ कसक रहे हैं और खिड़कियाँ पानी के दबाव से भीतर की ओर नम रही हैं। यदि हमारा जहाज ढलैया से बने एकाश्म पिंड जैसा मजबूत नहीं होता, तो इतने

---

1. आधुनिक पनडुब्बियाँ परमाणु-शक्ति से चलती हैं, अतः उनमें ऊर्जा का भंडार व्यावहारिकतः अक्षय माना जा सकता है। इसीलिए मनुष्य सागर-तल के अज्ञात स्थलों का निरीक्षण करने के लिए लंबा से लंबा कोई भी पथ चुन सकता है। उदाहरणार्थ, 1958 ई. में (22 जुलाई से 5 अगस्त तक) परमाणु-चलित अमरीकी पनडुब्बी 'नौटिलुस' ने उत्तरी ध्रुव के पास ग्रीनलैंड सागर से बेरिंग सागर तक जलगत यात्रा पूरी की।—संपादक।

बड़े दबाव से पिचक कर रोटी जैसा हो जाता।''

डरने की बात जरूर थी। क्योंकि 16km की गहराई पर (यदि सागर में ऐसे गहरे स्थान हैं) पानी का दबाव होगा :

$$16000 : 10 = 1600\ kg/cm^2$$

या 1600 तकनीकी वातदबाव। ऐसा दबाव लोहे को पीस तो नहीं सकता, पर जहाज की बनावट जरूर बिगाड़ देगा। पर आधुनिक समुद्र (समुद्र विज्ञान) को ऐसे गहरे स्थल ज्ञात नहीं है। जूल वेर्न के जमाने में (उपन्यास 1869 में लिखा गया था) सागर की गहराइयों के प्रति लोगों के खयाल गलत थे, क्योंकि उसे नापने की शुद्ध विधियाँ नहीं थीं। उस समय गहराई नापने के लिए तार का नहीं सन की रस्सी का उपयोग होता था। तब लंगर जितना ही गहरा जाता था, रस्सी के साथ पानी का घर्षण भी उतना ही अधिक होता जाता था। अधिक गहराई पर घर्षण इतना अधिक हो जाता था कि लंगर इससे नीचे उतरता ही नहीं था। लोग रस्सी ऊपर से छोड़ते थे और उन्हें लगता था कि वहाँ काफी अधिक गहरा है।

चित्र 51. सागर की गहरी परतों में उतरने के लिए इस्पात का गोलाकार उपकरण 'प्लावर्तुल' (बैथी-स्फेयर)। इस उपकरण में विलियम बीब 1036 ई. में 923 m की गहराई में उतरे थे। गोले की दीवारें करीब 4 cm मोटी हैं। उसका व्यास 1.5m है और भार 2.5 टन

हमारे समय की पनडुब्बियाँ 25 से अधिक वातदाब सहन नहीं कर सकतीं। इसका अर्थ है कि उन्हें 25 m से अधिक गहराई पर नहीं उतरना चाहिए। कहीं अधिक गहराई पर उतरने के लिए एक दूसरा उपकरण है, जिसे प्लावर्तुल (बैथीस्फेयर) कहते हैं (चित्र 51)। इसका उपयोग सागर की गहराई में स्थित जीव-जगत् के अध्ययन में होता है। इसकी बनावट जूल वेर्न के 'नौटिलुस' जैसी नहीं, वेल्स के जलगामी गोले की तरह है, जिसका वर्णन उन्होंने 'समुद्र की गहराई में' नामक पुस्तक में किया है। कहानी का नायक मोटी दीवारों वाले एक खोखले गोले में 9 km की गहराई पर उतरता है। उपकरण को रस्सी से बाँध कर नहीं लटकाया जाता था। उसमें वजनी वस्तुएँ रखी जाती थीं, जिसके कारण वह स्वयं पानी में डूब जाता था। ऊपर आने के लिए इस बोझ को अलग कर देते थे और गोला स्वयं ऊपर आ जाता था।

प्लावर्तुल में वैज्ञानिकगण 900m तक की गहराई पर जा चुके हैं। उसे जहाज

से रस्सी के सहारे पानी में उतारा जाता है। रस्सी के साथ टेलीफोन-लाइन भी लगी होती है।[1]

'सादको' का उद्धार

विस्तृत सागर में प्रतिवर्ष हजारों छोटे-बड़े जहाज डूब जाया करते हैं। युद्ध-काल में डूबने वाले जहाजों की संख्या विशेष रूप से अधिक थी। अधिक मूल्यवान् जहाजों में से जो सुगम स्थलों पर पड़े हैं, उन्हें उबारने की कोशिश की जाती है। "विशेष कार्यों के लिए जलगत अभियान" के सदस्यों के रूप में सोवियत इंजीनियरों तथा गोताखोरों को 150 से अधिक जहाजों को सफलतापूर्वक उबारने के लिए विश्वख्याति प्राप्त हो चुकी है। इनमें सबसे बड़ा जहाज हिमभंजक 'सादको' था, जो 1916 ई. में कैप्टेन की गलती से श्वेत सागर में डूब गया था। वह 17 साल तक सागर तल पर पड़ा रहा। उक्त अभियान के सदस्यों ने उसे निकाल कर उसे पुनः काम करने लायक बना दिया।

इस जहाज को निकालने की विधि पूर्णतया आर्कमिडीज़ के नियम पर आधारित थी। डूबे जहाज के नीचे जमीन में 12 सुरंगें खोदी गईं और उनमें फौलादी रस्से बिछा दिए गए। रस्सों के सिरे पीपों से बँधे थे। यह सारा काम जल-स्तर से 25 m नीचे पूरा किया गया था।

पीपे (चित्र 52) 11 मीटर लंबे लोहे के बेलन थे, जिनका व्यास 5.5 m था। खाली पीपे का वजन 50 टन था। ज्यामितीय नियमों से बेलन का आयतन ज्ञात किया जा सकता है : करीब 250 घन मीटर। स्पष्ट है कि ऐसा पीपा डूब नहीं सकता; वह पानी पर तैरता रहेगा, क्योंकि उसका भार है 50 टन और उसके द्वारा विस्थापित जल का भार है 250 टन। उसकी भार उठाने की क्षमता 250 और 50 का अंतर, अर्थात् 200 टन होगी। पीपे को तल पर उतारने के लिए उसे पहले पानी से भर दिया गया था।

जब डूबे हुए पीपों को लोहे के रस्सों से अच्छी तरह बाँध दिया गया, रबड़ की नलियों से उसमें हवा भरी गयी। 25 m की गहराई पर हवा का दबाव 25/10+1;

---

1. इसके कुछ समय बाद फ्रांस में इंजिनियर विल्म और इटली में बेल्जियन प्रोफेसर पिकार की देख-रेख में प्लाकोष्ठ (बैथीश्काफ) नामक उपकरण बनाए गए। प्लावर्तुल रस्सी के सहारे सिर्फ एक स्थान पर लटके रहते हैं, पर प्लाकोष्ठ स्वयं तैर सकते हैं। पिकार का प्लाकोष्ठ 3 km नीचे उतरा था। इसके बाद फ्रांसीसी गियोम तथा विल्म का प्लाकोष्ठ 4050 m की गहराई तक पहुँचा। 1959के नवंबर में प्लाकोष्ठ 5670m की गहराई पर था। 9 जनवरी 1960 को पिकार 7300 m की गहराई देख आया और 23 जनवरी को उसका प्लाकोष्ठ मैरियन दरार के तल का निरीक्षण कर आया, जो 11.5 km की गहराई पर स्थित है। आधुनिकतम अध्ययनों के अनुसार यह दुनिया में सबसे गहरा स्थान है।

अर्थात् 3 1/2 वातदाब के बराबर होता है। हवा पीपे में 4 वातदाब के अंतर्गत भरी जा रही थी, इसीलिए वह उसमें से पानी विस्थापित कर सकती थी। हल्का हो जाने पर पीपे परिवेशी जल द्वारा विशाल शक्ति से ऊपर धकेले जाने लगे। पीपों की भार उठाने की सम्मलित क्षमता 200X12, अर्थात् 2400 टन थी। यह 'साद्को' के भार से काफी अधिक था, इसीलिए पीपों में से सारा पानी नहीं निकाला गया। सारा पानी निकाल देने पर जहाज के ऊपर आने का वेग बहुत अधिक होता है।

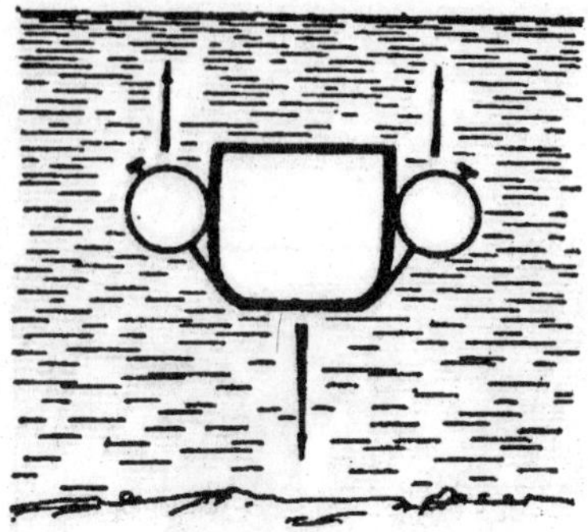

चित्र 52. 'साद्को' को उठाने की योजना का आरेख। चित्र में हिम-भंजक का अनुच्छेद, पीपे और रस्से दिखाए हैं।

जहाज एक ही बार में नहीं निकल आया। इसके पहले के कुछ प्रयत्न असफल हो गए थे। "जहाज के उद्धारकों को चार दुर्घटनाओं का सामना करना पड़ा, तब जा कर उन्हें सफलता मिली,—अभियान के नेतृत्वकर्ता इंजीनियर त.इ. वब्रीत्स्की लिखते हैं।[1]—तीन बार उत्सुकता से जहाज के निकालने की प्रतिज्ञा की गई और तीनों बार जहाज की जगह अकेले खाली पीपे निकले। रस्से और पाइप टूट जाया करते थे। अंतिम बार जहाज दिखा, पर फिर डुबकी लगा गया...फिर बाहर निकला और फिर नीचे चला गया और तब जाकर पानी की सतह पर स्थिर हुआ।"

'शाश्वत' जल-चलित्र

'शाश्वत-चलित्रों' की अनेक योजनाएँ पानी में वस्तुओं के उत्प्लवन-गुण पर आधारित हैं। 20 मीटर ऊँचा मीनारनुमा हौज पानी से भरा हुआ है। ऊपर और नीचे चक्के लगे हुए हैं, जिन पर लोहे का रस्सा लगा हुआ है। रस्से से एक-एक मीटर की ऊँचाई वाले 14 घनाकार बरतन लगे हैं। पानी बरतन के भीतर नहीं जा सकता। चित्र 53 व 54 में इस हौज का बाह्य रूप तथा अनुतीर काट दिखाए गए हैं।

उपकरण किस प्रकार काम करता है? आर्कमिडीज़ के नियम से परिचित लोग समझ जाएँगे कि पानी के भीतर वाले बरतन ऊपर उठने को प्रवृत्त होंगे। उन्हें ऊपर धकेलता है बल, जो उनके द्वारा विस्थापित जल के बराबर है। यह एक घन मीटर पानी के भार गुण पानी में स्थित बरतनों की संख्या के बराबर होगा। चित्र से स्पष्ट

1. पुस्तक 'गहराई पर विजय' में।

चित्र 53. मिथ्या 'शाश्वत' जल चलित्र की एक योजना।

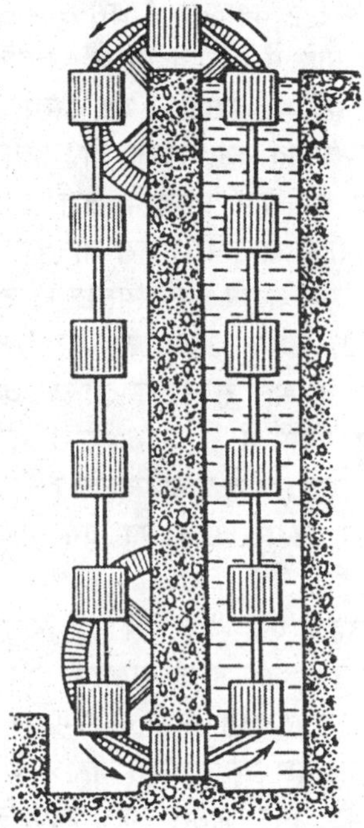

चित्र 54. पिछले चित्र में दिखाए गए हौज की बनावट।

है कि पानी में हमेशा छः बरतन होंगे। अतः पानी में बरतनों को ऊपर धकेलने वाला बल 6 m^3 पानी के भार के बराबर, अर्थात् 6 टन के बराबर होगा। इन बरतनों को इनका अपना भार नीचे खींचता है, पर इनका भार स्वतंत्र रूप से बाहर लटके बरतनों के भार द्वारा संतुलित हो जाता है।

इस स्थिति में रस्सा हमेशा एक तरफ से ऊपर की ओर 6 टन बल से खींचता रहेगा। स्पष्ट है कि यह बल रस्से को चक्कों पर अविराम घूमने के लिए विवश करेगा और हर चक्कर से 16000X20=120 000 kgm के बराबर कार्य संपन्न होता रहेगा।

आप समझ सकते हैं कि यदि पूरे देश भर में ऐसे हौज बनाए जाएँ, तो हमें कार्य की अक्षय मात्रा प्राप्त होती रहेगी और इससे सारी आर्थिक आवश्यकताएँ पूरी हो सकेंगी। इस चलित्र की मदद से डायनेमो घुमाए जाएँगे, जो किसी भी मात्रा में विद्युत्-ऊर्जा दे सकेंगे।

लेकिन यदि इस योजना का ध्यानपूर्वक निरीक्षण करें, तो आपको मानना पड़ेगा

कि रस्से से घूमने की कोई आशा नहीं करनी चाहिए।

रस्सा घूमता रहे, इसके लिए आवश्यक है कि बरतन नीचे से हौज में घुसे और ऊपर से निकले। लेकिन हौज में घुसते वक्त बरतन को 20 m **ऊँचे जल-स्तंभ के दाब का सामना करना पड़ेगा**। बरतन के एक वर्ग मीटर वाली सतह पर यह दबाव बीस टन के बराबर बल लगाएगा (यह $20m^3$ पानी का भार है)। ऊपर खींचने वाला बल सिर्फ 6 टन है और यह बरतन को हौज में खींचने के लिए काफी नहीं है।

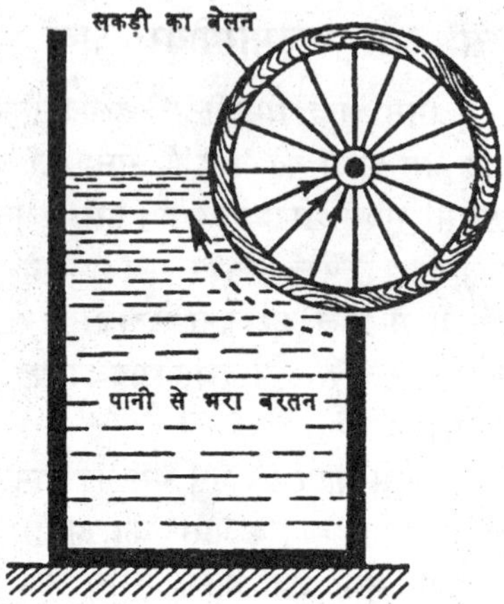

चित्र 55. "शाश्वत" जल चलित्र की एक और योजना।

'शाश्वत' जल-चलित्रों के सैकड़ों असफल नमूने हैं, जिनमें कुछ अत्यंत सरल हैं और आविष्कारक की प्रतिभा के प्रतीक माने जा सकते हैं।

चित्र 55 को देखें लकड़ी का बेलन अपने अक्ष के सहारे घूम सकता है। बेलन का एक भाग हमेशा पानी में है। यदि आर्कमिडीज़ का नियम सत्य है, तो पानी में डूबा हुआ भाग उत्प्लवन के लिए प्रवृत्त होगा। यदि उत्प्लवन-बल घर्षण-बल से अधिक होगा, तो बेलन का घूर्णन कभी बंद नहीं होगा...।

लेकिन ऐसा 'शाश्वत' चलित्र बनाने की जल्दीबाजी न करें। आपको सफलता नहीं मिलेगी; बेलन अपनी जगह पर टस से मस नहीं होगा। फिर हमारे विचारक्रम में गलती कहाँ है? यहाँ हमने क्रियाशील बलों की दिशा पर कोई ध्यान नहीं दिया है। उत्प्लवन-बल बेलन की सतह के अभिलंब, अर्थात् त्रिज्या की दिशा में अक्ष की ओर लगता है। दैनिक अनुभव से सभी जानते हैं कि चक्के को उसके त्रिज्या के अनुतीर बल लगा कर घुमाना असंभव है। उसे घुमाने के लिए त्रिज्या के अभिलंब, अर्थात् चक्के की परिधि की स्पर्श रेखा के अनुतीर बल लगाया जाता है। अब आप बेशक समझ गए होंगे कि यह 'शाश्वत' चलित्र भी काम नहीं देगा।

'शाश्वत' चलित्र के अन्वेषकों के लिए आर्कमिडीज़ का नियम हमेशा आकर्षण का केंद्र रहा है। द्रव में डूबी वस्तु के भार में प्रतीयमान कमी आती है—इस तथ्य को उपयोग में लाने वाली नाना प्रयुक्तियाँ सोची गईं, जो अन्वेषकों के विचार में यांत्रिक ऊर्जा का शाश्वत स्रोत बन सकती थीं।

‘गैस’ और ‘एटमोस्फेयर’ शब्द किसकी देन हैं?

‘गैस’ शब्द ‘थर्मोमीटर’, ‘इलेक्ट्रिसिटी’, ‘गैल्वेनोमीटर’, ‘टेलीफोन’ ‘ऐटमोस्फेयर’ आदि जैसे शब्दों की तरह ही सोच कर बनाया गया है। सोच कर बनाए गए शब्दों में ‘गैस’ सबसे छोटा शब्द है। इसे गैलीली के समकालीन हालैंडवासी चिकित्सक व रसायनविद् हैल्मौंट (1577-1644) ने यूनानी शब्द ‘केओस’ से बनाया था। हवा दो अवयवों से मिल कर बना है, जिसमें से एक जलने में सहायक होता है तथा खुद भी जल जाता है और दूसरा अवयव यह गुण नहीं रखता—यह ज्ञात होने पर हैल्मौंट ने लिखा :

“ऐसे वाष्प को मैंने **गैस** का नाम दिया, क्योंकि यह प्राचीन **केओस** से काफी मिलता-जुलता है (‘केओस’ का आरंभिक अर्थ है—उद्भासित व्योम)।

पर नया शब्द काफी समय तक प्रयोग में नहीं आया। 1789 में लावोजिये ने इसे नया जन्म दिया। गुब्बारे में मंगोल्फिये भाइयों की उड़ान के बाद इस शब्द का विस्तृत प्रयोग होने लगा।

लोमोनोसोव की कृतियों में गैसरूपी पिंडों के लिए दूसरा नाम मिलता है—‘लचीला द्रव’ (यह नाम उस समय भी प्रचलित था, जब मैं स्कूल में पढ़ता था)। लोमोनोसोव ने रूसी भाषा को अनेक शब्द दिए, जिन्हें विज्ञान में मानक शब्दों का स्थान प्राप्त हुआ। वे आज भी प्रचलित हैं :[1]

वातमंडल (एटमोस्फेयर)	घनत्वमापी (मैनोमीटर)
दाबमापी (बैरोमीटर)	सूक्ष्ममापी (माइक्रोमीटर)
वातनिष्कार्षक पंप	प्रकाशिकी, प्रकाशिकीय
श्यानता	वैद्युत
क्रिस्टलीकरण	ईथर
पदार्थ	आदि

रूसी ज्ञान-विज्ञान के मेधावी पितर इसके बारे में लिखते हैं : “कुछ भौतिकीय उपकरणों, प्रक्रियाओं व प्राकृतिक वस्तुओं के नामकरण के लिए मुझे ऐसे शब्द ढूँढने पड़े, जो प्रथम दृष्टि में विचित्र से लगते हैं, पर कालांतर में वे प्रयोग के माध्यम से हमारे लिए अधिक परिचित हो जाएँगे।”

हम जानते हैं कि लोमोनोसोव की आशा व्यर्थ नहीं गई।

इसके विपरीत...दाल (रूसी शब्दकोष के प्रणेता) ने वातावरण के लिए जो शब्द दिया था—‘भूसंलग्न’[1]—प्रचलित नहीं हो सका। इसी प्रकार क्षितिज के लिए उन्होंने ‘खभौम’[2] शब्द दिया था, पर यह भी प्रयोग में नहीं आ पाया।

---

1. यहाँ इन शब्दों के लिए हिंदी में प्रयुक्त शब्द दिए जा रहे हैं।—अनु.
2. रूसी शब्दों का अक्षरशः अनुवाद।—अनु।

सरल प्रश्न?

लबालब भरे समोवर में 30 गिलास पानी अँटता है। आप उसके पेंदे के पास लगे नल को खोल कर एक गिलास में पानी भरना चाहते हैं। साथ ही आप घड़ी में देखते हैं कि गिलास भरने में कितना समय लगता है। माना कि इसमें आधे मिनट का समय व्यतीत होता है। अब प्रश्न उठता है : यदि नल खुला छोड़ दिया जाए, तो कितनी देर में समोवर खाली हो जाएगा?

लगता है कि यह बच्चों के लिए गणित का प्रश्न है : समोवर से एक गिलास पानी गिरता है 1/2 मिनट में, अतः 30 गिलास पानी के गिरने में 15 मिनट लगेंगे।

लेकिन आप कर के देखें। पता चलेगा कि समोवर चौथाई घंटे में खाली नहीं होता; उसे खाली होने में आधा घंटा लगता है।

हिसाब तो बिल्कुल सीधा है, फिर बात क्या है?

सीधा है, पर गलत है। यह नहीं सोचना चाहिए कि पानी गिरने की दर शुरू से अंत तक एक ही रहती है। जब तक गिलास पानी गिर चुका होता है, पानी का धार कम दबाव से निकलता है, क्योंकि समोवर में पानी का स्तर नीचे उतर आता है। स्पष्ट है कि दूसरा गिलास भरने में आपको आधा मिनट से कुछ अधिक समय लेगा; तीसरे को भरने में और भी अधिक समय लगेगा, आदि।

खुले बरतन के छेद से किसी भी द्रव के बहने की दर उस छेद से ऊपर स्थित द्रव-स्तंभ की ऊँचाई की समानुपाती होती है। इस संबंध को पहले-पहल गैलीली के मेधावी शिष्य टोरीसेली ने दिखाया और इसे निम्न सूत्र द्वारा व्यक्त किया :

$$v = \sqrt{2gh},$$

जहाँ u—प्रवाह-दर, g—गुरुत्व-बल से प्राप्त त्वरण, और h—छेद से ऊपर द्रव के स्तंभ की ऊँचाई। इस सूत्र से निष्कर्ष निकलता है कि प्रवाह की दर द्रव के घनत्व पर निर्भर नहीं करता। यदि बरतनों में पारे और स्प्रि की ऊँचाई एक हो, तो दोनों समान तेजी से बहेंगे, यद्यपि पारा भारी होता है और स्प्रि हल्का (चित्र 56)। सूत्र से यह भी स्पष्ट हो जाता है कि पृथ्वी की अपेक्षा चाँद पर एक गिलास भरने में $2^1/2$ गुना अधिक समय लगेगा, क्योंकि वहाँ गुरुत्व बल 6 गुना कम है।

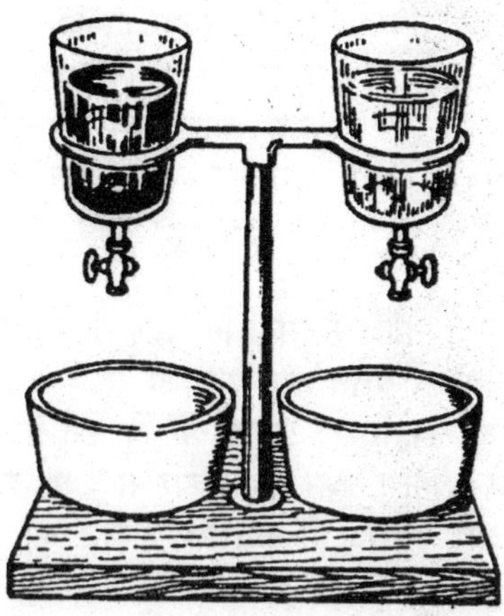

चित्र 56. क्या पहले ढलेगा : पारा या स्पिरिट? बरतनों में द्रवों का स्तर समान ऊँचाई पर है।

अब अपने प्रश्न की ओर लौटें।

यदि 20 गिलास पानी बह चुकने के बाद समोवार में नल के ऊपर जल-स्तंभ की ऊँचाई **चौगुनी** कम हो जाती है, तो 21 वाँ गिलास भरने में प्रथम गिलास की तुलना में **दुगुना** समय लेगा। यदि आगे चल कर जल-स्तंभ की ऊँचाई 9 गुनी कम हो जाती है, तो गिलास भरने में पहले से **तिगुना** समय लेगा। सभी जानते होंगे कि लगभग खाली समोवर के नल से पानी कितना धीरे बहता है। उच्च गणित की सहायता से इस प्रश्न को हल करते समय सिद्ध किया जा सकता है कि बरतन के पूरा खाली होने में **दुगुना समय** लगता है, अपेक्षाकृत कि यदि उससे उतना ही द्रव इस प्रकार बहे कि उसकी ऊँचाई कम न हो।

हौज का प्रश्न

उपरोक्त बातों को समझ लेने पर हम हौज से संबंधित उन विख्यात प्रश्नों को देख सकते हैं, जिनके बिना अंकगणित या बीजगणित की एक भी किताब नहीं छपती। ऊब भरा ऐसा पंडिताऊ प्रश्न सबों को याद होगा :

"हौज में दो नल लगे हैं। उनमें से एक की मदद से खाली हौज 5 घंटों में भरा जा सकता है; दूसरे की मदद से हौज 10 घंटों में खाली किया जा सकता है। यदि दोनों नल खुले हों, तो हौज भरने में कितना समय लगेगा?"

इस तरह के प्रश्न प्राचीनकाल से ही चले आ रहे हैं। आज से दो हजार साल पहले अलेक्जेंडर हिरोन ने इस प्रकार के प्रश्न रखे थे। उनमें से एक यहाँ दिया जा रहा है :

"चार फव्वारे, एक तालाब।
एक भरने में लगाता एक दिन-रात,
दूसरा लगाता दो दिन और दो रात।
तीसरे का तिगुना पहले से मंद आब;
चौथ लगाता चार दिन, चार रात।
बता मुझे कब भरेगा तालाब
गर सब खुल जाएँ एक साथ।"

हौज से संबंधित प्रश्न दो हजार वर्षों से हल किए जा रहे हैं और दो हजार वर्षों से **गलत** हल किए जा रहे हैं। गलत हल का कारण उपरोक्त बातों से समझा जा सकता है। स्मरण करें कि इन प्रश्नों को किस प्रकार हल करना सिखाया जाता है। पहला प्रश्न इस प्रकार से : पहला नल 1 घंटे में हौज का 1/5 भाग भरता है और दूसरा इसी अंतराल में हौज का 1/10 भाग खाली करता है; अतः दोनों नलों के सम्मिलित प्रभाव के प्रति घंटा हौज का $\frac{1}{5}-\frac{1}{10}$ भाग भरता है।

स्पष्ट है कि हौज 10 घंटों में भर जाएगा। पर यहाँ गलत विचार-क्रम लागू किया गया है। हौज में पानी भरने की क्रिया समरूप मानी जा सकती है, क्योंकि नल से पानी स्थायी दबाव पर निकलता है। लेकिन हौज से पानी निकलने की क्रिया **समरूप नहीं हो सकती,** क्योंकि जैसे-जैसे पानी निकलता जाता है, हौज में पानी की ऊँचाई वैसे-वैसे घटती जाती है। दूसरा नल पूरे हौज को 10 घंटे में खाली करता है, इससे यह निष्कर्ष नहीं निकाला जा सकता कि हर घंटे हौज का 1/10 भाग ही खाली होता है। आप देखते हैं कि प्रश्न हल करने की स्कूली विधि सही नहीं है। सरल गणित की विधियों से इस प्रश्न का सही हल नहीं दिया जा सकता और इसीलिए हौज के खाली होने से संबंधित प्रश्नों को अंकगणित की पुस्तक में स्थान नहीं मिलना चाहिए।[1]

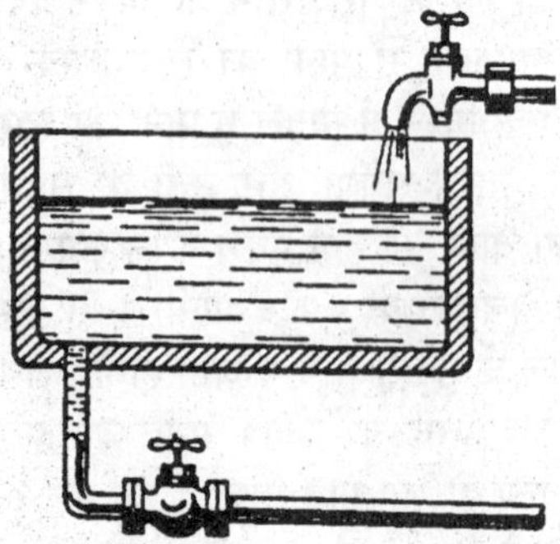

चित्र 57. हौज का प्रश्न।

क्या ऐसा कोई बरतन बनाया जा सकता है, जिसमें पानी लगातार समरूप गति से गिरता रहे और इस पर पानी की ऊँचाई का असर न पड़े? उपरोक्त बातों को जान लेने के बाद शायद आप इसे असंभव मानेंगे।

आश्चर्यजनक बरतन

लेकिन यह पूरी तरह से संभव है। चित्र 58 में दिखाई गई बोतल ही ऐसा आश्चर्यजनक बरतन है। इसके काग से हो कर एक काँच की नली लगी है। यदि आप नली के नीचे स्थित नल *C* खोलेंगे, तो पानी समरूप गति से गिरता रहेगा और उसकी धार तब तक क्षीण नहीं होगी, जब तक कि पानी का स्तर नली के निचले सिरे तक नहीं उतर आता। यदि नली का निचला सिरा नल के पास होगा, तो ऊपर से नल तक का पानी एकरूप गति से गिरता रहेगा। यह बात और है कि पानी की धार अत्यंत क्षीण होगी।

क्या कारण है इसका? आप कल्पनादृष्टि से देखने की कोशिश करें कि नल

1. ऐसे प्रश्नों का सविस्तार हल मेरी पुस्तक 'क्या आपको भौतिकी का ज्ञान है?' में देखें।

C को खोलने पर बरतन के भीतर क्या होता है (चित्र 58)। पहले नली का पानी गिरेगा; नली में पानी का स्तर उसके निचले सिरे तक उतर आएगा। इसके बाद पानी के गिरने से बोतल में पानी का स्तर नीचे उतरने लगेगा और नली के सहारे उसमें बाहर की हवा प्रवेश करने लगेगी। हवा बुलबुलों के रूप में पानी से हो कर बोतल के ऊपरी भाग में जमा होगी। अब B की ऊँचाई पर दबाव सर्वत्र वातदाब के तुल्य हो जाएगा। स्पष्ट है कि नल C से पानी शुरू से अंत तक सिर्फ जल-स्तंभ BC के दबाव से निकलता है, क्योंकि वातदाब बरतन के भीतर व बाहर आपस में संतुलित रहता है। कहने का तात्पर्य है कि पानी का आरंभिक स्तर बिंदु B तक सिर्फ जल-स्तंभ BC के दबाव से उतरता है। इसीलिए इस अवधि में पानी समरूप गति से निकलता रहता है।

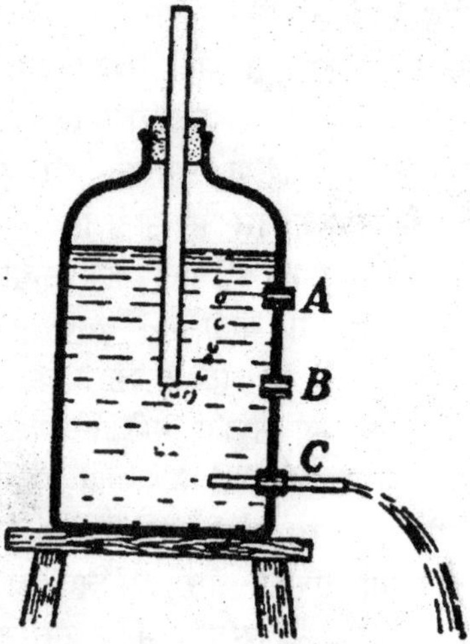

चित्र 58. मैरियट के बरतन की बनावट। छेद C से पानी समरूप धार से गिरता है।

अब निम्न प्रश्न का उत्तर देने की कोशिश करें : यदि नली के निचले सिरे के पास स्थित काग B निकाल लिया जाए, तो पानी कितनी तेजी से बाहर निकलेगा?

पता चलता है कि पानी **बिल्कुल ही नहीं निकलेगा** (स्पष्टतः सिर्फ उस हालत में, जब छेद B की चौड़ाई नगण्य होगी; अन्यथा छेद की चौड़ाई जितने ऊँचे जल-स्तंभ के दबाव से पानी की पतली धार फूट पड़ेगी)। यहाँ भीतर और बाहर का दबाव वातदाब के तुल्य है और इसीलिए पानी को छेद से निकलने के लिए प्रेरित करने वाला कोई अतिरिक्त बल नहीं है।

और यदि नली के निचले सिरे से **ऊपर** स्थित छेद A को खोला जाए, तो? इस स्थिति में पानी बाहर तो क्या निकालेगा, छेद से हो कर उल्टा हवा भीतर जाने लगेगी। क्यों? कारण बहुत सीधा सा है : भीतर बरतन के इस भाग में हवा का दबाव बाहरी वातदाब से **कम** है।

इतने असाधारण गुणों वाले बरतन को विख्यात भौतिकविद् मैरियट ने बनाया था। इसे 'मैरियट का बरतन' कहते हैं।

हवाई बोझ

सत्रहवीं सदी के मध्य में रेंसबुर्ग शहर के निवासियों को एक विचित्र दृश्य

देखने का अवसर मिला : 16 घोड़े मिल कर आपस में सटे ताँबे के दो अर्धगोलों को सारी शक्ति से अलग करने में लगे हुए थे। यह दृश्य देखने के लिए सम्राट् सहित जर्मनी के छोटे-बड़े सभी राजा आए हुए थे। सभी आश्चर्यचकित थे कि इन दो अर्धगोलों को आपस में सटा कर रखने वाली शक्ति मामूली हवा की थी। इस विधि से स्थानीय मेयर ने सबको दिखा दिया कि हवा 'शून्य' नहीं है, उसका अपना भार होता है और वह पार्थिव वस्तुओं को पर्याप्त शक्ति से दबा कर रखती है।

यह प्रयोग 8 मई 1654 ई. में किया गया था और काफी धूमधाम से किया गया था। विद्वान् मेयर राजनैतिक फूट व आपसी युद्ध के काल में भी लोगों का ध्यान अपनी वैज्ञानिक खोजों की ओर आकर्षित करने में सफल हो गए।

'मैग्डबुर्गी अर्धगोलों' के साथ इस प्रयोग का वर्णन भौतिकी की पाठ्य-पुस्तकों में देखा जा सकता है। पर मुझे विश्वास है कि पाठक इसका किस्सा स्वयं गेरिक की जुबानी सुनना अधिक पसंद करेंगें 'जर्मनी का गैलीली' नाम से विख्यात इस उत्कृष्ट भौतिकवेत्ता की पुस्तक आम्स्टरडम में 1672 ई. में प्रकाशित हुई थी। पुस्तक काफी मोटी थी और लातीनी भाषा में लिखी गई थी। इसमें अनेकानेक प्रयोगों का वर्णन किया गया था और इसका नाम काफी विचित्र सा था :

ओटो वोन गेरिक

निर्वात व्योम

के साथ तथाकथित नवीन मैग्डबुर्गी प्रयोग, जिनका प्रथम
वर्णन व्यूर्ट्सबुर्ग विश्वविद्यालय के गणित प्राध्यापक **कासपार शोट**
ने किया था।
लेखकीय संस्करण अधिक सविस्तार है तथा इसमें विभिन्न
नवीन प्रयोगों का समावेश कराया गया है।
उस जमाने में किताबों के नाम ऐसे ही विचित्र हुआ करते थे।

जिस प्रयोग में हमारी दिलचस्पी है, उसका वर्णन इस पुस्तक के तेरहवें अध्याय में किया गया है। यहाँ हम उसका अक्षरशः अनुवाद दे रहे हैं :

"प्रयोग, जो सिद्ध करता है कि हवा का दबाव दो अर्द्धगोलों को इतनी मजबूती से जोड़ता है कि उन्हें 16 घोड़ों की शक्ति से अलग नहीं किया जा सकता।

मैंने तीन चौथाई मैग्डबुर्गी हाथ के बराबर व्यास वाले ताँबे के दो खोखले अर्द्धगोले बनाने का आर्डर दिया।[1] पर वास्तव में उनका व्यास सिर्फ 67/100 के बराबर था,

1. 'मैग्डबुर्गी हाथ' 550mm के बराबर होता है।

क्योंकि मिस्त्री, जैसा कि अक्सर होता है, ठीक वैसी चीज नहीं बना पाते, जैसा उनसे कहा जाता है। दोनों अर्द्धगोले एक दूसरे के बिल्कुल अनुकूल थे। एक अर्द्धगोले में एक नल लगा हुआ था; इस नल की सहायता से भीतर की हवा निकाली जा सकती थी और बाहर की हवा को भीतर जाने से रोका जा सकता था। इसके अतिरिक्त, अर्द्धगोलों में चार कड़े लगे हुए थे, जिनमें रस्सा लगा कर उन्हें घोड़ों के साथ बाँधा गया था। मैंने एक चमड़े का छल्ला सिलाने का भी आदेश दिया था : वह मोम और तारपीन के घोल में भिगोया गया था; अर्द्धगोलों के बीच उसे दबाने पर वह उनके भीतर हवा नहीं जाने देता था। नल पंप के साथ जोड़ कर गोले के भीतर की हवा निकाल ली गई। तब पता चला कि किस बल से दोनों अर्द्धगोले चमड़े के छल्ले के सहारे एक दूसरे को दबा कर आपस में जकड़े हुए थे। बाहर की हवा का दबाव उन्हें इतनी मजबूती से आपस में दबाए था कि 16 घोड़े (हूल देकर) भी उन्हें बिल्कुल अलग नहीं कर पा रहे थे या अलग करते भी थे, तो काफी मुश्किल से। जब अर्द्धगोले घोड़ों की सारी शक्ति के तनाव से हार कर अलग होते थे तो गोली छूटने की धमाके सी आवाज होती थी।

लेकिन नल की मूठ घुमा कर हवा के भीतर जाने का मार्ग खोल देने के बाद अर्द्धगोलों को हाथों से ही अलग कर लिया जा सकता था।"

एक सरल कलन हमें समझा सकता है कि खोखले गोले के भागों को अलग करने के लिए इतने बड़े बल (दोनों तरफ से आठ-आठ घोड़ों के खींचने से उत्पन्न बल) की आवश्यकता क्यों पड़ती थी। हवा हर $1 cm^2$ को करीब 1 kg के बल से दबाता है। 0.67 हाथ (37 cm) व्यास वाले वृत्त का क्षेत्रफल[1] $1060 cm^2$ होता है। अतः हर अर्द्धगोले पर हवा का दबाव 1000kg (1 टन) से अधिक होता है। इसीलिए आठ घोड़ों को बाह्य हवा के विरुद्ध कार्य करने के लिए एक अर्द्धगोले को एक टन के बल से खींचना पड़ता था।

आपको लग सकता है कि आठ घोड़ों के लिए (दोनों तरफ से) यह कोई बड़ा बोझ नहीं है। पर यह न भूलें कि एक टन का बोझ खींचते वक्त घोड़े को एक टन के बराबर बल का सामना नहीं करना पड़ता। उसे चक्के और सड़क के बीच से घर्षण-बल का सामना करना पड़ता है और यह बल काफी कम होता है। अच्छी पक्की सड़क पर यह बल बोझ का सिर्फ पाँच प्रतिशत भाग होता है। अतः यदि बोझ 1 टन के बराबर है, तो घोड़े को सिर्फ 50 kg के बल का सामना करना पड़ता है। (हम इसके बारे में कुछ नहीं कहते कि आठ घोड़ों को जोतने पर व्यवहार में

---

1. यहाँ **वृत्त का क्षेत्रफल** लिया जाता है, अर्द्धगोले की सतह का नहीं, क्योंकि वतदाब उपरोक्त मान के बराबर सिर्फ तब होता है, जब वह अपने अभिलंब सतह पर क्रियाशील होता है। दी गई स्थितियों में हम वर्तुली सतह का लांबिक **प्रक्षेप** अर्थात् बड़े वृत्त का क्षेत्रफल लेते हैं।

बोझ 50% हल्का हो जाता है।) अतः आठ घोड़ों के लिए एक टन का बोझ गाड़ी में रखे 20 टन के समतुल्य है। इतना बड़ा हवाई बोझ ढोना था मेग्डबुर्गी मेयर के घोड़ों को! उन्हें एक छोटे-मोटे इंजन को खींचना था और वह भी ऐसे इंजन को, जो बिना पटरी के जमीन पर खड़ा हो।

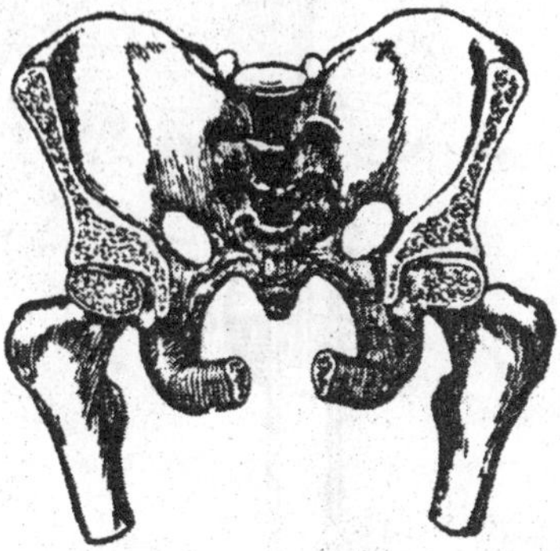

चित्र 59. कमर और पैर की हड्डियों से अलग नहीं होने का कारण है वातदाब; वह उन्हें उसी तरह सटा कर रखता है, जैसे मैग्डबुर्ग के विख्यात अर्द्धगोलों को।

नाप कर देखा गया है कि छकड़े का मजबूत घोड़ा मुश्किल से 80kg भारी गाड़ी खींच सकता है।[1] अतः मैग्डबुर्गी अर्द्धगोलों को अलग करने के लिए दोनों तरफ से (यदि खिंचाव समरूप हो) 1000/80, अर्थात् तेरह-तेरह घोड़ों की जरूरत पड़ेगी।[2]

पाठक को यह जान पर शायद आश्चर्य होगा कि हमारे अस्थि-पंजर के कुछ भाग उसी प्रकार से जुड़े हैं, जैसे मैग्डबुर्गी अर्द्धगोले। कमर और जाँघ की हड्डियों का जोड़ मैग्डबुर्गी अर्द्धगोलों जैसा ही है। यदि उन्हें जोड़ने वाली पेशियों और मृदु अस्थियों को हटा भी दिया जाए, तो जाँघ कमर से अलग नहीं होगा : उन्हें वातदाब आपस में चिपका कर रखता है, क्योंकि उनके जोड़ के बीच हवा नहीं होती।

हिरोन के फव्वारों का नया रूप

प्राचीन यंत्रकार हिरोन के नाम से प्रसिद्ध फव्वारे की सामान्य बनावट से शायद सभी परिचित होंगे। फिर भी, इस मनोरंजक उपकरण के नवीन रूपों का वर्णन करने से पहले इसकी आरंभिक बनावट की याद दिला देना अधिक उचित होगा। हिरोन के फव्वारे में (चित्र 60) तीन बरतन होते हैं : खुला बरतन a सबसे ऊपर होता है और नीचे के दो बरतन b और c वायुरुद्ध होते है; बरतन तीन नलियों द्वारा जुड़े होते हैं, जिनकी स्थितियाँ चित्र में दिखाई गई हैं। फव्वारे के चलने के लिए

---

1. 4km/h के वेग से घोड़े की खींचने की शक्ति औसतन उसके भार के 15% के बराबर मानी जाती है। हल्के घोड़े का भार 400 kg होता है और भारी घोड़े का–750 kg। अत्यंत छोटे अंतरालों में (जैसे खींचना शुरू करते वक्त) खींचने का बल कई गुना अधिक हो सकता है।

2. हर तरफ 13 घोड़ों की ही जरूरत क्यों पड़ेगी, इसका उत्तर पाठक मेरी पुस्तक 'मनोरंजक यांत्रिकी' मे पढ़ सकते हैं

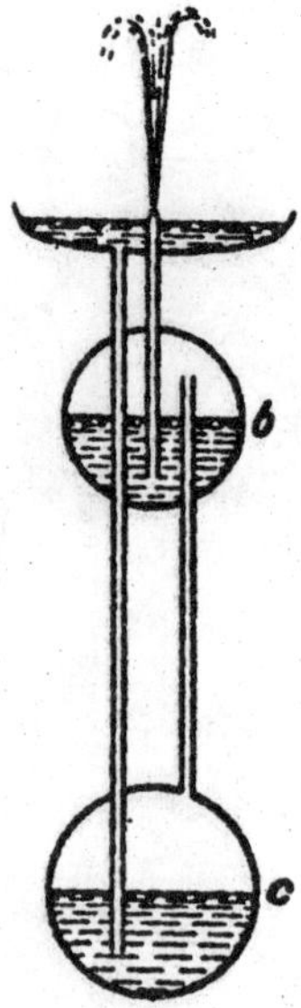

चित्र 60. हिरोन का एक प्राचीन फव्वारा।

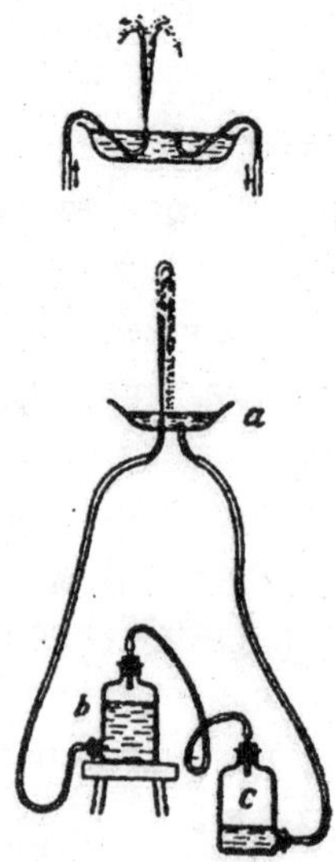

चित्र 61. हिरोन के फव्वारे का आधुनिक रूप। ऊपर—थाली की एक अतिरिक्त बनावट।

आवश्यक है कि a में थोड़ा पानी हो, b पानी से पूरा भरा हो और बरतन c हवा से भरा हो। a में से पानी के सहारे c में आता है और वहाँ की हवा को बरतन b में विस्थापित करता है। b में अतिरिक्त हवा के दबाव से पानी नली के ऊपर चढ़ता है और फव्वारे की तरह निकलने लगता है। जब b का सारा पानी निकल चुका होता है, फव्वारे का चलना बंद हो जाता है।

हिरोन के फव्वारे की पुरानी बनावट यही है। इटली के एक स्कूल में भौतिकी की प्रयोगशाला के लिए पर्याप्त साधन नहीं होने के कारण एक शिक्षक को उपरोक्त फव्वारे की बनावट को थोड़ा सरल करना पड़ा, ताकि उसे बिना किसी विशेष उपकरण के बनाया जा सके (चित्र 61)। उसने शीशे के गोल बरतनों की जगह साधारण बोतलों का उपयोग किया और काँच या धातु की नलियों के बदले उसने रबड़ की नलियाँ लगाईं। सबसे ऊपर वाले बरतन में छेद करने की भी आवश्यकता नहीं रह गई : नली के सिरों को चित्र 61 में ऊपर दिखाई गई विधि से मोड़ कर रखा जा सकता है।

इस परिवर्तित रूप के कारण उपकरण का उपयोग और भी सुविधाजनक हो जाता है : जब बोतल b का सारा पानी बरतन a से होता हुआ बोतल c में आ जाता है, तब बोतल b और c के जगहों को अदला-बदली कर देते हैं; फव्वारा पुनः

चलने लगता है। स्पष्ट है कि इस क्रिया में फव्वारा देने वाली नली को दूसरी बोतल में लगाना नहीं भूलना चाहिए।

नई बनावट से दूसरी सुविधा यह है कि इसमें सभी बरतनों की स्थिति आवश्यकतानुसार बदल-बदल कर फव्वारे की ऊँचाई पर बरतनों की ऊँचाई के प्रभाव का अध्ययन किया जा सकता है।

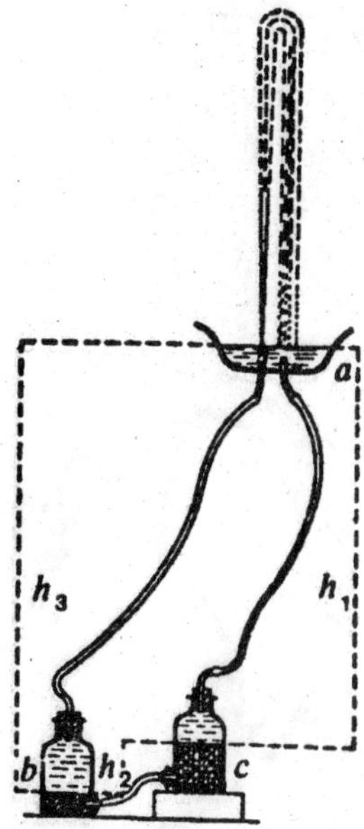

चित्र 62. पारे के दबाव से क्रियाशील फव्वारा। उसकी ऊँचाई पारद-स्तंभों की ऊँचाई के अंतर से दस गुनी अधिक है।

यदि आप चाहते हैं कि फव्वारा कई गुना ऊँचा हों, तो निचले बरतनों में पानी की जगह पारा और हवा की जगह पानी भरना चाहिए। (चित्र 62)। ऐसे उपकरण की कार्य-विधि स्पष्ट है : बोतल *c* में से *b* में बह कर पारा उसके पानी को तेजी से ऊपर स्थानांतरित करता है, जिससे पानी फव्वारे की तरह बहने लगता है। हमें ज्ञात है कि पारा पानी की अपेक्षा 13.5 गुना अधिक भारी, अतः कलन किया जा सकता है कि फव्वारा कितना ऊँचा उठेगा। बरतनों में द्रव-स्तरों की ऊँचाईयों में जो अंतर हैं, उन्हें क्रमशः h_1, h_2, h_3 से व्यक्त कर लें। अब देखते हैं कि किन बलों के प्रभाववश पारा बरतन *c* से *b* में बहता है (चित्र 62)। संयोजक नली में स्थित पारे पर दो तरफ से दबाव पड़ता है। दाएँ से उस पर पारदस्तंभ h_2 (13.5 गुना अधिक ऊँचे जल-स्तंभ जितना दबाव डालता है) और जल-स्तंभ h_1 का सम्मिलित दबाव पड़ता है और बाएँ से जल-स्तंभ h_3 का दबाव पड़ता है। फलस्वरूप पारा $13.5\ h_2+h_1-h_3$ बल के आधीन बहता है।

पर $h_3-h_1=h_2$; अतः h_1-h_3 के स्थान पर ऋण h_2 रखने पर प्राप्त होता है।

$$13.5h_2-h_2,\ \text{अर्थात}\ 12.5\ h_2$$

अतः पारा बरतन b में $12.5\ h_2$ ऊँचे जल-स्तंभ के भार के दबाव से आता है। सिद्धांततः फव्वारे की ऊँचाई पारद-स्तरों के अंतर h_2 से 12.5 गुनी अधिक होनी चाहिए, पर घर्षण के कारण यह ऊँचाई कुछ कम हो जाती है।

फिर भी इस उपकरण से काफी ऊँचा फव्वारा प्राप्त किया जा सकता है। दस मीटर ऊँचा फव्वारा प्राप्त करने के लिए एक बोतल को दूसरे से सिर्फ एक मीटर ऊँचा रखना काफी रहेगा। हमारे कलन का एक रोचक निष्कर्ष यह है कि बोतलों से बरतन a की ऊँचाई फव्वारे की ऊँचाई पर कोई असर नहीं डालती।

शरारती बरतन

सत्रहवीं-अठारहवीं सदी में बड़े लोग दिल्ली के लिए एक विशेष बरतन रखते थे। इसकी बनावट जग की तरह होती थी और इसके ऊपरी भाग में बेल-बूटे के रूप में बड़े-बड़े छेद होते थे (चित्र 63)। किसी निचले स्तर के अतिथि को जिसका हंसी उड़ाने से कोई हानि नहीं होने वाली थी, इस बरतन में शराब पीने के लिए

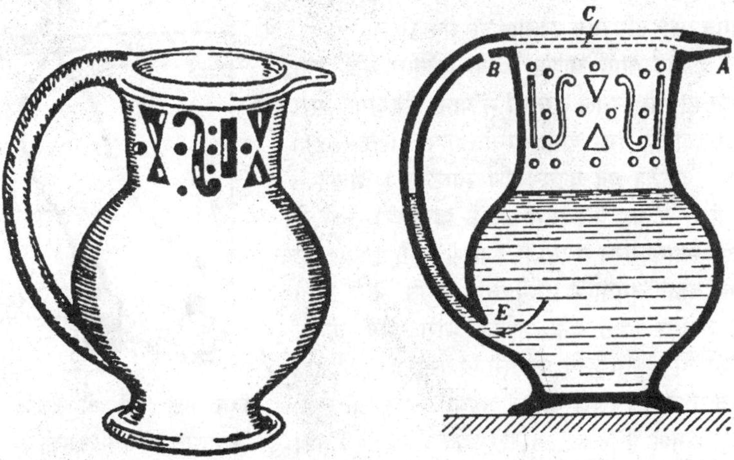

चित्र 63. XVIII-वीं शती का धोखेबाज जग और उसकी बनावट का रहस्य।

दी जाती थी। पर कैसे पी जाए? बरतन को झुकाया नहीं जा सकता : शराब छेदों से बहने लगेगी और मुँह में एक बूँद भी नहीं पड़ेगी। ठीक कहानियों वाली बात हो जाएगी :

शहद और शराब पी,
मूछें भी न शरोबार कीं।

पर जिसे बरतन का रहस्य ज्ञात था (देखें चित्र 63, दाएँ), वह उँगली से छेद B बंद कर लेता था और बिना बरतन झुकाए टोंटी मुँह में ले कर सुड़कता था। शराब छेद E में घुस कर हत्थे में छिपी नली से होती हुई ऊपर उठती थी और नली C से हो कर टोंटी A तक पहुँच जाती थी।

हमारे कुम्हार अभी कुल पहले तक ऐसे बरतन बनाया करते थे। एक बार मुझे इस तरह का बरतन देखने को मिला था। उसका रहस्य भली-भाँति छिपा हुआ था और उस पर लिखा था : ''पीयो, पर सराबोर न हो''।

उल्टे गिलास में पानी का भार कितना होगा?

—कुछ भी नहीं होगा, क्योंकि ऐसे गिलास में पानी टिका नहीं रह सकता; वह गिर जाएगा,—आप कहेंगे।

—और यदि नहीं गिरे?—मैं कहता हूँ।—तब क्या होगा?

उल्टे गिलास में पानी रोकने के लिए सचमुच में एक विधि है, जो चित्र 64 में दिखाई गई है। गिलास पानी से भर कर पलड़े से उल्टा लटका दिया जाता है। पानी गिरता नहीं है, क्योंकि गिलास की किनारी पानी में डूबी हुई है। दूसरे पलड़े पर ठीक वैसा ही, खाली गिलास रखा गया है।

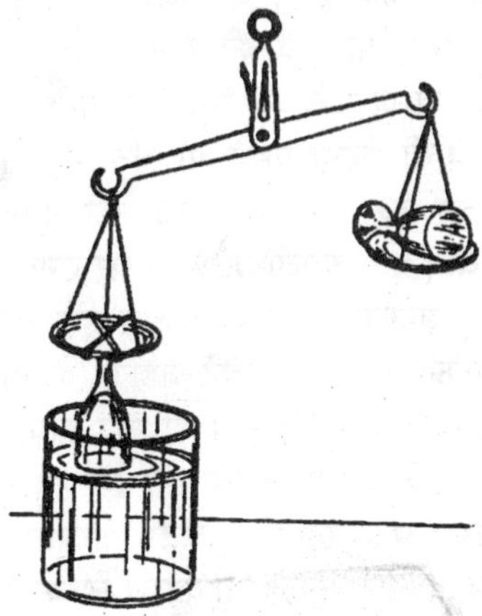

चित्र 64. कौन सा पलड़ा भारी है?

कौन सा पलड़ा भारी होगा?

भारी वह पलड़ा होगा, जिससे पानी भरा उल्टा गिलास लटका हुआ है। इस गिलास पर ऊपर से पूर्ण वातदाब पड़ता है, और नीचे से ऊपर की ओर—वातदाब घटाव गिलास में स्थित पानी के भार के बराबर बल। अतः तराजू को संतुलित करने के लिए दूसरे पलड़े पर रखे गिलास को भी पानी से भरना पड़ेगा।

इस प्रकार, उपरोक्त परिस्थितियों में उल्टे गिलास के पानी का भार उतना ही होता है, जितना सीधा रखे गिलास में भरे पानी का।

जहाजों का पारस्परिक आकर्षण

1912 के पतझड़ में 'ओलिंपिक' नामक स्टीमर के साथ एक घटना घटी। इसकी गिनती उस जमाने से सबसे बड़े जहाजों में होती थी। वह खुले समुद्र में चल रहा था। उसके पथ के समनांतर कोई सौ-एक मीटर दूर बख्तरबंद पोत 'हाउक' शीघ्रता से भागा जा रहा था। जब दोनों जहाज चित्र 65 की स्थिति में आए, तो एक अप्रत्याशित बात हो गई : कम आकार वाला 'हाउक' मानों किसी अदृश्य शक्ति के आधीन अपने पथ से विचलित हो गया और बड़े जहाज से टकराने को उघृत हो गया। उसे रोकने के लिए जहाजचालक के सारे प्रयत्न व्यर्थ होते गये। दोनों जहाजों की टक्कर हुई; चोट इतनी शक्तिशाली थी कि ओलिंपिक के पार्श्व में बहुत बड़ा छेद हो गया।

जब सामुद्रिक न्यायालय में मुकदमा चला, तो 'ओलिंपिक' के कैप्टेन को दोषी ठहराया गया। फैसले में कहा गया था; जब 'हाउक' सामने आ रहा था, 'ओलिंपिक'

के कैप्टेन ने उसे रास्ता देने के लिए कोई आज्ञा नहीं दीं।

स्पष्ट है कि न्यायालय को उक्त घटना में कोई असाधारण बात नहीं दिखी। सिर्फ कैप्टेन की गलती मानी गई। पर यह **समुद्र में जहाजों के पारस्परिक आकर्षण** की घटना थी, जिसकी किसी ने कल्पना भी नहीं की होगी।

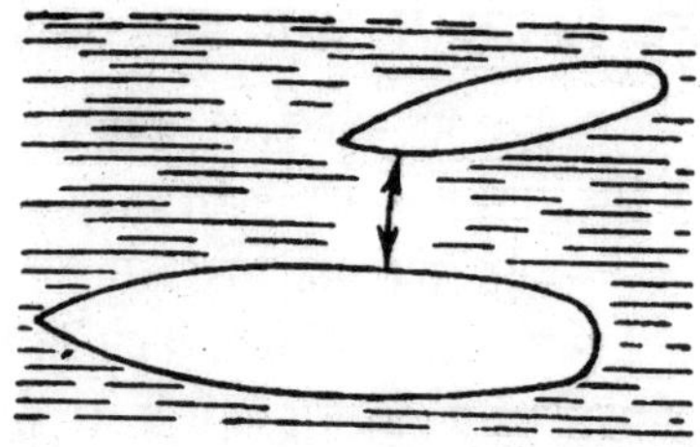

चित्र 65. टक्कर से पूर्व 'ओलिंपिक' और 'हाउक' जहाजों की स्थिति।

दो जहाजों की समनांतर गति के वक्त ऐसी घटना पहले भी होती होगी। पर जब तक बड़े-बड़े जहाज नहीं बनने लगे, यह घटना खुल कर सामने नहीं आ रही थी। बड़े जहाजों के बनने पर उनके बीच का आकर्षण अधिक स्पष्ट नजर आने लगा। जहाजों के कमांडर अब इस बात का खयाल रखने लगे। बड़े-बड़े जहाजों के निकट आने वाले छोटे जहाजों के साथ होने वाली असंख्य दुर्घटनाओं का कारण सम्भवतः उनका खिंचाव ही रहा होगा।

क्या कारण है कि इस खिंचाव का? निस्संदेह, न्यूटन का गुरुत्वाकर्षण बल इसका कारण नहीं हो सकता; अध्याय 4 में हम देख चुके हैं कि यह बल बिल्कुल नगण्य है। इस संवृत्ति का कारण बिल्कुल दूसरा है और उसे नाले या नली के द्रव-प्रवाह के नियम से समझाया जाता है। यह सिद्ध किया जा सकता है कि यदि नाले में

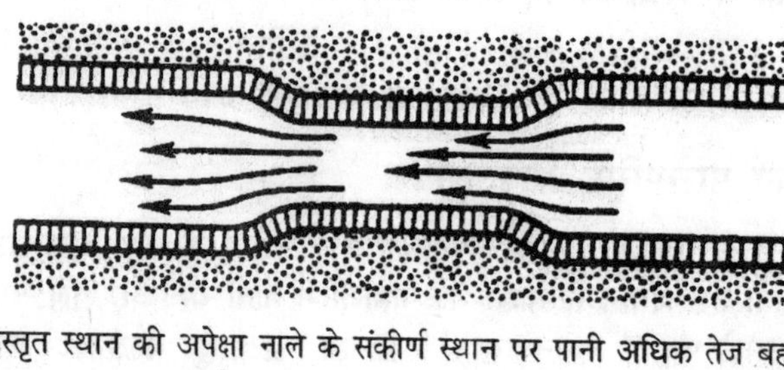

चित्र 66. विस्तृत स्थान की अपेक्षा नाले के संकीर्ण स्थान पर पानी अधिक तेज बहता है और दीवारों का कम दबाव डालता है।

चौड़े और सँकरे भाग हों, तो चौड़े भाग की अपेक्षा सँकरे भाग में द्रव अधिक तेजी से बहता है और नाले की दीवार पर कम दबाव डालता है। चौड़े भाग में द्रव का प्रवाह शांत होता है और नाले की दीवारों पर वह अधिक दबाव डालता है (इसका नाम है बर्नूली सिद्धांत)।

यही बात गैसों के लिए भी सत्य है। गैस-सिद्धांत में इस संवृत्ति को इसके आविष्कारों के नाम पर क्लीमेन-डिजोर्म प्रभाव कहा जाता है। कभी-कभी इसे

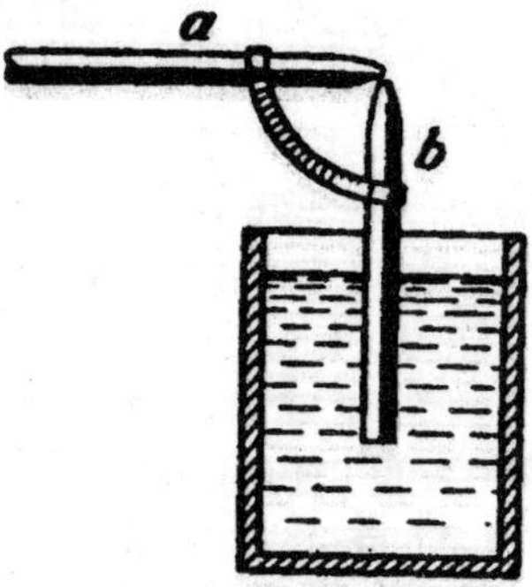

चित्र 67. फुहार देने की पिचकारी।

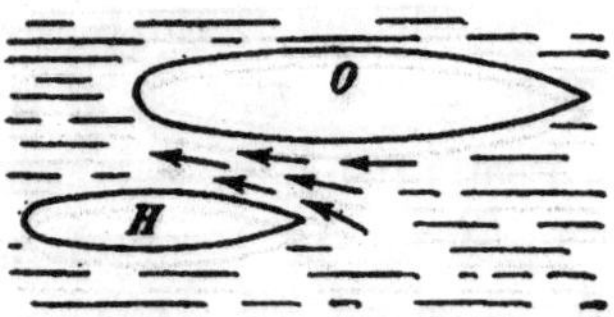

चित्र 68. दो गतिमान जहाजों के बीच पानी का बहाव।

वायु-स्थैतिक विरोधाभास भी कहते हैं। इसका ज्ञान सिर्फ एक संयोग के कारण ही हुआ था। फ्रांस के एक खान में किसी मजदूर से नीचे की ओर दाबयुक्त हवा भेजने वाले सुराख का ढक्कन बंद करने को कहा गया। वह काफी देर तक हवा की धार के साथ संघर्ष करता रहा, पर अचानक ढक्कन स्वयं बंद हो गया और वह भी ऐसी शक्ति से कि यदि ढक्कन पर्याप्त नहीं होता, तो भयभीत मजदूर को साथ लिए हुए सुराख में घुस जाता।

स्प्रेयर (फुहारक) का कार्य भी गैस-प्रवाह की इसी विशेषता पर आधारित है। जब हम नली a से फूँकते हैं (चित्र 67), तो दूसरे अधिक सँकरे सिरे पर हवा का दबाव कम हो जाता है। फलस्वरूप नली b के ऊपर कम दबाव वाली हवा आ जाती है और वातदाब गिलास के द्रव को नली के सहारे ऊपर उठा देता है। ऊपरी मुहाने पर निकलते वक्त द्रव फूँक से निकली हवा की चपेट में पड़ जाता है और इसीलिए फुहारे का रूप ग्रहण लेता है।

अब हम जहाजों के आपसी खिंचाव का कारण समझ सकते हैं। जब दो जहाज एक दूसरे के समनांतर चलते हैं, तो उसके पार्श्वों के बीच पानी का नाला सा बन जाता है। साधारण नाले की दीवारें अचल होती हैं और उनके बीच पानी बहता रहता है, पर यहाँ ठीक उल्टा है : इस नाले में पानी स्थिर रहता है और उसकी दीवारें (जहाज के पार्श्व) गतिमान् होती हैं। पर इससे बलों के कार्य में कोई अन्तर नहीं पड़ता। इस संकीर्ण गतिमान् नाले की दीवारों को पानी कम शक्ति से दबाता है, जहाजों के अपेक्षाकृत अधिक विस्तृत स्थानों पर। अन्य शब्दों में, जहाजों के आमने-सामने वाले पार्श्वों पर उनके बाह्य पार्श्वों की अपेक्षा पानी का दबाव कम होता है, आप समझ सकते हैं कि इसका परिणाम क्या होगा। जहाज बाह्य जल के दबाव से एक दूसरे की ओर गतिमान् हो जाएँगे। स्वाभाविक है कि छोटा जहाज

अधिक तेजी से बढ़ेगा और बड़े जहाज का स्थानांतरण बहुत धीमा होगा। इसीलिए खिंचाव अधिक स्पष्ट तब दिखाई देता है, जब बड़ा जहाज छोटे के पास से निकलता है।

इस प्रकार, जहाजों का आपसी खिंचाव प्रवहमान जल की चूसन क्रिया पर आधारित है। तेज बहाव में नहाने वालों के लिए खतरा और भँवर द्वारा खींचे जाने की क्रिया भी इन्हीं कारणों द्वारा समझाई जाती है। हिसाब लगाया जा सकता है कि 1 m/s वाली शांत क्षिप्रता से बहती नदी का पानी 30 kg के बल से आदमी को मँझधार की ओर खींच ले जा सकता है। इस बल का प्रतिरोध करना सरल नहीं है; विशेषकर पानी में, जहाँ हमारा भार संतुलन बनाए रखने में बिल्कुल काम नहीं देता। अंततः, तेज रेलगाड़ियों द्वारा खींचे जाने की क्रिया भी बर्नूली सिद्धांत द्वारा समझाई जा सकती है : 50 km/h के वेग से गतिमान् गाड़ी निकट खड़े व्यक्ति को करीब 8 kg के बल से खींचती है।

'बर्नूली सिद्धांत' से संबंधित घटनाएँ विरल नहीं हैं, पर विशेषज्ञों के अतिरिक्त बहुत कम लोग इसे जानते हैं। इसीलिए विस्तारपूर्वक इसका अध्ययन करना लाभप्रद रहेगा। अगला निबंध इसी विषय से संबंधित है और वह ललित विज्ञान की एक पत्रिका में छपा था।

बर्नूली-सिद्धांत और उसके निष्कर्ष

डैनियल बर्नूली द्वारा 1726 में प्रतिपादित सिद्धांत कहता है : पानी या हवा की धार में दबाव अधिक होता है, यदि वेग कम होता है। दबाव कम होता है, यदि वेग अधिक होता है। इस नियम पर लागू होने वाले कुछ प्रतिबंध भी हैं, लेकिन यहाँ हम उन पर चर्चा नहीं करेंगे।
चित्र 69 में उक्त नियम दिखाया गया है।

नली *AB* में हवा फूँकी जाती है। यदि नली का परिच्छेद कम है (जैसे a पर),

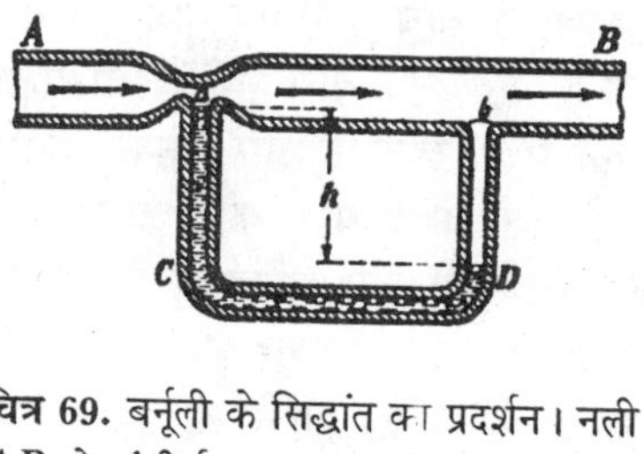

चित्र 69. बर्नूली के सिद्धांत का प्रदर्शन। नली *AB* के संकीर्ण स्थान (*a*) में विस्तृत स्थान (*b*) की अपेक्षा कम दबाव है।

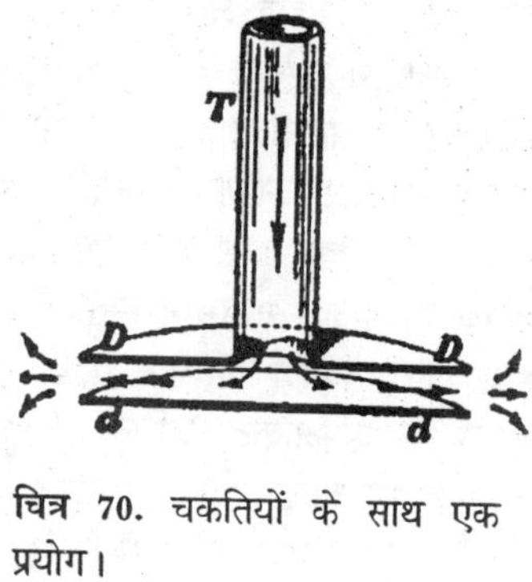

चित्र 70. चकतियों के साथ एक प्रयोग।

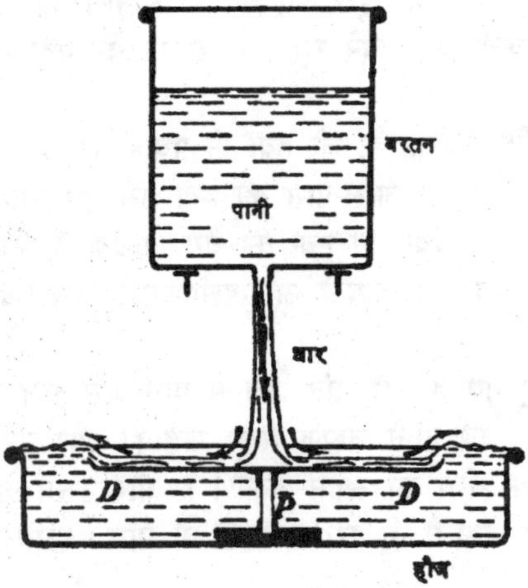

चित्र 71. जब चकती DD पर बरतन का पानी धार के रूप में गिरने लगता है, तब वह अक्ष P के सहारे ऊपर उठ आता है।

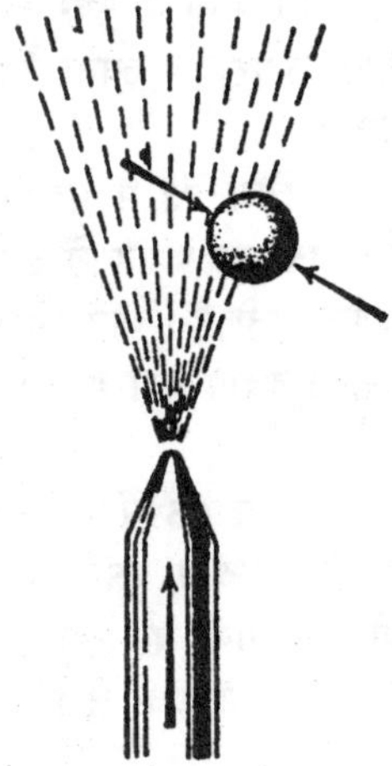

चित्र 72. हवा की फुहार पर टिकी हुई गोली।

तो हवा का वेग अधिक है। जहाँ परिच्छेद अधिक है (जैसे b पर), वहाँ हवा का वेग कम है। जहाँ वेग अधिक है, दबाव कम है और जहाँ वेग कम है, दबाव अधिक है। a में हवा के दबाव का मान कम होने के कारण नली c में द्रव का स्तर ऊँचा हो जाता है। b में हवा का दबाव अधिक है, अतः नली D में द्रव का स्तर नीचे है।

चित्र 70 में नली T ताँबे की चकती DD के साथ लगी है। नली T में हवा फूँकने पर वह स्वतंत्र चकती dd के ऊपर से गुजरती है। दोनों चकतियों के बीच हवा का वेग अधिक होता है, पर यह वेग चकतियों की किनारी की ओर जाने पर कम होता जाता है, क्योंकि वायु-प्रवाह का अनुप्रस्थ काट तेजी से बढ़ता जाता है और चकतियों के बीच से बहती हवा का जड़त्व नष्ट होता जाता है। चकती के गिर्द हवा का दबाव अधिक होता है, क्योंकि उसका वेग कम है। पर चकतियों के बीच हवा का वेग अधिक होता है और इसीलिए उसका दबाव कम होता है। फल यह होता है कि चकतियों के बीच की हवा की शक्ति, जो उन्हें अलग करने की कोशिश करती है, उन्हें निकट लाने वाली हवा की शक्ति से कम हो जाती है। स्पष्ट है कि इस स्थिति में चकती dd चकती DD की ओर खिंच जाती है। यह खिंचाव उतना ही अधिक होगा, जितना अधिक नली में फूँकी जाने वाली हवा का वेग होगा।

चित्र 71 में चित्र 70 की तरह का ही एक उपकरण दिखाया गया है। चकती DD पर तेजी से बहता हुआ पानी चकती की ऊपर मुड़ी किनारी को लाँघ कर हौज

में स्थित पानी के स्तर तक ऊपर उठ आता है। इसीलिए चकती के नीचे का शांत पानी ऊपर उठ आता है। छड़ P चकती को अपने स्थान से इधर-उधर नहीं होने देता।

चित्र 72 में एक हल्की गेंद दिखाई गई है, जो हवा के प्रवाह पर तैर रही है। जब वह प्रवाह से इधर-उधर होती है, तो आस-पास की हवा उसे पुनः वापस धकेल देती है। यहाँ भी वही कारण है : प्रवाह में हवा का वेग अधिक है, अतः उसका दबाव कम है, पर परिवेशी हवा का वेग कम है और इसीलिए उसका दबाव अधिक है।

चित्र 73 में दो जहाज दिखाए गए हैं, जो शांत जल में पास-पास चल रहे हैं। यह स्थिति दूसरी के समतुल्य है, जब दोनों जहाज स्थिर खड़े हों और उनके बीच से पानी बह रहा हो। जहाजों के बीच का स्थान संकीर्ण है और उसमें जल का प्रवाह अधिक तेज है, अपेक्षाकृत जहाजों के दूरस्थ पार्श्वों के पास। इसीलिए

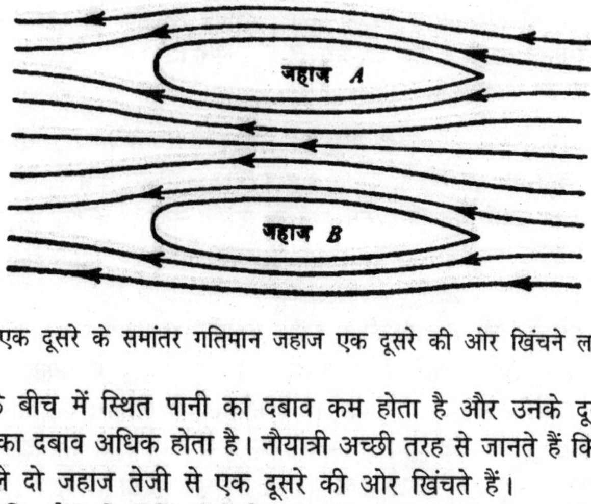

चित्र 73. एक दूसरे के समांतर गतिमान जहाज एक दूसरे की ओर खिंचने लगते हैं।

जहाजों के बीच में स्थित पानी का दबाव कम होता है और उनके दूरस्थ पार्श्वों पर पानी का दबाव अधिक होता है। नौयात्री अच्छी तरह से जानते हैं कि पास-पास चलने वाले दो जहाज तेजी से एक दूसरे की ओर खिंचते हैं।

स्थिति और भी गंभीर होती है, जब एक जहाज दूसरे से कुछ पीछे होता है (चित्र 74)। जहाजों को निकट लाने वाले दो बल F और F जहाज B को A की ओर काफी शक्ति से घुमा देते हैं। इस स्थिति में टक्कर अवश्यंभावी होती है, क्योंकि चालक जहाज की दिशा आसानी से नहीं बदल पाता।

चित्र 73 से संबंधित संवृत्ति को दूसरी तरह से भी दिखाया जा सकता है : चित्र 75 में रबड़ की दो हल्की गेंदे लटक रही हैं; उनके बीच में फूँक मारने से वे एक दूसर के निकट आ जाती हैं और टकरा आती हैं।

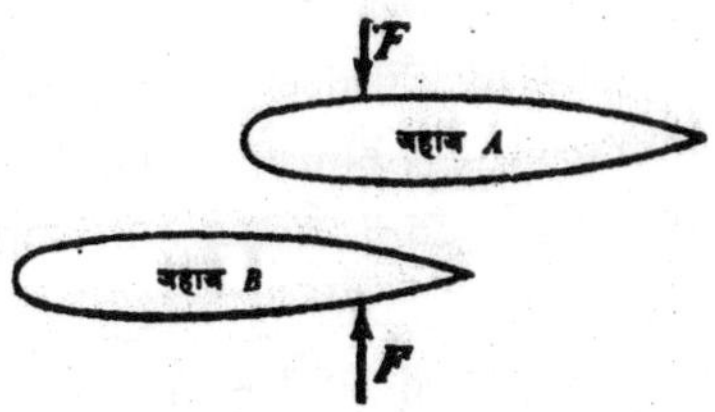

चित्र 74. आगे बढ़ते वक्त जहाज B जहाज A की ओर मुड़ जाता है।

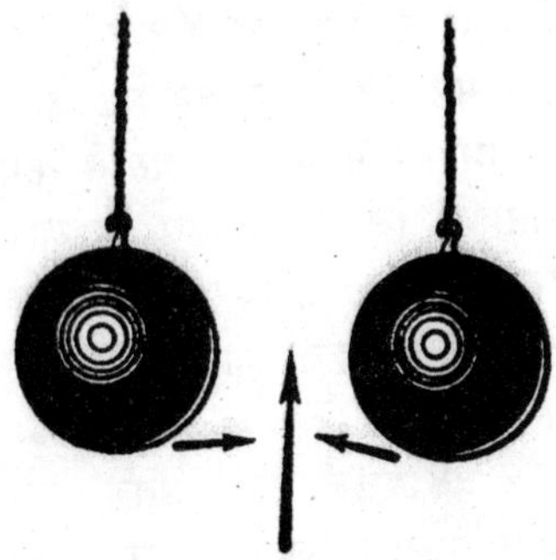

चित्र 75. यदि दो हल्की गेंदों के बीच फूँक मारी जाए, तो वे एक दूसरे के करीब आ जाती हैं; इतना करीब कि सट भी सकती हैं।

मछली के पेट में गुब्बारा

मछलियों के पेट मे पाई जाने वायु-वस्ति के कार्य के बारे में निम्न मान्यताएँ हैं, जो सिर्फ सतही दृष्टि से ठीक लगती है। गहराई से ऊपर आने के लिए मछली इस वस्ति को गुब्बारे की तरह फुला लेती है, जिससे उसके शरीर का आयतन बढ़ जाता है और उसके द्वारा विस्थापित जल का भार उसके खुद के भार से अधिक हो जाता है। फलतः, उत्प्लवन के नियम से मछली ऊपर उठ आती है। ऊपर उठना बंद करने के लिए या नीचे गहराई में जाने के लिए मछली इस वस्ति को पिचकाती है। उसके शरीर का आयतन तथा साथ-साथ उसके द्वारा विस्थापित जल का भार कम हो जाता है और आर्कमिडीज़ के नियम से वह तल की ओर उतरने लगती है।

मछली की प्लवन-वस्ति के बारे में यह धारणा फ्लोरेंटाइन अकादमी (XVII-वीं सदी) के वक्त से ही चली आ रही है और पहले-पहल 1685 में प्रो. बोरेल ने इसे व्यक्त किया था। 200 से अधिक वर्षों तक लोग इस सिद्धांत को बिना किसी एतराज के मानते चले आ रहे थे। इसे पाठ्य-पुस्तकों में भी स्थान मिल गया था। सिर्फ आधुनिक शोधकर्ताओं (मोरो, शार्बोनेल) के श्रम से इस सिद्धांत को गलत सिद्ध किया जा सका।

निस्संदेह वस्ति का तैरने के साथ घना संबंध है, क्योंकि प्रयोग के लिए शल्यविधि से उसे निकाल देने पर मछलियाँ सिर्फ अपनी तरणियां (पूँछ, तरण-पंखियों आदि) को चला-चला कर ही पानी में टिकी रह सकती हैं। यह काम बंद करते ही वे डूब कर तल की ओर जाने लगती थीं। पर वस्तियों की वास्तविक भूमिका क्या है? उनकी भूमिका काफी सीमित है। वे मछलियों के सिर्फ एक विशेष गहराई पर टिके रहने में सहायक होती हैं। यदि मछली तरणियों की सहायता से थोड़ा नीचे उतर आएगी,

तो पानी के दबाव में वृद्धि स्वयं मछली की वस्ति को दबा कर छोटी बना देगी। इससे मछली का आयतन घट जाता है और तदनुरूप उसके द्वारा विस्थापित जल का भार भी मछली के भार से कम हो जाता है और मछली और तेजी से डूबने लगती है। जितना ही नीचे वह जाती है, पानी का दबाव उतना ही बढ़ता जाता है (हर दस मीटर की गहराई पर दबाव में 1 वातदाब की वृद्धि होती है), उसका शरीर उतना ही पिचकता जाता है और उसके डूबने का वेग उतना ही तेज होता जाता है।

जब मछली अपने संतुलन वाली गहराई से ऊपर चली आती है, तो उपरोक्त प्रक्रिया उल्टी हो जाती है। ऊपर पानी का दबाव कम होने लगता है, जिससे वस्ति में स्थित गैस का आयतन बढ़ने लगता है तथा मछली और भी ऊपर चली जाती है। इस क्रिया को मछली 'वस्ति के संकोचन' द्वारा नहीं रोक सकती, क्योंकि वस्ति में पेशियाँ नहीं होतीं, जिसकी सहायता से उसे छोटा-बड़ा किया जा सके।

मछलियों में वस्ति का संकोचन या प्रसारण सचमुच में बिना सक्रिय कोशिश के होता है, इसका प्रमाण निम्न प्रयोग से मिलता है। (चित्र 76)। क्लोरोफार्म सुँघा कर बेहोश की गई ब्लीक मछली को पानी से भरे एक बंद बरतन में रखा जाता है। बरतन में पानी का दबाव लगभग उतना ही होता है, जितना प्राकृतिक जलाशयों की एक विशेष गहराई पर होता है। पानी की सतह पर मछली चित निष्क्रिय पड़ी रहती है। थोड़ा नीचे डुबाने पर वह पुनः ऊपर आ जाती है। यदि उसे तल के निकट रखा जाए, तो वह और डूब कर जल पर पैठ जाती है। यदि मछली को इन दो स्तरों के बीच में रखा जाए, तो वह न तो डूबती है, न ऊपर आती है; वह संतुलन की अवस्था में रहती है। ये बातें वस्ति के निश्चेष्ट संकोचन या प्रसारण की मान्यता को सत्य सिद्ध करती हैं।

चित्र 76. मछली के साथ प्रयोग

इस प्रकार, प्रचलित मान्यता के प्रतिकूल मछली अपनी प्लवन-वस्ति को प्रसारित या संकुचित नहीं कर सकती। आयतन में परिवर्तन बगैर किसी प्रयत्न के होता है। इसका मुख्य कारण बाह्य दबाव की घटाव-बढ़ाव है (बायल-मैरियट नियम के अनुसार)। आयतन में होने वाले इन परिवर्तनों से मछली को कुछ भी लाभ नहीं है, नुकसान अधिक है। इसके कारण या तो वह अविराम त्वरित गति से डूबने लगती है या सतह पर आने के लिए प्रवृत्त होती है। अन्य शब्दों मं, वस्ति मछली को निश्चेष्ट स्थिति में संतुलन बनाये रखने में सहायता देती है,

पर यह संतुलन **टिकाऊ नहीं होता।**

जहाँ तक तैरने का संबंध है, मछलियों के शरीर में वस्ति की वास्तविक भूमिका यही है। इसका कोई अन्य कार्य भी है या नहीं, इस विषय में कुछ नहीं कहा जा सकता। इसलिए इस अंग को रहस्यमय माना जा सकता है। अब तक सिर्फ इसकी जल-स्थैतिकीय भूमिका ही स्पष्ट हो पाई है।

मछुओं द्वारा अवलोकित घटनाएँ भी उपर्युक्त बातों की सत्यता सिद्ध करती हैं : गहराइयों में रहने वाली मछली को जब फँसा कर ऊपर उठाया जाता है, तो वह आधे रास्ते में ही जाल से मुक्त हो जाती है। पर वह वापस गहराई में नहीं लौट पाती; सीधे तीर की तरह पानी की सतह पर आ जाती है। ऐसी ही मछलियों की वस्ति फूल कर मुँह से बाहर दिखाई देने लगती है।

लहर और भँवर

दैनिक जीवन में दिखने वाली अनेक भौतिक संवृत्तियाँ भौतिकी के सरल नियमों द्वारा नहीं समझाई जा सकती। हवा के बहने पर सागर की उथल-पुथल नित्य देखी जा सकती है, पर स्कूली स्तर की भौतिकी इसे भी नहीं समझा सकती और शांत समुद्र में भी चलते जहाज के अग्र-भाग के पास लहरों के प्रकट होने का क्या कारण है? सागर-तट पर रेत लहरदार क्यों होती है? मिलों की चिमनियों से धुआँ गोल

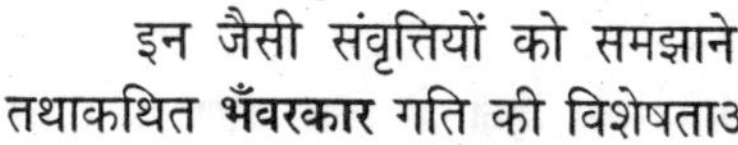

चित्र 77. नली में द्रव का शांत (लैमीरी) प्रवाह।

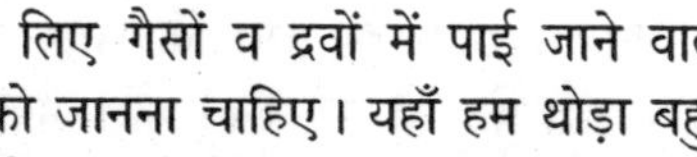

चित्र 78. नली में विक्षुब्ध (टर्बुलेंट) प्रवाह।

चक्कर लगाता हुआ क्यों निकलता है?

इन जैसी संवृत्तियों को समझाने के लिए गैसों व द्रवों में पाई जाने वाली तथाकथित **भँवरकार** गति की विशेषताओं को जानना चाहिए। यहाँ हम थोड़ा बहुत भँवरी संवृत्तियों के बारे में बताएँगे और उनकी मुख्य विशेषताओं का अध्ययन करेंगे। इस विषय पर सविस्तार कुछ नहीं कहा जा सकता, क्योंकि स्कूली पाठ्य-पुस्तकों में भँवरी गति का नाम भी नहीं लिया जाता।

कल्पना करें कि नली में द्रव बह रहा है। यदि द्रव के सभी कण नली के अनुतीर और एक दूसरे के समनांतर चल रहे हैं, तो यह द्रव की गति का सरलतम रूप है, जिसे भौतिकविद् शांत या 'पटलीय' धारा कहते हैं। पर यह स्थिति विरले ही पाई जाती है। अक्सर नली में द्रव की धारा अशांत होती है : नली की दीवारों से उसके अक्ष की ओर भँवरी गति देखने को मिलती है। भौतिकविद् इसे **विक्षुब्ध** धारा कहते हैं। इस तरह की गति शहर के जल-प्रदाय की नलियों में होती है (यहाँ

पतली नलियों की बात नहीं चल रही है, जिनमें धारा पटलीय होती है)। भँवरी धारा तब उत्पन्न होती है, जब द्रव एक विशेष व्यास वाली नली में एक विशेष वेग से बह रहा होती है। इसे चरम वेग कहते हैं।[1]

नली में द्रव के प्रवाह को दृष्टिगोचर बनाने के लिए पारदर्शक कांच नली का उपयोग किया जाता है और द्रव में थोड़ा सा कोई हल्का व अघुलनशील चूर्ण मिला दिया जाता है। तब आप साफ-साफ देख सकते हैं कि भँवर नली की दीवारों से उठ कर नली के अक्ष की ओर प्रवृत्त होते हैं।

भँवरी धारा की वह विशेषता फ्रिज व अन्य शीतकारियों में प्रयुक्त होती है। ठंडी की जाने वाली दीवारों की नलियों में द्रव विक्षुब्ध धारा से बहता रहता है, जिसके कारण उसके हर कण को दीवार के समीप आ कर अपने साथ गर्मी का एक नन्हा अंश ले जाने का अवसर मिलता है। स्मरणीय है कि द्रव अपने आप में ऊष्मा का बुरा चालक होता है और यदि उसे हिलोड़ा न जाए, तो उसे ठंडा या गर्म होने में काफी समय लगता है। रक्त और उसके द्वारा सराबोर होते रहने वाले तंतुओं के बीच ऊष्मा और द्रव्य का सक्रिय विनिमय सिर्फ इसलिए संभव होता है, क्योंकि धमनियों में रक्त की धारा पटलीय नहीं, भँवरी होती है।

जो कुछ नलियों के बारे में कहा गया है, वह खुली नहरों और नदियों के बारे में भी सत्य है। नदी की धारा का शुद्ध नाप लेने वाले उपकरण नदी में (विशेष कर तल के समीप) एक स्पंदन की विद्यमानता बताते हैं। स्पंदन का अर्थ है कि धारा की दिशा निरंतर बदल रही है, अर्थात् धारा का रूप भँवर जैसा है। नदी-जल के कण सिर्फ नदी के अनुतीर ही नहीं बहते, जैसा कि बहुत से लोग सोचते हैं। वे तट के मध्य की ओर भी चलते हैं। इसीलिए नदी गहराई में पूरे वर्ष $+4^0C$ के बराबर तापक्रम पाए जाने का अक्सर एक गलत कारण भी बताया जाता है : पानी पूरी तरह हिलोड़ित होता रहता है, इसीलिए नदी में (झील में नहीं) तल पर वैसा ही तापक्रम रहता है, जैसा कि सतह के पास।[2]

नदी के तल पर बनने वाले भँवर अपने साथ बालू के हल्के कण भी खींच ले जाते हैं, जिसके कारण वहाँ रेत की लहरें बनती हैं। यही बात सागर के रेतीले तट पर देखी जा सकती हैं, जिस पर लहरों के थपेड़े पड़ते रहते हैं (चित्र 79)। यदि तल के पास पानी की धारा शांत होती, तो वहाँ की रेतीली सतह समतल होती।

इसी प्रकार, भँवर जलधारा के पखारे जाने वाले पिंड के पास बनता है। उनकी

1. नली में बहने वाले किसी द्रव का चरम वेग उसकी श्यानता का समानुपाती और नली के व्यास का व्युत्क्रमानुपाती होती है। (सविस्तार देखें दे.एल. किर्पिचेव की पुस्तक 'यांत्रिकी पर वार्त्ता', सातवीं वार्त्ता।)

2 देखो मेरी पुस्तक 'क्या आप भौतिकी जानते हैं?'', 133

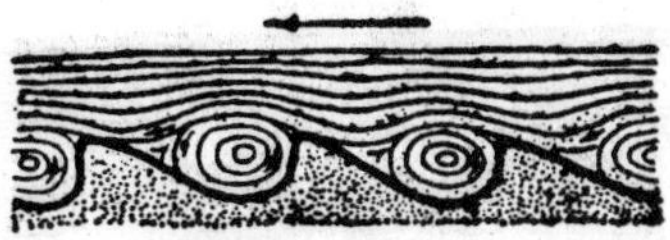

चित्र 79. सागर-तट पर पानी की भंवर से रेत पर बनी लहरें।

चित्र 80. प्रवाहमान जल में रस्सी की लहरदार गति का कारण भी भंवर ही हैं।

विद्यमानता किसी रस्सी द्वारा भी दर्शायी जा सकती है, जो पानी की धारा में साँप की तरह लहराती रहती है (यदि उसका एक सिरा बँधा हो और दूसरा स्वतंत्र हो)। उसके इस प्रकार लहराने का क्या कारण है? रस्सी का वह भाग, जिसके निकट भँवर उत्पन्न होता है, भँवर के साथ चलना शुरू कर देता है; पर दूसरे ही क्षण रस्सी का वह भाग दूसरे भँवर की चपेट में आ जाता है, जिसकी गति विपरीत दिशा में होती है। इसीलिए रस्सी साँप की तरह लहराती रहती है (चित्र 80)।

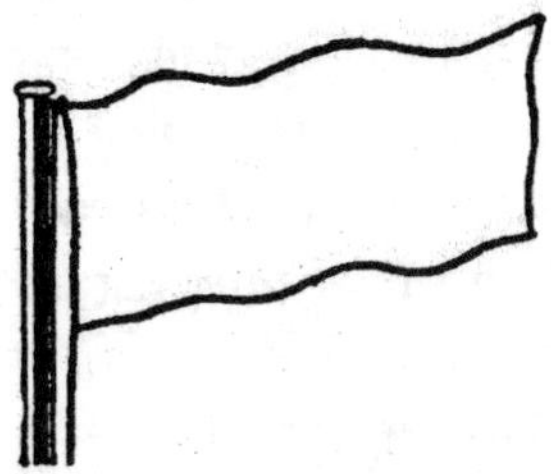

चित्र 81. हवा में फहरता झंडा।

अब द्रव से गैसों की ओर चलते हैं। पानी के बाद हवा की गतियों पर ध्यान दें। बवंडर या चक्रवात धूल और घास-फूस आदि को कैसे अपनी चपेट में लेते हैं, यह सभी ने देखा होगा। यह जमीन के अनुतीर हवा की भँवरी धारा है। जब हवा पानी की सतह के अनुतीर बहती है, तो जिस जगह बवंडर बनता है, वहाँ हवा का दबाव कम होने के कारण पानी ऊपर उठ आता है और भँवरें पैदा होती हैं। मरुभूमि और बालुकूट पर रेत की लहरों के बनने का कारण यही है (चित्र 82)।

अब आप आसानी से समझ सकते हैं कि हवा में झंडा फहरता क्यों है : उसके साथ भी वही होता है, जो जलधारा में पड़ी रस्सी के साथ होता है। वातदर्शक मुर्गा ठोस पत्तर का बना होता है, इसीलिए वह स्थायी तौर पर एक दिशा नहीं दिखाता। भँवर के प्रभाव से वह अपने स्थान पर

चित्र 82. मरुभूमि में लहरदार रेतीली सतह।

कंपन करता रहता है। चिमनी से निकलने लहरदार धुएँ की उत्पत्ति भी हवा की भँवराकार गति से संबंधित है। चिमनी में गैस बवंडर की तरह भँवर खाती हुई निकलती है। जड़त्व के कारण उनकी यह गति चिमनी से निकलने के बाद भी बनी रहती है (83)।

चित्र 83. चिमनी से निकलते धुएँ के **थक्के**।

हवा की विक्षुब्ध गति विमानन के लिए बहुत बड़ा महत्त्व रखती है। हवाई जहाज के डैनों का रूप ऐसा होता है कि उनके नीचे स्थित विरल हवा का स्थान डैने स्वयं ले लेते हैं और डैनों पर हवा का भँवरी प्रभाव तीव्र हो जाता है। फल यह होता है कि डैनों को नीचे से टेक मिलती रहती है और साथ ही वे ऊपर की ओर खिंचे जाते हैं (चित्र 84)। पक्षियों के पंख फैलाए मँडराने की क्रिया में भी ऐसी बात देखने को मिलती है।

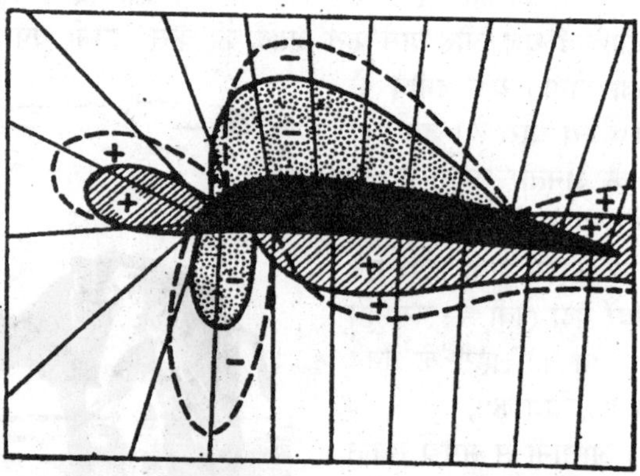

चित्र 84. विमान के डैने पर कौन से बल क्रियाशील रहते हैं। हवा के दबाव (+) और उसकी विरलता (–) का डैने पर वितरण प्रयोगों द्वारा प्राप्त होते हैं। टेक देने वाले और अपनी ओर खींचने वाले सभी बलों की क्रिया के परिणाम से विमान ऊपर की ओर खिंचता है। (सतत रेखाएँ दबाव का वितरण दिखाती हैं; छिन्न रेखाएँ भी वही दिखाती हैं, जब विमान के वेग में तेजी से वृद्धि होती है)

छप्पर हवा में कैसे उड़ जाता है? भँवर छप्पर के ऊपर हवा को विरल बना देता है और वहाँ दबाव कम हो जाता है। छप्पर के नीचे की हवा इस कमी को पूरी करने के लिए ऊपर उठती है और छप्पर पर नीचे से दबाव डालती है। परिणाम यह होता है कि हल्का और कमजोर छप्पर हवा के साथ उड़ चलता है। इन्हीं कारणों से खिड़कियों में लगे बड़े शीशे भीतर से दब कर (बाह्य दबाव से नहीं) निकल आते हैं। पर इन संवृत्तियों को सीधा-सीधी गतिमान् वायु में दबाव की कमी से समझाया जा सकता है (दे. ऊपर 'बर्नूली सिद्धांत,' पृ. 140)।

जब भिन्न तापक्रमों वाली हवा की धाराएँ एक दूसरे को स्पर्श करती हुई बहती हैं, तो उनमें से प्रत्येक में भँवर बनते हैं। बादलों की अनेकानेक आकृतियाँ अधिकांशतः इन्हीं कारणों से उत्पन्न होती हैं।

इस प्रकार हम देखते हैं कि भँवरी धारा का अनेक संवृत्तियों के साथ संबंध है।

पृथ्वी की गहराइयों में

जमीन में 3.3 km से अधिक गहरा कोई नहीं गया है, जबकि पृथ्वी की त्रिज्या 6400 km है। कहना नहीं होगा कि केंद्र तक पहुँचने के लिए रास्ता काफी लंबा है। पर जूल वेर्न की कल्पनाशक्ति 'पृथ्वी-केंद्र की यात्रा' नामक उपन्यास के पात्रों—झक्की प्रोफेसर लिडेनब्रोक और उनके भतीजे आक्सेल—को पृथ्वी के केंद्र तक पहुँचा देती है। इस उपन्यास में जूल वेर्न ने भूगत यात्राओं का आश्चर्यजनक विवरण दिया है।

पृथ्वी के गर्भ की विचित्रताओं में से एक बात थी—हवा के घनत्व में वृद्धि। ऊपर उठने पर हवा का तेजी से विरलन होता है : यदि आप समनांतर श्रेणी के क्रम से ऊपर चढ़ रहे हैं, तो हवा के घनत्व में ह्रास गुणोत्तर श्रेणी के क्रम से होता है। इसके विपरीत, सागर-स्तर से नीचे उतरने पर ऊपर स्थित परतों का दबाव बढ़ता जाता है और इसीलिए हवा घनी होती जाती है। भूगत यात्री इस महत्त्वपूर्ण बात को कैसे नहीं देखते!

वैज्ञानिक चाचा और उनके भतीजे के बीच की एक बात-चीत सुनें, जो 12 ली (48 km) की गहराई में चल रही है :

"—देखो तो, मैनोमीटर क्या बता रहा है?—चाचा ने पूछा।

—दबाव बहुत शक्तिशाली है।

—अब तो तुम देख रहे हो कि थोड़ा-थोड़ा करके उतरने से हम घनित हवा के आदी होते जा रहे हैं और उससे हमें कोई तकलीफ नहीं हो रही है।

—यदि कान दुखने की बात छोड़ दें।

—यह छोटी-मोटी बात है!

—खैर,—चाचा का विरोध नहीं करने के लिए मैंने कहा।—घनित हवा में एक तरह से मजा भी आ रहा है। आपने ध्यान दिया कि इसमें आवाज कितनी प्रबल होती है?

—और नहीं तो क्या। इस वातावरण में तो बहरा भी सुनने लगेगा।

—लेकिन हवा घनी होती जा रही है। कहीं वह पानी जितनी घनी तो नहीं हो जाएगी?

—हाँ, 770 वातदाब पर।

—और इससे भी नीचे जाएँ तो

—घनत्व और बढ़ जाएगा।

—फिर हम नीचे कैसे उतरेंगे?

—जेबों में पत्थर भर लेंगे।

—आपके पास तो हर सवाल का जवाब है!

मैंने आगे छान-बीन बंद कर दी। डर रहा था कि कहीं चाचा को नाराज करने वाली कोई बाधा मेरे दिमाग में न आ जाए। पर इतना तो स्पष्ट ही था कि कुछेक हजार वातदाब पर हवा ठोस अवस्था में आ जाएगी और तब हमें यात्रा समाप्त करनी ही पड़ेगी, चाहे हम उसके दबाव को सहन भी क्यों न कर लें। यहाँ बहस से कुछ नहीं मिलेगा।''

कल्पना और गणित

उपन्यासकार ने यह विवरण दिया है। पर यदि हम इस अवतरण में दिए गए तथ्यों की जाँच करेंगे, तो कुछ और ही बात मिलेगी। इसके लिए हमें पृथ्वी की गहराइयों में नहीं उतरना होगा; सिर्फ भौतिकी की एक छोटी सी यात्रा करनी होगी और इसके लिए कागज-पेंसिल से अधिक कुछ भी नहीं चाहिए।

सबसे पहले यह निर्धारित करने का प्रयत्न करते हैं कि वातावरण के दबाव में 1000-वें अंश की वृद्धि के लिए किस गहराई तक उतरना होगा। वातावरण का साधारण दबाव 760 मिलिमीटर ऊँचे पारद-स्तंभ के दबाव के तुल्य होता है। यदि हम हवा की बजाय पारे में डूबे रहते, तो हमें सिर्फ 760/1000=0.76 mm की गहराई पर उतरना होगा; यहाँ दबाव में हजारवें अंश की वृद्धि हो जाती है। हवा में बेशक इससे कहीं अधिक गहरा उतरना होगा; इतना गुना अधिक गहरा, जितना गुना पारा हवा से भारी होता है। पारा हवा से भारी होता है। पारा हवा से 10500 गुना अधिक भारी है। मतलब कि हमें दबाव में हजारवें अंश की वृद्धि का अवलोकन करने के लिए 0.76 mm नहीं 0.76×10500, अर्थात् लगभग 8 mm की गहराई पर उतरना होगा। इसी प्रकार से हम 8 mm और नीचे उतरेंगे, तब वात के दबाव में एक और

हजारवें अंश की वृद्धि हो जाएगी, आदि।[1] किसी भी स्तर पर हम क्यों न हों—चाहे वातावरण की ऊपरी सतह पर (22 km), या एवरेस्ट की चोटी पर (9 km) या सागर-स्तर के पास,—वातावरण के दबाव में हजारवें अंश की वृद्धि पाने के लिए हमें 8 m नीचे उतरना होगा। अतः गहराई में हवा के दबाव की वृद्धि के लिए निम्न सारणी प्राप्त होती है :

पृथ्वी तल का दबाव 760 mm+साधारण वातदाब
8 m की गहराई पर दबाव = 1.001 साधारण वातदाब का
2×8 m की गहराई पर दबाव $=(1.001)^2$ साधारण वातदाब का
3×8 m की गहराई पर दबाव $=(1.001)^3$ साधारण वातदाब का
4×8 m की गहराई पर दबाव $=(1.001)^4$ साधारण वातदाब का

और व्यापक रूप में $h\times8$ m की गहराई पर हवा का दबाव साधारण से 1.00^h गुना अधिक होगा; और जब तक दबाव बहुत अधिक नहीं बढ़ जाता, हवा के घनत्व में भी इतनी ही गुनी वृद्धि होगी (मैरियट का नियम)।

ध्यान देने योग्य है कि उपन्यास में पृथ्वी की सतह से सिर्फ 48 km नीचे की बात चल रही है और इसीलिए गुरुत्व बल में कमी और इससे संबंधित हवा के भार में कमी को नगण्य माना जा सकता है।

अब अनुमान किया जा सकता है कि जूल वेर्न के भूगत यात्री 48 km (48000)m की गहराई पर कितना दबाव अनुभव कर रहे थे। हमारे सूत्र में h बराबर है 48000/8=6000। अतः 1.001^{6000} का मान ज्ञात करना होगा। चूँकि 1.001 को अपने आप से 6000 बार गुना कराना काफी उबाने वाला कार्य है और इसमें बहुत समय लगेगा, इसलिए लघुगणकों की सहायता लेनी होगी, जिनके बारे में लैप्लेस ने ठीक ही कहा था कि वे कलनकर्ता के श्रम को कम करके उसकी जिंदगी दुगुनी बढ़ा देते हैं।[1]

---

1. हवा की अगली 8 मीटर मोटी परत पिछली परतों से अधिक घनी होगी, अतः दबाव के सांख्यिक मान में पिछली की अपेक्षा अधिक वृद्धि होगी। पर उसे अधिक होना भी चाहिए, क्योंकि यहाँ हजारवाँ अंश एक बड़े मान से लिया जा रहा है।

2. विद्यालय से ही जो लघुगणकों की सारणी से नफरत करने लग गए हैं, वे शायद महान फ्रांसीसी ज्योतिर्विद के शब्दों को पढ़ने के बाद अपना विचार बदल लेंगे। यह अवतरण 'विश्व-संरचना का वर्ण' कृति से लिया गया है : 'लघुगणकों का आविष्कार महीनों के कलन-श्रम को चंद दिनों में पूरा कर सदा लंबे कलनों में रत ज्योतिर्विदों की आयु को एक तरह से दुगुनी कर देता है, उन्हें गलतियों व थकावट से बचाता है। यह आविष्कार मानव-बुद्धि का यशगान है, क्योंकि यह पूर्णतया इसी (अर्थात् बुद्धि) की उपज है। तकनीक में अपने सामर्थ्य को बढ़ाने के लिए मनुष्य परिवेश की प्राकृतिक शक्तियों व पदार्थों का उपयोग करता है पर लघुगणकों में पूर्णतया उसकी बुद्धि व्यक्त होती है।''

विचाराधीन व्यंजन का लघुगणक लेने पर उसके मान का लघुगणक प्राप्त होता है :

$$6000 \times 1g\ 1.001 = 60000 \times 0.00043 = 2.6$$

सारणी से देखते हैं कि 2.6 किस संख्या का लघुगणक है; यही इष्ट मान और यह 400 के बराबर है।

इस प्रकार, 48 km की गहराई पर वातावरण का दबाव साधारण से 400 गुना अधिक है। प्रयोग दिखाते हैं कि इस दबाव पर हवा का घनत्व 315 गुना बढ़ जाता है। इसीलिए यह पूर्णतः संदेहजनक है कि यात्रियों को कान में दर्द के अतिरिक्त और कोई कष्ट नहीं महसूस हो रहा था। पर जूल वेर्न के उपन्यास में 120 और 325 km की गहराई पर भी यात्रा का वर्णन किया गया है। यहाँ हवा का दबाव भयानक रूप से अधिक होना चाहिए, क्योंकि आदमी तीन-चार वातदाब से अधिक दबाव बिना किसी खतरे के नहीं सहन कर सकता।

यदि इसी सूत्र पर हम कलन करें कि किस गहराई पर हवा पानी जितनी, अर्थात् 770 गुनी अधिक घनी हो जाती है, तो हमें संख्या मिलती : 53 km। पर यह परिणाम सही नहीं है; क्योंकि अत्यधिक दबाव पर गैस का घनत्व उसके दबाव का समानुपाती नहीं होता। मैरियट का नियम सिर्फ उस स्थिति के लिए सही है, जब दबाव बहुत ज्यादा न हो या कुछेक सौ वातदाब से अधिक न हो। प्रयोग द्वारा प्राप्त हवा का घनत्व निम्न है :

दबाव		घनत्व
200	वातदाब	190
400	वातदाब	315
600	वातदाब	387
1500	वातदाब	513
1800	वातदाब	540
2100	वातदाब	564

घनत्व के बढ़ने की दर, जैसा कि देख रहे हैं, दबाव में वृद्धि की दर से काफी कम है। जूल वेर्न का वैज्ञानिक बेकार ही उस गहराई तक पहुँचने की आशा कर रहा था, जहाँ हवा पानी से अधिक घनी होती। पानी जितना घनत्व हवा सिर्फ 3000 वातदाब पर प्राप्त करती है और इसके बाद उसमें शायद ही कोई संकोचन हो पाता है। हवा को 146^0 से भी कम तापक्रम तक ठंडा किए बिना उसे ठोस में परिणत करने का प्रश्न ही नहीं उठता।

जूल वेर्न के साथ अन्याय न हो, इसके लिए उल्लेखनीय है कि उनका उपन्यास

उपर्युक्त तथ्यों के प्रकाश में आने के बहुत पहले छपा था, पर इससे कथानक को सत्य माना जा सकता है।

ऊपर दिए गए सूत्र का उपयोग करके यह भी ज्ञात कर लें कि स्वास्थ्य को बिना कोई खतरा पहुँचाए आदमी कितनी गहराई पर जा सकता है। हमारा शरीर 3 वातदाब से अधिक का दबाव सहन नहीं कर सकता। इष्ट गहराई को x द्वारा द्योतित करने पर समीकरण प्राप्त होता है : $(1.001)^{x/8}=3$। लघुगणक लेकर x का मान ज्ञान करते हैं : $x=8.9$ km।

इस प्रकार, आदमी लगभग 9 km की गहराई पर रह सकता है। यदि प्रशांत महासागर अचानक सूख जाए, तो लोग उसके तल पर कहीं भी रह लेते।

गहरी खान में

पृथ्वी के केंद्र के सबसे नजदीक कौन लोग गए हैं (उपन्यासकार की कल्पना में नहीं, वास्तविकता में)? ये हैं खान में काम करने वाले मजदूर। हमें ज्ञात हो चुका है कि दुनिया की सबसे गहरी खान दक्षिणी अफ्रीका में खोदी गई है (दे. अध्याय 4)। उसकी गहराई 3 km से भी अधिक है। यह बोरिंग मशीन द्वारा वेधित गहराई नहीं है; मशीन की छेनी 7.5 km गहरी जा चुकी है। यह वह गहराई है, जहाँ आदमी पहुँच चुके हैं और काम कर रहे हैं। उदाहरण के लिए देखें कि मोरो वेल्खो की खान (जिसकी गहराई करीब 2300 m है) के बारे में फ्रांसीसी लेखक डा. ल्यूक ड्यूर्टेन के व्यक्तिगत अनुभव क्या हैं :

''स्वर्ण की विख्यात खान मोरो-वेल्खो रियो-दे-जेनेरे से 400 km की दूरी पर है। चट्टानी इलाके में 16 घंटे की रेलयात्रा के बाद आप जंगलों से घिरी एक गहरी घाटी में पहुँचते हैं। यहाँ एक अंग्रेज कंपनी इतनी गहराई में से सोना निकाल रही है, जितनी गहराई में आज तक कोई भी आदमी नहीं गया है।

खान में उतरने के लिए कूप थोड़ा तिरछा है। इसके बाद खान है, जो दो चरणों में बनी है। उदग्र खान कूप जैसी हैं और क्षैतिज—सुरंग जैसी। यह आधुनिक समाज का ही विशेष लक्षण है कि पृथ्वी में सबसे गहरा छेद, जो हमारे ग्रह में प्रविष्ट होने के लिए मनुष्य का सबसे साहसी प्रयत्न माना जा सकता है, स्वर्ण की प्राप्ति के लिए बनाया गया है।

मजदूरों की किरमिची वर्दी और चमड़े का जैकेट पहन लीजिए। सावधानी रखें : कुएँ में गिरने वाला एक नन्हा सा कंकड़ भी आदमी को चोट पहुँचा सकता है। खान के 'कैप्टनों' में से एक आपका साथ देंगे। आप प्रथम सुरंग में प्रविष्ट होते हैं। उसे अच्छी तरह से प्रकाशमान किया गया है। 4^0 ठंडी हवा आपको सिहराने लगती है; यह गहरी खानों को ठंडा रखने के लिए संवातन है।

धातु के संकीर्ण पिंजड़े में 700m गहरे प्रथम कूप को पार कर के आप दूसरी

सुरंग में पहुँचते हैं। इसके बाद आप दूसरे कुएँ में उतरना शुरू करते हैं। हवा धीरे-धीरे गर्म होने लगती है। अब आप सागर-स्तर से नीचे हैं।

अगले कुएँ में गर्म हवा आपके चेहरे को झुलसाना शुरू करती है। पसीने से लथपथ नीची सुरंग में झुक कर चलते हुए आप उस ओर बढ़ते हैं, जहाँ से खोदने वाली मशीनों के गर्जन की आवाज आ रही होती है। घनी धूल से लिपे अधनंगे लोग काम कर रहे हैं; उनके शरीर से पसीने की धाराएँ बह रही हैं, हाथ लगातार एक दूसरे को पानी की बोतल थमा रहे हैं। अभी-अभी खोदे गए अयस्क टुकड़ों को छूने की कोशिश मत कीजिए : उनका तापक्रम 57^0 है।

इस भयानक, घृणित वास्तविकता की उपज क्या है?—दिन में करीब 10 किलोग्राम सोना।"[1]

खान के तल पर भौतिक परिस्थितियों व मजदूरों के शोषण का वर्णन करते वक्त फ्रांसीसी लेखक ने उच्च तापक्रम पर तो ध्यान दिया है, लेकिन हवा के ऊँचे दबाव के बारे में कुछ भी नहीं लिखा है। कलन करें कि 2300 m की गहराई पर वह कितना होगा। यदि तापक्रम उतना ही रहता, जितना पृथ्वी के तल पर रहता है, तो हमारे परिचित सूत्र के अनुसार हवा का घनत्व बढ़ जाता।

$$(1{,}001)^{\frac{23000}{8}} = 1.33 \text{ गुना।}$$

पर वास्तविकता में तापक्रम स्थिर नहीं रहता, वह बढ़ता जाता है। इसीलिए हवा का घनत्व इतना अधिक नहीं, बहुत कम बढ़ता है। फलस्वरूप खान के तल पर वहाँ का घनत्व पृथ्वी-तल के समीप की हवा के घनत्व से बहुत अधिक अन्तर नहीं रखता। दोनों में उतना ही अंतर होता है, जितना जाड़े की बर्फीली हवा और गर्मियों की लू भरी हवा के घनत्वों में। इससे स्पष्ट हो जाता है कि खान के अतिथि ने इस बात पर क्यों नहीं ध्यान दिया।

पर ऐसी गहरी खानों में आर्द्रता बहुत अधिक होती है, जिसके कारण अधिक तापक्रम पर वहाँ टिकना असह्य हो जाता है। एक अफ्रीकन खान (योगान्सबुर्ग) में, जिसकी गहराई 2552 m है, 50^0 की गर्मी में आर्द्रता 100% तक पहुँच जाती है। आजकल यहाँ 'कृत्रिम जलवायु' बना कर रखा जाता है। इसके शीतकारी उपकरण का प्रभाव 2000 टन बर्फ के तुल्य है।

गुब्बारे में

अबतक हम कल्पना में पाताल की यात्रा कर रहे थे, जिसमें गहराई पर हवा के दबाव की निर्भरता को व्यक्त करने वाला सूत्र हमारी सहायता कर रहा था।

---

1. रूसी साप्ताहिक 'विदेश', 1933 NO 13 में

अब आकाश में जाकर इस सूत्र की सहायता से देखें कि अधिक ऊँचाइयों पर हवा का दबाव कैसे बदलता है। इस स्थिति में सूत्र का रूप निम्न होगा :

$$p = 0.999^{\frac{h}{8}}$$

जहाँ P—हवा का दबाव है और h—मीटरों में ऊँचाई। सूत्र में संख्या 1.001 की जगह भिन्न 0.999 रखा गया है, क्योंकि 8 मीटर ऊपर स्थानांतरित होने पर दबाव में 0.001 की वृद्धि नहीं, बल्कि कमी होती है।

शुरुआत के लिए यह प्रश्न हल करें : किस ऊँचाई पर हवा का दबाव घट कर आधा हो जाएगा?

इसके लिए सूत्र में p की जगह 0.5 रख कर h का मान ढूँढ़ते हैं। प्राप्त होता है निम्न समीकरण :

$$0.5 = 0.999^{\frac{h}{8}}$$

जिन पाठकों को लघुगणकों का उपयोग करना आता है, वे आसानी से इस समीकरण को हल कर सकते हैं। उत्तर h=5.6 km ही वह ऊँचाई है, जहाँ हवा का दबाव घट कर आधा हो जाएगा।

अब और ऊपर चलें। 19 से 22 km की ऊँचाई पर, जहाँ साहसी सोवियत विमान चालक पहुँच सके हैं, तथाकथित 'स्ट्रैटोस्फेयर' है। इसीलिए इन ऊँचाइयों तक पहुँचने के लिए प्रयुक्त गुब्बारे को एयरोस्टैट (या स्ट्रैटो गुब्बारा) कहते हैं। मैं नहीं सोचता कि बुजुर्ग पीढ़ी के लोगों में ऐसा आदमी मिलेगा, जिसने सोवियत स्ट्रैटो गुब्बारों 'USSR' वह 'OAX-1' का नाम नहीं सुना होगा। 1933 में इन्होंने ऊँचाइयों पर पहुँचने के नए कीर्तिमान (क्रमशः 19 km व 22 km) स्थापित किए थे।

कलन किया जाए कि इन ऊँचाइयों पर वातावरण का दबाव कितना होगा।

हम पाएँगे कि 19 km की ऊँचाई के लिए हवा का दबाव होना चाहिए।

$$0.999^{\frac{19000}{8}} = 0.095 \text{ वातदाब } = 72 \text{ mm}$$

और 22 km की ऊँचाई के लिए

$$0.999^{\frac{22000}{8}} = 0.066 \text{ वातदाब } = 50 \text{ mm.}$$

पर यदि स्ट्रैटो गुब्बारों के यात्रियों की डायरी देखी जाए, तो पता चलेगा कि उन्होंने उक्त ऊँचाइयों पर कुछ दूसरा ही दबाव नोट किया था : 19 km की ऊँचाई पर 50 mm और 22 km की ऊँचाई पर 45mm।

पर हमारे कलन के साथ इसका मेल क्यों नहीं बैठता? कहाँ हमने गलती की है?

इतने कम दबाव की स्थिति में गैसों के लिए मैरियट का नियम पूर्णतः लागू किया जा सकता है, पर हम यहाँ एक दूसरे प्रकार की भूल कर बैठे हैं : हमने यह मान लिया कि हवा का तापक्रम पूरे 20 km की ऊँचाई तक समान रहता है; पर वास्तविकता में हवा का तापक्रम ऊँचाई के साथ-साथ घटता है। माना जाता है कि एक किलोमीटर ऊँचा जाने पर तापक्रम औसतन 6.5^0 नीचे उतर आता है। यह बात सिर्फ 11 km तक की ऊँचाई के लिए सत्य है, जहाँ तापक्रम शून्य से 56^0 रहता है। इसके बाद काफी ऊँचाई तक तापक्रम लगभग अपरिवर्तित रहता है। यदि इन तथ्यों को ध्यान में रखा जाए (लेकिन यह सरल गणित की विधियों से संभव नहीं है), तो परिणाम वास्तविकता से कहीं अधिक मिलते-जुलते नजर आएँगे। इन्हीं कारणों से इसके पहले गहराई पर दबाव के लिए दिखाए गए कलनों को भी लगभग ही मानना चाहिए।

अध्याय 7

ताप-संवृत्तियाँ

पंखा

पंखा झलने पर निस्संदेह शीतलता का अनुभव होता है। कमरे में स्थित अन्य लोगों के लिए यह बिल्कुल हानिकर नहीं है; उल्टा, लोग ठंडी हवा के लिए आपके कृतज्ञ ही होंगे।

अब देखें कि यह कहाँ तक सही है। पंखा झलने पर हमें शीतल क्यों लगता है? हमारे चेहरे के निकट की हवा धीरे-धीरे गर्म हो जाती है। फिर यह अदृश्य नकाब चेहरे को 'गर्म' करने लगती है, अर्थात् शरीर से ताप-हानि की क्रिया मंद करने लगती है। यदि हमारे गिर्द हवा स्थिर है, तो चेहरे के पास स्थित हवा की गर्म परत ठंडी व भारी हवा द्वारा बहुत धीरे-धीरे ऊपर की ओर विस्थापित होती है। जब हम पंखा झलते हैं, तो चेहरे के पास की गर्म हवा दूर हो जाती है और दूसरी जगह की ठंडी हवा चेहरे को स्पर्श करने लगती है और हमारे शरीर की गर्मी दूर ले जाने लगती है। शीतलता की अनुभूति का यही कारण है।

इसका मतलब है कि पंखा झल कर हम अपने शरीर के पास की गर्म हवा को अपेक्षाकृत ठंडी हवा द्वारा विस्थापित करते रहते हैं।

पंखा हवा के स्थानांतरण की क्रिया को तेज कर देता है, जिससे कमरे में शीघ्र ही हवा का तापक्रम एक जैसा हो जाता है। इसका मतलब है कि पंखे वाला व्यक्ति अपने लाभ के लिए दूसरे लोगों को घेर कर रखने वाली ठंडी हवा का इस्तेमाल करता है। पंखे के सार्थक प्रभाव के लिए एक और बात का महत्त्व है, जिसके बारे में हम अभी बताने जा रहे हैं।

हवा में ठंड क्यों लगती है?

सभी जानते हैं कि बर्फीली ठंड सहन करना आसान है, यदि हवा नहीं बह

रही हो। पर सभी इसका सही कारण नहीं समझते। तेज हवा में अधिक ठंड की अनुभूति सिर्फ **सजीव प्राणियों** को ही होती है : थर्मोमीटर का पारा हवा लगने से नीचे नहीं उतरता। बर्फीली ठंड में हवा बहने पर तेजी से ठंडक लगने का कारण यह है कि शरीर से (विशेष कर उसके खुले भागों से) कहीं अधिक गर्मी निकल कर वातावरण में लीन हो जाती है, अपेक्षाकृत शांत मौसम में, जब शरीर द्वारा गर्म की गई हवा नई ठंडी हवा से इतनी जल्द विस्थापित नहीं हो पाती। हवा जितनी ही तेज होगी, प्रति मिनट उसकी उतनी ही अधिक मात्रा शरीर की सतह को स्पर्श करती हुई निकलेगी और इसके फलस्वरूप शरीर से प्रति मिनट ताप-हानि की मात्रा भी उतनी ही अधिक होगी। तेज ठंड की अनुभूति के लिए यही पर्याप्त है।

लेकिन एक कारण और है। हमारी चमड़ी के वाष्प से रूप में हमेशा आर्द्रता निकलती रहती है। वाष्पीकरण के लिए ताप चाहिए; वह हमारे शरीर से मिलता है और हमारे शरीर की निकटवर्ती हवा की परत से (यदि हवा स्थिर है, तो) वाष्पीकरण बहुत मंद होता है, क्योंकि चमड़ी के पास की हवा वाष्प से जल्द ही संतृप्त हो जाती है (आर्द्रता से संतृप्त हवा में वाष्पीकरण की क्रिया तीव्र नहीं होती)। पर यदि हवा प्रवहमान है और चमड़ी को स्पर्श करती हुई नई-नई हवा गुजरती रहती है, तो वाष्पीकरण की गति अपनी प्रचंडता बनाए रखती है; वह मंद नहीं होती। और इसके लिए अधिक ताप खर्च होता है, जो हमारे शरीर से ही खींचा जाता है।

हवा की शीतकारी शक्ति कितनी बड़ी है? वह हवा के वेग और तापक्रम पर निर्भर करती है और जितना लोग सोचते हैं, उससे कहीं अधिक प्रचंड है। एक उदाहरण देता हूँ, ताकि आपको इस शक्ति का कुछ अंदाजा मिल सके। मान लें कि हवा का तापक्रम 4^0 है और वह शांत है। इस परिस्थिति में हमारी चमड़ी का तापक्रम 31^0 होता है। यदि हल्का समीरण हो, तो पताका में सिहरन सी गति उत्पन्न करे, पर पत्तियों को नहीं हिलाए (जब हवा का वेग 2m/s हो) तो चमड़ी का तापक्रम 7^0 नीचे उतर आता है। यदि पताका फहर रही हो, अर्थात् हवा का वेग 6 m/s हो, तो चमड़ी के तापक्रम में 22^0 की कमी आ जाती है; उसका तापक्रम 9^0 हो जाता है। ये तथ्य नि.नि. कालीचिन की पुस्तक "चिकित्साशास्त्र में वातावरण की भौतिकी के उपयोग का आधार" से लिए गए हैं; इससे आप अनेक रोचक बातें जान सकते हैं।

अतः कितनी ठंड लग रही है, यह सिर्फ तापक्रम पर ही नहीं, हवा के वेग पर भी निर्भर करता है। एक ही तापक्रम पर मास्को की अपेक्षा लेनिनग्राद में अधिक ठंड महसूस होती है, क्योंकि वहाँ बाल्टिक समुद्र के तट पर हवा का वेग 5-6 मीटर प्रति सेकेंड होता है। मास्को में हवा का औसत वेग सिर्फ 4.5 m/s है। बैकाल झील के पार ठंड सहन करना और भी सरल है, क्योंकि वहाँ हवा का वेग सिर्फ 1.3 m/s होता है। पूर्वी साइबेरिया की ठंड इतनी कड़ाके की नहीं होती, जितना हम सोचते हैं।

दरअसल हम यूरोप की तेज हवा के आदी हो गए हैं, जबकि बैकाल के पार हवा का वेग नहीं के बराबर होता है।

मरु का ऊष्म उच्छ्वास

पिछले निबंध को पढ़ने के बाद शायद पाठक कहेंगे : "इसका मतलब है कि हवा बहने पर कड़ी गर्मी में भी शीतलता का अनुभव होना चाहिए। फिर मरुभूमि के यात्री मरु के गर्म उच्छ्वास की बात क्यों करते है।?"

इस विरोधाभास का कारण यह है कि उष्णकटि की जलवायु में हवा **हमारे शरीर से अधिक गर्म होती है**। अतः इसमें आश्चर्य नहीं होना चाहिए कि वहाँ हवा बहने पर लोगों को शीतलता की बजाय और अधिक गर्मी महसूस होती है। वहाँ ताप हमारे शरीर से हवा में नहीं जाता, बल्कि उल्टा हवा से हमारे शरीर में आता है। इसीलिए हमारे शरीर की सतह को प्रति मिनट जितनी ही अधिक हवा स्पर्श करेगी, हम उतनी ही अधिक गर्मी अनुभव करेंगे। यह सच है कि ऐसी स्थिति में शरीर से आर्द्रता के वाष्पीकरण की क्रिया तीव्र हो जाती है। पर इस क्रिया में जितना ताप खर्च होता है, उससे कहीं अधिक ताप शरीर को हवा से मिलता रहता है। ताप के आगमन को रोकने के लिए ही मरु इलाके के वासी, जैसे तुर्कमान-गर्म लबादा और फर की टोपी पहन कर घूमते हैं।

झीने घूँघट से गर्मी?

दैनिक जीवन एक और प्रश्न प्रस्तुत करता है भौतिकी के लिए। स्त्रियों का कहना है कि घूँघट या बुर्के से गर्मी मिलती है और उनके बिना चेहरे में ठंड लगती है। पर घूँघट के महीन झीने कपड़े को देख कर, जिसमें अक्सर बड़े-बड़े छेद होते हैं, पुरुषों को विश्वास नहीं होता। वे सोचते हैं कि यह सब कल्पना का खेल है।

पर यदि आप ऊपर कही गई बातों को याद करें, तो आप को इस पर संदेह नहीं होगा। छिद्र कितने भी बड़े क्यों न हों, कपड़ा हवा के आवागमन पर रोक-थाम जरूर लगाता है। चेहरे की त्वचा को स्पर्श करने वाली हवा की परत धीरे-धीरे गर्म हो जाती है और घूँघट उसे उड़ने नहीं देता। इसीलिए जब स्त्रियाँ कहती हैं कि घूँघट से ठंड कम लगती है, विशेषकर जब ठंड अधिक न हो और हवा मंद हो, तो इस पर अविश्वास करने का कोई आधार नहीं होता।

शीतकारी घड़ा

यदि आपने ऐसे घड़ों को देखा नहीं होगा, तो इनके बारे में पढ़ा या सुना अवश्य होगा। कच्ची मिट्टी के बने इन बरतनों की यह विशेषता है कि इनमें डाला गया पानी कालांतर में आस-पास की वस्तुओं की अपेक्षा ठंडा हो जाता है। दक्षिणी

देशों में और हमारे यहाँ भी (क्रिम में) ऐसे बरतनों का काफी प्रचलन है और अलग-अलग जगहों पर ये अलग-अलग नामों से पुकारे जाते हैं, जैसे स्पेन में इन्हें 'आलकारासा' कहा जाता है और मिश्र में—'गाउला'।

इन घड़ों के शीतकारी प्रभाव का रहस्य सरल है : भीतर का द्रव मिट्टी की दीवार से रिस कर बाह सतह पर आता है और वाष्पित होने लगता है; वाष्पीकरण के लिए ताप (वाष्पीकरण के गुप्त ताप) की आवश्यक मात्रा बरतन और पानी से ली जाती है, इसीलिए पानी ठंडा होने लगता है।

पर यह सही नहीं है कि इन बरतनों में पानी बहुत ठंडा हो जाता है। दक्षिणी देशों के यात्री अपने वर्णन में कुछ बढ़ा-चढ़ाकर लिख दिया करते हैं। बहुत अधिक शीतन संभव ही नहीं है। ठंडे होने की क्रिया अनेक परिस्थितियों पर निर्भर करती है। हवा जितनी गर्म होगी, द्रव बरतन के बाह्य सतह से उतनी ही जल्दी और उतनी ही अधिक मात्रा में वाष्पित होगा और इसके फलस्वरूप बरतन में स्थित द्रव उतना ही अधिक ठंडा होगा। शीतन परिवेशी हवा की आर्द्रता पर भी निर्भर करता है : अधिक आर्द्रता से वाष्पन मंद हो जाता है, जिससे पानी कम ठंडा होता है। इसके विपरीत, शुष्क हवा में वाष्पन तेज हो जाता है और इसके कारण पानी शीघ्र ठंडा होने लगता है। तेज हवा वाष्पन की क्रिया को तीव्र करके पानी अधिक ठंडा कर देती है। गर्मी में तेज हवा के समय भीगे कपड़े पहनने पर ऐसी ठंड सभी ने महसूस की होगी। शीतकारी घड़ों से पानी के तापक्रम में 5^0 से अधिक की कमी नहीं होती। कड़ी गर्मी में जब तापमापी 33^0 दिखाता है, घड़े के पानी का तापक्रम 28^0 होता है। स्पष्ट है कि इस शीतन का कोई व्यावहारिक लाभ नहीं हो सकता। पर घड़ा **पानी की ठंड को** अच्छी तरह सुरक्षित रख सकता है और उसका व्यवहार भी अधिकतर इसी काम के लिए होता है।

घड़े में पानी के ठंडे होने की सीमा निर्धारित करने का प्रयत्न किया जा सकता है।

माना कि किसी घड़े में 51 पानी अँटता है। कल्पना करें कि इसमें से 1/10 1 पानी वाष्प में परिणत हो गया। कड़ी गर्मी में जब वातावरण का तापक्रम 33^0 होता है, पानी के 1। (1kg) की मात्रा को वाष्पित करने के लिए 580 cal ताप की आवश्यकता पड़ती है। हमारे बरतन से 1/10 kg पानी वाष्पित हुआ है, अतः 58 cal ताप खर्च हुआ है। यदि यह सारा ताप सिर्फ घड़े के पानी से लिया गया होता, तो उसका तापक्रम 58/5, अर्थात 12^0 के लगभग कम हो जाता। पर वाष्पन के लिए ताप की आवश्यक मात्रा का अधिकतम भाग स्वयं घड़े की दीवारों और परिवेश की हवा से लिया जाता है; इसके अतिरिक्त, पानी ठंडा होने के साथ-साथ गर्म हवा के संसर्ग से गर्म भी होता रहता है। इसीलिए शीतन प्राप्त संख्या 12^0 के आधे से अधिक शायद ही होती है।

यह कहना मुश्किल है कि घड़े का शीतन धूप में अधिक होता है या छाया में। धूप में वाष्पन तो तेज हो जाता है, पर ताप का आगमन भी बढ़ जाता है। शायद घड़े को ऐसे स्थान पर रखना उत्तम रहेगा, जहाँ छाया हो और हल्की-हल्की हवा बह रही हो।

बिना ओला ठंड

खाद्य-सामग्रियों को सुरक्षित रखने के लिए शीत-अलमारी की बनावट वाष्पन से ठंड की प्राप्ति पर ही आधारित है। इसकी बनावट जटिल नहीं है : यह लकड़ी (या जस्ते का मुलम्मा चढ़े लोहे) की अलमारी होती है, जिसकी पिछली दीवार पर एक कपड़ा फैला रहता है। कपड़े का ऊपरी सिरा अलमारी पर रखे बरतन के पानी में डूबा रहता है और निचला सिरा नीचे रखे बरतन में। कपड़ा बाती की तरह पानी को सोखता रहता है, जिससे पानी रिस कर कपड़े के तार-तार पर फैलता हुआ धीरे-धीरे वाष्प में परिणत होता रहता है। इसी से अलमारी के सभी खाने ठंडे होते रहते हैं।

ऐसी अलमारी घर के किसी शीतल व हवादार स्थान पर रखनी चाहिए। बरतन का पानी हर शाम बदला जाता है, ताकि रात भर में वह अच्छी तरह ठंडा हो जाए। कहने की आवश्यकता नहीं कि पानी का बरतन और उसे सोखने वाला कपड़ा आदि बिल्कुल साफ होने चाहिए।

हम कितनी गर्मी सहन कर सकते हैं?

मनुष्य कहीं अधिक गर्मी बर्दाश्त कर सकता है, जितना हम सोच सकते हैं। दक्षिणी देशों के निवासी ऐसी गर्मी सहन कर सकते हैं, जिसे हम शीतोष्ण कटि के लोग बिल्कुल असह्य मानते हैं। मध्य अस्ट्रेलिया की गर्मियों में तापक्रम छाँव में भी 46^0 तक चला जाता है। कई बार तो वहाँ छाया में 55^0 (सेल्सियस) तक का तापक्रम भी देखा गया है। लाल सागर से फारस की खाड़ी पार करते वक्त जहाजों में 50^0 से भी अधिक तापक्रम देखा जाता है, जबकि वहाँ बिजली के पंखों से दिन-रात वातसंचार चलता रहता है।

पृथ्वी पर प्रकृति में 57^0 से अधिक का तापक्रम अवलोकित नहीं हुआ है। इतनी गर्मी कैलीफोर्निया की 'मृत्यु-घाटी' में होती है। मध्य एशिया सोवियत संघ का सबसे गर्म स्थान माना जाता है, पर वहाँ 50^0 से अधिक तापक्रम नहीं होता।

ऊपर बताए गए तापक्रम **छाया में** नापे गए हैं। यहाँ मैं आपको समझा दूँ कि मौसम-विशेषज्ञों की दिलचस्पी धूप में नहीं, छाया में नापे गए तापक्रम के साथ क्यों होती है। बात यह है कि हवा का तापक्रम सिर्फ छाया में रखा गया थर्मोमीटर बता सकता है। यदि उसे धूप में रखा जाएगा, तो वह सूर्य-किरणों से गर्म होकर परिवेशी हवा के तापक्रम से अधिक दिखाने लगेगा; उसका पारा हवा की तापीय-अवस्था

निर्धारित करने में कोई सहायता नहीं देगा। इसीलिए धूप में रखे हुए तापमापी का पठन करके मौसम को गर्म करार करना कोई मानी नहीं रखता।

ऐसे प्रयोग भी किए गए थे, जिससे निर्धारित हो सके कि कौन सा अधिकतम तापक्रम मानव-शरीर बर्दाश्त कर सकता है। पता चला कि शुष्क हवा में यदि शरीर धीरे-धीरे गर्म किया जाए, तो वह पानी के उबलने का तापक्रम (100^0) ही नहीं, उससे कहीं अधिक ऊँचा तापक्रम (160^0 C तक) सहन कर सकता है। यह सिद्ध किया ब्लैकडेन और चेंट्री नामक अंग्रेज भौतिकविदों ने, जो प्रयोग के लिए डबल रोटी बनाने की बेकरी में भट्ठी जला कर घंटों व्यतीत किया करते थे। "कमरे की हवा में अंडा उबाला जा सकता था और बीफ्स्टेक्स भूने जा सकते थे, पर लोगों का वहाँ बालबाँका नहीं होता था"—यह टिंडल ने ऐसी परिस्थिति के बारे में लिखा था।

इस सहनशीलता का कारण क्या है? यही कि व्यवहारतः हमारा शरीर इस तापक्रम का एक अंश भी नहीं ग्रहण करता; वह अपना साधारण तापक्रम सुरक्षित रखता है। गर्मी के विरुद्ध उसके संघर्ष का साधन है पसीना बहाना। पसीने का वाष्पीकरण हवा की उस परत का अधिकांश ताप हजम कर जाता है, जो प्रत्यक्षतः त्वचा के संसर्ग में आती है और इसी से उसका तापक्रम पर्याप्त कम हो जाता है। इन सब बातों के लिए एकमात्र शर्त यही है कि शरीर गर्मी के स्रोत के साथ प्रत्यक्ष संसर्ग में न आए और हवा शुष्क हो।

जो मध्य एशिया में हो आए हैं, उन्होंने ध्यान दिया होगा कि 37^0 से अधिक तापक्रम भी बिना किसी कष्ट के सहन हो जाता है, पर लेनिनग्राद में 24^0 की गर्मी भी असह्य होती है। कारण यही है कि लेनिनग्राद की हवा काफी आर्द्र होती है और मध्य एशिया की हवा लगभग शुष्क होती है; वहाँ के लिए वर्षा एक विरल घटना है।[1]

तापमापी या दाबमापी

एक भोले-भाले व्यक्ति के बारे में चुटकुला है कि वह टब में स्नान नहीं करना चाहता था। जब उससे पूछा था, तो उसने एक बड़ा ही असाधारण कारण बताया :

—खतरनाक काम है यह! मैंने उसमें बैरोमीटर घुसाया, तो पता चला कि वहाँ तूफान आया है।

पर आप यह न सोचें कि तापमापी और दाबमापी में हमेशा अंतर किया जा सकता है। ऐसे भी तापमापी हैं, जिन्हें दाबमापी भी कहा जा सकता है। इन्हें तापदर्शी

---

1. दिलचस्प बात यह है कि मेरे जेबी आर्द्रतामापक ने वहाँ जून महीने में दो बार शून्य आर्द्रता दिखाई थी (13 व 16 जून 1930 में)

(थर्मोस्कोप) कहना अधिक उपयुक्त होगा। इसके विपरीत, ऐसे दाबमापी भी है, जिससे तापदर्शी का काम लिया जा सकता है। इसका उदाहरण है अलेक्जेंडर हिरोन द्वारा निर्मित एक प्राचीन तापदर्शी, जिसे चित्र 85 में दिखाया गया है। गोल बरतन के ऊपरी भाग में स्थित हवा सूर्य किरणों से गर्म होकर फैलती है और पानी को दबा कर टेढ़ी नली और टीप के सहारे नीचे डिब्बे में चूने को विवश करती है।

इसके विपरीत, ठंडे मौसम में गोले के भीतर स्थित हवा की प्रत्यास्थता कम हो जाती है और डिब्बे का पानी बाह्य हवा के दबाव से सीधी नली में चढ़ कर गोले में आ जाता है।

पर यह उपकरण दाबमापी परिवर्तनों के प्रति भी संवेदनशील है : जब बाह्य दबाव कम हो जाता है, पुराने दबाव पर स्थित गोले की हवा फैल कर पानी का एक अंश मुड़ी नली के सहारे डिब्बे में विस्थापित कर देती है; बाह्य दबाव के बढ़ने पर डिब्बे का पानी सीधी नली के सहारे गोल बरतन में गिरने लगता है। तापक्रम में प्रति डिग्री का परिवर्तन हवा के आयतन में उतना ही परिवर्तन लाता है, जितना पारे के दाबमापी स्तंभ की ऊँचाई में 760/273 = करीब 2½ mm अंतर। मास्को में वातावरण के दबाव में 20 या इससे अधिक मिलिमीटर का परिवर्तन होता है। यह हिरोन के तापदर्शी में 8^0C के परिवर्तन के अनुकूल है; अतः मास्को के वातदाब में होने वाली कमी को तापक्रम में 8^0 की वृद्धि का फल मान लेने की भूल करना कोई बड़ी बात नहीं है।

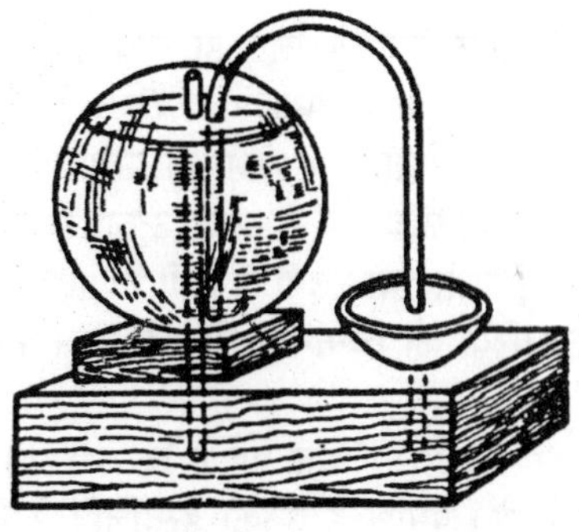

चित्र 85. हिरोन का तापदर्शी

आप देखते हैं कि प्राचीन तापदर्शी को दाबदर्शी कहलाने का भी कम अधिकार नहीं था। एक जमाने में हमारे यहाँ पानी का प्रयोग करने वाले बैरोमीटर बेचे जाते थे, जिनका थर्मोमीटर की तरह भी उपयोग किया जा सकता था। पर खरीददार तो क्या इसका आविष्कारक भी इस बात से अनभिज्ञ था।

लालटेन में शीशा किस लिए है?

बहुत कम लोगों को ज्ञात होगा कि लालटेन के शीशे को आधुनिक रूप ग्रहण करने के लिए कितनी लंबी यात्रा करनी पड़ी है। सहस्राब्दियों तक लोग बिना शीशे का उपयोग किए सिर्फ आग की लौ से प्रकाश प्राप्त करते है। लालटेन या बत्ती में इस महत्त्वपूर्ण सुधार के लिए लियोनार्दो द विंसी (1452-1519) की प्रतिभा को जन्म लेना था। पर लियोनार्दो ने आग की लौ को शीशे की नहीं, धातु की नली

से घेरा था। इसके बाद तीन शताब्दियाँ और बीतीं जब तक कि धातु की नली का स्थान शीशे के पारदर्शक बेलन ने लिया। जैसा कि आप देख रहे हैं, लालटेनी शीशे के आविष्कार पर दसियों पीढ़ियों को काम करना पड़ा है।

लालटेन के शीशे का काम क्या है?

इस अतिस्वाभाविक प्रश्न का उत्तर शायद ही सबके पास होगा। लौ को हवा के झोंके से बचाना शीशे का सिर्फ गौण कार्य है। उसका मुख्य कार्य है–लौ की **प्रभा** (जलने की क्रिया) को तीव्र करना है। लालटेन के शीशे की वही भूमिका होती है, जो भट्ठी या फैक्टरी में धुआँ निकालने के लिए चिमनी की होती है :[1] वह लौ की ओर हवा के प्रवाह को बढ़ाता है।

इसे विस्तार से देखें। शीशे के भीतर का वायु-स्तंभक बाह्य हवा की अपेक्षा जल्दी गर्म होता है। गर्म होने के कारण हवा हल्की हो जाती है और आर्कमिडीज़ के नियम के अनुसार वह दूसरी ठंडी हवा द्वारा विस्थापित हो जाती है। ठंडी हवा के प्रविष्ट होने के लिए ही नीचे छेद बने होते हैं। इस प्रकार नीचे से ऊपर तक ताजी हवा का संवहन होता रहता है और जलन से प्राप्त गैस, कालिख आदि की दूरी होती रहती है। शीशे की ऊँचाई जितनी ही अधिक होगी, गर्म व ठंडी हवा के स्तंभों की ऊँचाइयों में अंतर उतना ही अधिक होगा। और वह अंतर जितना अधिक होगा, ताजी हवा उतनी ही तेजी से आएगी और आग को उतनी ही अधिक उकसाएगी। फैक्टरियों की चिमनियाँ भी यही काम करती हैं, इसीलिए वे इतनी ऊँची बनाई जाती हैं।

दिलचस्प बात यह है कि इस पूरी परिवृत्ति को लियोनार्दो अच्छी तरह समझ चुके थे। प्रमाण हैं उनकी हस्तलिपि में ये शब्द : ''जहाँ आग होती है, वहाँ उसके गिर्द हवा की धारा बनती है : वही उसका शोषण करती है और उसे प्रज्वलित करती है।''

लपट अपने आप क्यों नहीं बुझती?

यदि दहन की क्रिया पर अच्छी तरह से विचार करें, तो चाहें न चाहें, एक प्रश्न उठ आएगा : लपट अपने आप क्यों नहीं बुझ जाती? दहन के उत्पाद हैं–जल-वाष्प और कार्बन डायक्साइड। ये अदहनशील हैं और दहन का पोषण कर सकने में असमर्थ हैं। अदहनशील पदार्थों को दहन के आरंभिक क्षणों में ही लपट को आवृत्त करके उसे हवा के संसर्ग से वंचित कर देना चाहिए। और चूँकि हवा की अनुपस्थिति में दहन जारी नहीं रह सकता, लपट को बुझ जाना चाहिए।

पर ऐसा क्यों नहीं होता? दहन क्यों तब तक जारी रहता है, जब तक कि सारा

1. हिंदी में लालटेन के शीशे को चिमनी ही कहते हैं।–अनु.

ईंधन **समाप्त** नहीं हो जाता? सिर्फ इसलिए कि गैसें गर्म होकर फैलती हैं और आयतन-प्रसार के कारण **हल्की हो जाती** हैं। इसी कारण दहन के उत्पाद लपट के समीप अपने उद्भव-स्थल पर टिके नहीं रह पाते; शीघ्र ही ताजी हवा द्वारा ऊपर विस्थापित कर दिए जाते हैं। यदि आर्कमिडीज़ का नियम गैसों पर लागू नहीं होता (या गुरुत्व ही नहीं होता), तो कैसी भी लपट थोड़ी बहुत जल कर स्वयं बुझ जाती।

दहन के उत्पाद लपट के लिए कितने हानिकारक होते हैं, इसकी परख आसानी से की जा सकती है। जब आप फूँक मार कर दीया या लालटेन बुझाते हैं, आप जाने अनजाने इसी बात का उपयोग करते हैं : आप ऊपर से फूँक मारते हैं, ताकि दहन के उत्पाद वापस लपट कर छा जाएँ। लपट ताजी हवा से वंचित होकर बुझ जाती है।

जूल वेर्न के उपन्यास की अलिखित अध्याय

जूल वेर्न ने तोप के गोले में चाँद की ओर अग्रसर तीनों हिम्मतमर्दों की दिनचर्या का सविस्तार वर्णन किया है। पर उन्होंने इसके बारे में एक शब्द भी नहीं लिखा कि इस असाधारण परिस्थिति में मिशेल अर्दान अपनी रसोइए की जिम्मेदारी कैसे निभाता है। शायद उपन्यासकार ने यह सोचा होगा कि उड़ते हुए गोले में खाना पकाना ऐसी कोई बात नहीं है, जिसका रोचक वर्णन किया जा सके। यदि वे सचमुच ऐसा सोचते थे, तो निस्संदेह वे गलत थे। बात यह है कि तोप के उड़ते हुए गोले में सारी वस्तुएँ अपना भार **खो बैठती हैं** (इन मनोरंजक संवृत्ति की सविस्तार व्याख्या 'मनोरंजक भौतिकी' के प्रथम भाग, 'अंतर्ग्रही यात्राएँ,' 'राकेट में सितारों की ओर' 'राकेट में चाँद पर' नामक मेरी अन्य पुस्तकों में दी गई है)। जूल वेर्न ने इस परिस्थिति पर कोई ध्यान नहीं दिया। पर विश्वास कीजिए कि भारहीनता में खाना पकाना उपन्यासकार के लिए रोचक विषय हो सकता था। हमारे लिए सिर्फ अफसोस करना रह जाता है कि प्रतिभावान् लेखक ने इस पर कोई ध्यान नहीं दिया। मैं इस कमी को पूरा करने का भरसक प्रयत्न करता हूँ, ताकि पाठकों को अंदाजा मिले कि जूल वेर्न की लेखनी से कितनी सशक्त कहानी बनती।

पाठक इसे पढ़ते वक्त यह स्मरण रखें कि तोप के गोले में भार **अनुपस्थित** है; उसमें सभी वस्तुएँ **भारहीनता की अवस्था** में हैं।

भारहीन रसोई

—मित्रों, हमने अभी तक नाश्ता नहीं किया है,—मिशेल अर्दान ने अपने अंतरिक्षी सहयात्रियों को बुला कर कहा।—हमारा भार लुप्त हो गया है, तो इसका यह मतलब नहीं है कि हमारी भूख भी लुप्त हो गई है। अभी मैं आपके लिए भारहीन खाना तैयार करता हूँ, जो बेशक दुनिया का सबसे हल्का-फुल्का नाश्ता होगा।

और वह उत्तर की प्रतीक्षा किए बगैर रसोई में लग गया।

—पानी की बोतल खाली होने का बहाना कर रही है,—अर्दान एक बड़ी सी बोतल खोलने की कोशिश करता हुआ बड़बड़ा रहा था।—लेकिन मुझे धोखा देना आसान नहीं है : मुझे तो मालूम है कि तू इतनी हल्की क्यों है...खैर, काग खुल गया; अब जरा अपनी अंतर्वस्तु ढालने की कृपा करो तो।

बोतल लाख झुकाने पर भी पानी ढल नहीं रहा था।

—परेशान न होओ, मेरे प्यारे अर्दान,—सहायता के लिए आते हुए निकोल ने कहा।—जरा समझने की कोशिश करो कि हमारे गोले में भार नहीं है और यहाँ पानी **नहीं ढल सकता।** तुम्हें पानी गाढ़ी चाशनी की तरह छिड़क-छिड़क कर निकालना पड़ेगा।

अर्दान ने सोचने में देरी नहीं की; उल्टी बोतल की पेंदी पर एक जोरदार धौल लगा दी। एक नई आफत आ खड़ी हुई : बोतल से एक बड़ा सा गोला निकल कर हवा में लटक गया।

—हाय, क्या हाल हो गया पानी का?—चकित होकर अर्दान ने कहा।—कम-से-कम इस अचंभे की तो जरूरत नहीं थी! वैज्ञानिक मित्रो, कुछ तो बताएँ कि यह सब क्या है?

—यह पानी की बूँद है, प्यारे अर्दान, एक सीधी-सादी बूँद है। भारहीनता की दुनिया में बूँद जितनी चाहे, बड़ी हो सकती है...याद करो कि द्रव गुरुत्व के प्रभाववश ही बरतन का रूप धर लेता है, धार के रूप में बहता है, आदि। यहाँ गुरुत्व नहीं है, इसीलिए द्रव पूरी तरह अपने भीतर की आण्विक शक्तियों के वश में होता है। यहाँ बूँद भी गोले का रूप धारण कर लेगी, जैसे प्लेटो के विख्यात प्रयोग में तेल।

—पर प्लेटो के प्रयोग से मुझे क्या लेना है। मुझे शोखे के लिए पानी उबालना है और कोई भी आण्विक शक्ति मुझे नहीं रोक सकती।—बिगड़ कर उसने कहा।

और वह क्रोध में पागलों की तरह बोतल झाड़ने लगा। पानी के बड़े-बड़े गोले उड़ती पतीली तक पहुँच कर उसकी सतह पर पसरना शुरू कर देते थे। बात यहीं खत्म नहीं होती थी : पानी भीतरी दीवारों से बाहरी पर बह आता था,—और अंत में पतीली पानी की एक मोटी परत से आच्छादित हो गई। इस रूप में पानी उबालना असंभव था।

—कितना रोचक प्रयोग है। इससे सिद्ध होता है कि संसंजना (आपसी चिपकाव) का बल कितना बड़ा होता है,—निकोल ने निर्द्वंद्व भाव से कहना शुरू किया।—तुम चिंता मत करो : यह द्रव द्वारा ठोस पिडों के भिगाने की क्रिया है; यहाँ गुरुत्व नाम की कोई चीज इस क्रिया में बाधा नहीं पहुँचा रही है, इसीलिए वह अपनी पराकाष्ठा पर है।

—बहुत दुख की बात है!—अर्दान ने अड़ कर कहा।—भीगने की क्रिया हो

या कुछ और; मुझे पानी पतीली के **भीतर** चाहिए, इसके **इर्द-गिर्द** नहीं। यह भी कोई बात हुई। इन परिस्थितियों में दुनिया का एक भी रसोइया खाना पकाने को तैयार नहीं होगा।

यदि क्लेदन (भीगने की क्रिया) तुम्हारे काम में बाधक हो रहा है, तो तुम उसे सरलतापूर्वक रोक सकते हो,—उसे शांत करते हुए बार्बीकेन ने कहा।—तुम्हें याद होगा कि यदि पिंड पर तैल पदार्थ की महीन परत हो,तो पानी उसे नहीं भिगोता। पतीली की बाहरी सतहों पर तेल मल दो, पानी उसके भीतर टिका रहेगा।

—शाबास! इसको मैं विज्ञानी का सच्चा ज्ञान कहता हूँ,—सलाह को अमल में लाते हुए उसने खुशी-खुशी कहा। इसके बाद वह पानी को गैस के चूल्हे पर गर्म करने की तैयारी करने लगा।

पर अर्दान के भाग्य में शांति नहीं थी; सब कुछ उसके विरुद्ध था। गैस का चूल्हा नखरे करने लगा : वह मंद लौ से करीब आधा मिनट जला, फिर पता नहीं क्यों अपने आप बुझ गया।

अर्दान अब चूल्हे के पीछे पड़ा। वह धैर्यपूर्वक तरह-तरह की युक्तियाँ लगाता रहा, ताकि लौ देर तक जलती रहे। पर सारा श्रम बेकार था : लौ जलने का नाम नहीं ले रही थी।

—बार्बीकेन! निकोल! क्या सचमुच इस जिद्दी लौ को वैसे जलने पर विवश नहीं किया जा सकता, जैसे आपकी भौतिकी और गैस की कंपनी कहती है?—फ्रांसीसी आजिज होकर अपने मित्रों को बुलाने लगा।

—इसमें कोई नई बात नहीं है,—निकोल ने समझाया।—इन परिस्थितियों में यही उम्मीद की जानी चाहिए थी। लौ भौतिकी के नियमों का ही अनुसरण कर रही है। और जहाँ तक गैस कंपनियों का प्रश्न है...मैं सोचता हूँ कि यदि गुरुत्व नहीं होता, तो उनका दिवाला निकल गया होता। तुम जानते हो कि जलने से कार्बन डायक्साइड, जलवाष्प आदि गैसें बनती हैं, जो अदहनशील हैं। साधारण परिस्थितियों में दहन के ये उत्पाद लौ के पास नहीं टिके रहते : वे गर्म होकर हल्के हो जाते हैं और इसीलिए ताजी हवा द्वारा ऊपर विस्थापित होते रहते हैं। पर यहाँ गुरुत्व नहीं है, इसलिए दहन के उत्पाद अपनी उत्पत्ति के स्थान पर ही टिके रहते हैं और लौ को अदहनशील गैस से ढक देते हैं। लौ के पास ताजी हवा का आना रुक जाता है और वह बुझ जाती है। आग बुझाने वाले उपकरणों के कार्य इसी बात पर आधारित हैं : वे लपट को अदहनशील गैसों से ढक देते हैं।

—तुम कहना चाहते हो कि,—फ्रांसीसी ने टोका,—यदि पृथ्वी पर गुरुत्व नहीं होता, तो दमकलों की आवश्यकता नहीं पड़ती; आग खुद ब खुद अपनी ही निःश्वास से घुट कर बुझ जाती हैं?

—बिल्कुल! पर अभी हालात ठीक करने के लिए एक बार फिर से गैस जलाओ;

हम दोनों मिल कर फूँक लगाते हैं। मैं सोचता हूँ कि हमें हवा की कृत्रिम संवहन धाराएँ बनाने में सफलता मिल जाएगी और लौ वैसे ही जलने लगेगी, जैसे पृथ्वी पर।

यही किया गया। अर्दान ने फिर से गैस जलायी और रसोई में लग गया। वह निकोल और बार्बीकेन की हालत देख कर मन-ही-मन खुश हो रहा था : उन्हें लगातार हवा करनी पड़ रही थी, ताकि लौ को ताजी हवा मिलती रहे। फ्रांसीसी अपने हृदय में इन सारी आफतों का कसूरवार अपने मित्रों और उनके विज्ञान को मान रहा था।

—अब आप इस बात से कारखाने की चिमनी का काम कर रहे हैं, क्योंकि ताजी हवा के लिए संवहन धारा बना रहे हैं,—अर्दान ने हँसी उड़ाने के मूड में बोलना शुरू किया।—मुझे आप लोगों पर बहुत तरस आ रहा है, मेरे वैज्ञानिक मित्रों, लेकिन यदि हम गर्म-गर्म नाश्ता चाहते हैं, तो भौतिकी की गुलामी करनी पड़ेगी।

पंद्रह मिनट बीत गए, आधा घंटा बीता, घंटा बीत गया, पर पतीली में पानी उबलने का नाम नहीं ले रहा था।

—तुम्हें धीरज से प्रतीक्षा करनी होगी, अर्दान। बात यह है कि साधारण भारयुक्त पानी बहुत जल्द गर्म होता है, क्योंकि उसमें गर्म व ठंडी परतों का निरंतर स्थानांतरण होता रहता है। नीचे की परत गर्म होकर हलकी हो जाती है और ऊपर उठ जाती हैं उसका स्थान ठंडी परत ले लेती और गर्म होने लगती है। फल यह होता है कि शीघ्र ही सारा पानी ऊँचे तापक्रम पर पहुँच जाता है। तुमने कभी पानी को नीचे की बजाय ऊपर से गर्म किया है? इस स्थिति में परतों का स्थानांतरण नहीं होता; ऊपर की गर्म परत अपने स्थान पर टिकी रहती है। पानी की ताप-चालकता नगण्य होती है, इसलिए ऊपरी परत निचली परत को गर्मी नहीं देती; वह स्वयं उबलने लगती है, पर नीचे की परत में रखा हुआ बर्फ का टुकड़ा पिघलने का भी नाम नहीं लेता। पर हमारी भारहीन दुनिया में कोई फर्क नहीं पड़ता कि किधर से पानी गर्म किया जा रहा है। किधर से भी गर्म करो, पतीली में संवहन धाराएँ नहीं बनेंगी और इसीलिए पानी बहुत धीरे-धीरे गर्म होगा। यदि तुम चाहते हो कि पानी जल्द गर्म हो, तो तुम्हें पानी को निरंतर हिलोड़ें देते रहना होगा।

निकोल ने अर्दान को सावधान कर दिया कि वह पानी को सौ डिग्री तक गर्म न करे, उसे कुछ कम तापक्रम पर ही रखे। 100^0 पर बहुत अधिक मात्रा में वाष्प बनने लगेगा, जिसका विशिष्ट भार पानी के विशिष्ट भार के बराबर होगा (दोनों ही शून्य हैं) और इसीलिए पानी और भाप मिल कर समरूप फेन बनाने लगेंगे।

एक दूसरा घपला मटर के साथ हो गया, जिसके कारण मित्रों को कुछ कम कठिनाई नहीं उठानी पड़ी। अर्दान पोटली खोलकर मटर पतीली में डालना चाहता था। इसके लिए उसने गलती से पोटली को एक झटका दे दिया। फिर क्या था :

मटर के सारे दाने हवा में बिखर कर उड़ने लगे, दीवार से टकरा-टकरा कर सब ओर मँडराने लगे। इन घुमक्कड़ दानों के कारण एक दुर्घटना होते-होते बच गई : निकोल की साँस के साथ एक दाना उसके फेफड़े तक पहुँच गया और उसका खाँसी से दम घुटने लगा। फिर से ऐसी दुर्घटना न हो जाए, इसके लिए मित्रों ने पहले हवा साफ करने का निश्चय किया। तीनों मटर के दाने पकड़ने में लीन हो गए। यहाँ तितली पकड़ने वाली जाली काम आ गई, जिसे अर्दान ने चाँद की तितलियों का संग्रह करने के लिए अपने साथ रख लिया था।

इस परिस्थितियों में खाना बनाना सचमुच ही जटिल काम था। अर्दान बिल्कुल सही कह रहा था कि कोई भी अच्छा रसोइया यहाँ खाना बनाने को राजी नहीं होगा। बीफस्टेक्स भूनने में भी बड़ी कठिनाइयों का सामना करना पड़ा : मांस के टुकड़े को हर समय काँटे से दबा कर रखना पड़ रहा था, क्योंकि तेल का स्प्रिंग जैसा प्रत्यास्थ वाष्प बीफस्टेक्स को पतीली से उछाल देता था और कच्चा मांस 'ऊपर' उड़ने लगाया था (यदि 'ऊपर' शब्द का प्रयोग किया जा सकता है, जहाँ न तो 'ऊपर' था, न 'नीचे')।

इस गुरुत्वहीन दुनिया में खाना खाना भी मुश्किल काम था। बैठने का कोई प्रश्न नहीं था; तीनों मित्र अजीबोगरीब मुद्राओं में एक दूसरे से सिर के बल टकराते हुए मँडरा रहे थे (कहना नहीं होगा कि दृश्य बड़ा मनोहर था!)। टेबल, कुर्सी, बेंच जैसी वस्तुएँ इस दुनिया में बेकार थीं। सच पूछिए तो टेबल की जरूरत भी नहीं थी, यदि अर्दान की अकाट्य इच्छा नहीं होती कि 'टेबल पर' ही खाना खाया जाए।

शोरबा बनाना तो कठिन काम था ही, पर इससे भी कठिन काम निकला उसे निगलना। पहले तो इस भारहीन शोरबे को कप में ढालना ही कठिन था। इस चक्कर में अर्दान की सुबह से अब तक कि मेहनत नष्ट होते-होते रह गई। वह भूल गया कि शोरबा भारहीन है और उसे ढालने के लिए उसने पतीली की पेंदी पर एक धौल जमा दी। परिणामस्वरूप पतीली से द्रव का एक बड़ा सा गोला उछल आया—यह वर्तुलज रूप में शोरबा था। यहाँ अर्दान को सरकस की बाजीगरी दिखानी पड़ी, अन्यथा इतनी कठिनता से बना हुआ शोरबा हाथ से निकल जाता।

खाने के लिए चम्मच का प्रयोग भी निष्फल रहा। शोरबा चम्मच के गड्ढे में जमा होने की बजाय पूरे चम्मच पर फैल जाता था; यहाँ तक कि उँगलियाँ भी गीली हो जाती थीं। चम्मच पर तेल मल दिया गया, ताकि भीगने की क्रिया रुक जाए, पर इससे स्थिति सुधरी नहीं : चम्मच में शोरबा गोली का आकार ग्रहण कर लेता था, जिसे मुँह तक लाने की कोई संभावना नहीं थी।

अंततोगत्वा निकोल ने समस्या का हल ढूँढ निकाला : उसने मोम चढ़े कागज की नली बनाई और उसके सहारे सुड़क-सुड़क कर पीने लगा। यात्रा के पूरे दौर

मित्रगण पानी, शराब आदि कोई भी द्रव इसी विधि से पीते रहे।[1]

पानी आग क्यों बुझाता है?

इस सरल प्रश्न का उत्तर सभी नहीं जानते, इसीलिए यदि मैं संक्षेप में बता दूँ, तो आशा है कि पाठक बुरा नहीं मानेंगे।

प्रथमतः, पानी जलती वस्तु के संसर्ग में आ कर वाष्प में परिणत हो जाता है और इस क्रिया में वह जलती वस्तु से ताप का बहुत बड़ा अंश लेकर खर्च कर देता है; खौलते पानी को पूरी तरह वाष्प में परिणत करने के लिए पाँच गुना अधिक ताप की आवश्यकता पड़ती है, अपेक्षाकृत ठंडे पानी को सौ डिग्री तक गर्म करने में।

और दूसरे, इस विधि से उत्पन्न वाष्प उसे जन्म देने वाले पानी से सैकड़ों गुना अधिक आयतन रखती है; वह जलती वस्तु को घेर कर उसके चारों तरफ की हवा को विस्थापित कर देती है और बिना हवा के कोई भी वस्तु नहीं जल सकती।

पानी की अग्निशामक शक्ति बढ़ाने के लिए कभी-कभी उसमें बारूद मिला दिया करते हैं। पढ़ कर आपको आश्चर्य होता होगा, पर बात काफी बुद्धिमानी की है : बारूद बहुत जल्द जल जाती है और ढेर सारी अदहनशील गैसें बना देती है। ये गैसें जलती वस्तु को आवृत्त करके जलने की क्रिया में बाधा डालने लगती हैं।

आग से अग्नि-शमन

आपने सुना होगा कि जंगल या ऊँची घास व झाड़ियों वाले विस्तृत मैदान में लगी आग को रोकने के लिए कभी-कभी दूसरी तरफ से आग लगा दी जाती है। नई लपटें मार्ग में मिलने वाले दहनशील पदार्थों को जला कर उसे उसके आहार से वंचित कर देती हैं। जैसे ही आग की दोनों दीवारें मिलती हैं, दोनों तरफ की

---

1. इस पुस्तक के पिछले संस्करणों के पाठकों ने इस बात पर शंका प्रकट की थी कि गुरुत्वहीन परिवेश में भी द्रव पीया जा सकता है, चाहे उपरोक्त विधि ही क्यों न इस्तेमाल की गई हो। अक्सर उनके पत्रों में यह तर्क होता था : उड़न-गोले में हवा भी भारहीन है, अतः उसमें दबाव डालने का गुण नहीं हो सकता; और यदि दबाव नहीं है, तो सुड़क कर भी आप द्रव को नहीं पी सकते। विचित्र बात तो यह है कि यही आपत्ति पत्र-पत्रिकाओं के माध्यम से कुछ समीक्षकों ने भी उठाई थी। जबकि यह बिल्कुल स्पष्ट है कि हवा की भारहीनता का उसके दबाव के साथ कोई संबंध नहीं है : किसी भी बंद व्योम (या बरतन) में हवा दबाव डालती है; इसलिए नहीं कि उसमें भार है, बल्कि इसलिए कि गैसीय पिंड होने के नाते वह असीम प्रसारण की प्रवृत्ति रखती है, जिसके कारण उसे घेर कर रखने वाली दीवारों पर दबाव पड़ता है। पृथ्वी-तल पर खुले व्योम में दीवार की भूमिका गुरुत्व निभाता है; वही हवा के असीम प्रसार में बाधा डालता है। गुरुत्व और दबाव के इस प्राकृतिक संबंध के कारण ही मेरे आलोचक गलती कर बैठे थे।

चित्र 86. आग से आग बुझाना

आग बुझ जाती है, मानो वे एक दूसरे को निगल गई हों।

अमेरिका में एक मैदान में लगी आग को इस विधि से बुझाने की विधि का वर्णन बहुतों ने कूपर के उपन्यास 'प्रेयरी' में पढ़ा होगा। बूढ़े ट्रैपर (बहेलिए) द्वारा पथिकों की मैदानी आग से रक्षा का नाटकीय दृश्य भुलाया नहीं जा सकता। 'प्रेयरी' का यह अंश उद्धृत किया जा रहा है :

"बूढ़ा अचानक उठ खड़ा हो गया।

—अब कुछ करना चाहिए; समय आ गया है,—उसने कहा।

—अब! अब बहुत देर हो चुकी है, बूढ़े।—मिडिलटोन ने चीख कर कहा।—आग हमसे कोई चौथाई मील की दूरी पर है और हवा उसे भयानक गति से हमारी ओर बढ़ा रही है!

—आग-वाग से मैं नहीं डरता। आओ बहादुरो, जरा इस सूखी घास को हाथ लगाते हैं। यहाँ जमीन को थोड़ा नंगा करना है।

जल्द ही करीब 20 फीट व्यास वाली गोलाकार जगह साफ हो गई। ट्रैपर ने औरतों को आग से दूर वाले छोर पर खड़ा रहने और उन्हें अपने कपड़ों को कंबल से लपेट लेने की हिदायत दे दी; कपड़ों के जल उठने पर खतरा अधिक था। यह सावधानी बरत लेने के बाद बूढ़ा उस ओर बढ़ा, जिधर से आग की लपलपाती लपटें उन्हें छल्ले की तरह घेरती चली आ रही थीं। उसने मुट्ठी भर घास बंदूक की नली पर लगाई और उसमें आग लगा दी। सूखी घास क्षण भर में लहक उठी। बूढ़े ने

उसे ऊँची झाड़ियों में फेंक दिया और साफ की हुई जगह के बीच में खड़ा होकर अपने काम का नतीजा देखने लगा।

नई लपटें भुक्खड़ों की तरह अपने शिकार पर टूट पड़ीं और मैदान को सफाचट करती हुई आगे बढ़ चलीं।

—अब आप देखेंगे कि आग आग को कैसे बुझाती है।

—क्या इससे खतरा नहीं है?—मिडिलटोन ने आश्चर्य से पूछा।—क्या आप दुश्मन को दूर भगाने की बजाय उसे और करीब तो नहीं ला रहे हैं?

अब आग तीन तरफ से बढ़ रही थी; चौथी दिशा में उसका अंत हो रहा था, वह भूख से दम तोड़ रही थी। यहाँ खाना नहीं था। आग के पीछे धुँआ छोड़ती काली जमीन छूटती जा रही थी। घास काट पर भी वह इतनी साफ नहीं होती।

मगेड़ुओं की स्थिति और भी खतरे में होती, यदि उनके द्वारा साफ की गई जमीन का क्षेत्र बढ़ता नहीं जाता,—आग दूसरी दिशा से भी तो बढ़ रही थी।

कुछ मिनटों बाद लपटें हर ओर पीछे हटने लगीं। लोग धुएँ के बादलों में लिपटे हुए थे, पर पागलों की तरह बढ़ रही आग की बाढ़ से बिल्कुल स्वतंत्र थे।

लोग ट्रैपर द्वारा प्रयुक्त विधि की सरलता पर चकित थे और उसके कारनामे को यूँ देख रहे थे, जैसे फेर्दिनांद के दरबारी कोलंबो को, जब वह अंडे को टेबल पर उसके सिरे के सहारे खड़ा कर रहा था।''

पर मैदानी आग बुझाने की विधि इतनी सरल नहीं है, जितना ऊपर से देखने में लगता है। आग बुझाने के लिए आग बुझाने का काम किसी अनुभवी व्यक्ति को ही करना चाहिए, अन्यथा प्रकोप कम होने की बजाय बढ़ भी सकता है।

इसके लिए कितनी निपुणता की आवश्यकता है, यह आप निम्न प्रश्नों का उत्तर देने के बाद ही समझ सकेंगे : ट्रैपर द्वारा लगाई गई आग असली आग की दिशा में ही क्यों भागने लगी; वह उल्टी दिशा में क्यों नहीं बढ़ने लगी? आखिर हवा आग की ओर से आ रही थी और आग को पथिकों की दिशा में खदेड़ रही थी! इसीलिए ट्रैपर द्वारा लगाई गई आग को असली आग की ओर नहीं, उल्टा लोगों की ओर बढ़ना चाहिए था। पर यदि ऐसा होता, तो राहियों की मृत्यु निश्चित थी।

क्या रहस्य था ट्रैपर की विधि का?

भौतिकी के एक साधारण नियम का ज्ञान। यह ठीक है कि हवा मैदान के जलते भाग से पथिकों की ओर बह रही थी, पर आग के **आगे-आगे, उसके निकट,** हवा का विपरीत बहाव भी होना चाहिए था। आग से गर्म होकर हवा हल्की हो जाती है और ऊपर उठने लगती है। रिक्त स्थान को भरने के लिए मैदान के दूसरे हिस्सों से ताजी हवा का आग की ओर बढ़ना शुरू हो जाता है। इसीलिए आग की सीमा के पास **हवा का खिंचाव लपटों की ओर होता** है। आग तभी जलानी चाहिए, जब असली आग पर्याप्त निकट आ जाए, अर्थात् जब असली आग की ओर हवा

का खिंचाव महसूस होने लगे। इसीलिए ट्रैपर जल्दीबाजी नहीं कर रहा था; वह शांत खड़ा आवश्यक क्षण की प्रतीक्षा कर रहा था। यदि असली आग की ओर हवा का खिंचाव महसूस करने के थोड़ा पहले वह आग लगा देता, तो आग उल्टी उन्हीं की ओर बढ़ने लगती और लोगों के सामने मरने के सिवा कोई चाारा नहीं बचता। आग लगाने में देर भी नहीं की जा सकती थी; असली आग काफी निकट आ जाती।

उबलते पानी से पानी उबालना

एक छोटी सी शीशी में पानी भर कर आग पर चढ़ी पतीली के शुद्ध पानी में इस प्रकार डुबाइए कि शीशी पतीली की पेंदी को स्पर्श न करे। इसके लिए आपको शीशी महीन तार से बाँध कर लटकानी पड़ेगी। कायदे से, जब पतीली का पानी खौलने लगेगा, शीशी के पानी को भी खौल जाना चाहिए। पर आप जितनी मर्जी इंतजार कर सकते हैं; ऐसा नहीं होगा। शीशी के भीतर पानी गर्म होगा, बहुत गर्म हो जाएगा, पर खौलेगा नहीं। खौलता पानी इतना गर्म नहीं होता कि पानी को खौला सके।

निष्कर्ष आशातीत है, पर ऐसा होगा—यह पहले से कहा जा सकता था। पानी को खौलाने के लिए 100^0C तक उसे गर्म करना ही पर्याप्त नहीं है : उसे इतना और अतिरिक्त ताप देना होगा कि वह एक समुच्च अवस्था से दूसरी (वाष्प की अवस्था) में आ जाए।

शुद्ध जल 100^0C पर खौलने लगता है; साधारण परिस्थितियों में आप उसे जितना चाहें, गर्म कर सकते हैं; उसका तापक्रम इस बिंदु से ऊपर नहीं उठेगा। अर्थात् ताप का स्रोत, जिससे आप शीशी का पानी गर्म कर रहे हैं, 100^0C तापक्रम पर है; इसलिए वह शीशी के पानी को इससे अधिक गर्म नहीं कर सकता। जब दोनों बरतनों में स्थित पानी का तापक्रम समान (100^0C) हो जाएगा, तब **पतीली के पानी से शीशी के पानी की ओर ताप का संचार बंद हो जाएगा।**

अतः शीशी के पानी को वाष्प में परिणत करने के लिए अतिरिक्त ताप उसे उपरोक्त विधि द्वारा नहीं दिया जा सकता (100^0C तक गर्म किए गए एक ग्राम पानी को वाष्प में परिणत करने के लिए 500 कैलोरी अतिरिक्त ताप देना पड़ता है)। यही कारण है कि शीशी का पानी पतीली में गर्म हो जाता है, पर खौलता नहीं।

यहाँ प्रश्न उठ सकता है : पतीली के पानी और शीशी के पानी में आखिर अंतर क्या है? शीशी में भी तो वही पानी है; सिर्फ वह बाकी पानी से शीशे की दीवार द्वारा घिरा हुआ है। फिर उसके साथ वही क्यों नहीं होता, जो बाकी पानी के साथ होता है?

क्योंकि दीवार शीशी में स्थित पानी को संवहन धाराओं में भाग लेने से वंचित कर देती है, जो पतीली के पानी को हिलोड़ती रहती है।

इस प्रकार हम देखते हैं कि उबलते पानी की गर्मी से पानी उबालना संभव नहीं है। पर यदि पतीली के पानी में मुट्ठी भर नमक घोल दिया जाए, तो बात दूसरी हो जाती है। नमकीन पानी सौ डिग्री पर नहीं, कुछ अधिक पर खौलता है और इसलिए वह शीशी के शुद्ध पानी को खौलाने की सामर्थ्य रखता है।

क्या पानी को बर्फ से खौलाया जा सकता है?

कुछ पाठक कहेंगे : ''यदि इस काम के लिए खौलता पानी बेकार है, तो फिर बर्फ की क्या बात की जा सकती है?'' पर उत्तर देने में जल्दीबाजी न करें। बेहतर होगा कि एक प्रयोग करें; उसी शीशी के साथ, जिसका आप अभी-अभी प्रयोग कर चुके हैं।

शीशी को आधी दूरी तक पानी से भर दीजिए और नमकीन खौलते पानी में डुबा दीजिए। जब शीशी में पानी खौलने लगे, उसे पतीली से निकाल लीजिए और पहले से तैयार किए गए एक डाट से उसका मुँह अच्छी तरह बंद कर दीजिए। अब शीशी को औंधा लटका कर थोड़ा इंतजार करें। जब भीतर पानी का खौलना बंद हो जाए, तो उसकी पेंदी पर थोड़ा बर्फ रखें, या चित्र 87 की भाँति उस पर ठंडा पानी डालें,—और आप देखेंगे कि पानी खौलने लगा है...बर्फ ने वह कर दिया जो खौलता पानी नहीं कर सका!

बात और भी रहस्यमय लगेगी, जब आप शीशी छू कर देखेंगे कि वह कुछ विशेष गर्म नहीं है, पर पानी खौल रहा है।

चित्र 87. फ्लास्क में पानी का उबलना।

चित्र 88. टिन का डिब्बा ठंडा करने का नतीजा।

दरअसल बर्फ शीशी की दीवारों को ठंडा कर देता है और परिणामस्वरूप भीतर का वाष्प संघनित होकर पानी की बूँदों में परिणत हो जाता है। और चूँकि शीशी में से हवा पानी खौलाते वक्त ही निकल गई थी, इसलिए उसके भीतर स्थित पानी पर दबाव बहुत कम रह जाता है। कम दबाव पर द्रव आवश्यक तापक्रम से कम पर ही खौलने लगता है। यही कारण है कि शीशी का पानी ठंडा होने पर भी खौलता रहता है।

यदि शीशी की दीवारें काफी पतली होंगी, तो वाष्प के हठात् संघनन से विस्फोट हो सकता है : बाह्य हवा भीतर से हवा का प्रतिरोध न पाकर शीशी को दबाव से तोड़ देगी (इसीलिए इसे सही माने में विस्फोट नहीं कहा जा सकता) । बेहतर होगा यदि आप गोल पेंदी की शीशी (जैसे उन्नतोदर पेंदी वाले फ्लास्क) के साथ प्रयोग करेंगे। शीशी की गुंबजाकार पेंदी बाह्य हवा के दबाव को सहन कर लेगी।

आप एक दूसरा प्रयोग भी कर सकते हैं, जिसमें किसी दुर्घटना का डर नहीं है। एक टिन के डिब्बे में थोड़ा पानी खौला कर उसका डाट अच्छी तरह बंद कर लीजिए और उस पर ठंडा पानी उँडेलिए। वाष्प से भरा डिब्बा बाह्य हवा के दबाव से पिचक जाएगा, क्योंकि भीतर का वाष्प ठंडा होकर पानी में परिणत हो जाएगा। डिब्बा पिचक कर इस तरह टेढ़ा-मेढ़ा हो जाएगा, जैसे उस पर हथौड़े चलाए गए हों (चित्र 88)।

बैरोमीटर का शोरबा

अमरीकी व्यंग्यकार मार्क ट्वेन अपनी पुस्तक 'विदेश-भ्रमण' में आल्प की यात्रा का एक किस्सा बताते हैं। किस्सा मनगढ़ंत है :

> "कठिनाईयाँ समाप्त हुईं; लोग अब विश्राम कर सकते थे और मैं इस अभियान के वैज्ञानिक पक्षों पर कुछ सोच-विचार कर सकता था। सबसे पहले मैं बैरोमीटर की सहायता से उस स्थान की ऊँचाई ज्ञात करना चाहता था, जहाँ हम लोग टिके हुए थे। पर मेरे सारे प्रयत्न असफल रहे। किताबें पढ़-पढ़ कर मैंने विज्ञान का जो ज्ञान इकट्ठा किया था, उसके अनुसार मुझे थर्मोमीटर या बैरोमीटर उबालना था। लेकिन क्या—यह मैं ठीक-ठीक नहीं जानता था और इसीलिए मैंने दोनों को उबालने का निश्चय किया
>
> पर बात बनी नहीं। उपकरणों को देख कर मुझे विश्वास करना पड़ा कि दोनों ही खराब हो चुके थे : बैरोमीटर में दबाव दिखाने वाली सूई बची थी और थर्मोमीटर में सिर्फ पारे की घुंडी और उसमें छलकता हुआ पारा..
>
> मैंने एक दूसरा बैरोमीटर ढूँढ़ कर निकाला; वह बिल्कुल नया था और बहुत ही अच्छा काम कर रहा था। मैंने उसे आधे घंटे तक सेम के शोरबे में उबाला, जिसे हमारा रसोइया बना रहा था। परिणाम की आशा मैंने नहीं

चित्र 89. मार्क ट्वेन द्वारा 'वैज्ञानिक अध्ययन'।

की थी : उपकरण ने काम करना बिल्कुल बंद कर दिया और शोरबे में बैरोमीटर का स्वाद आने लगा। उसका स्वाद इतना तेज था कि मुख्य रसोइए ने, जो बहुत ही समझदार आदमी था, व्यंजनों की सूची में इस शोरबे का नाम काट कर नया नाम रख दिया। चूँकि नया शोरबा सभी को पसंद आया, इसलिए मुझे हर दिन बैरोमीटर का शोरबा बनाने का आदेश देना पड़ा बैरोमीटर खराब हो गया, पर इसका मुझे कोई अफसोस नहीं था। जब उससे ऊँचाई नापने में सहायता नहीं मिली, तो फिर उसकी जरूरत ही क्या थी!"

खैर, मजाक छोड़ें और निम्न प्रश्न पर गौर करें : वस्तुतः क्या उबालना चाहिए था—थर्मोमीटर या बैरोमीटर?

थर्मोमीटर। और इसका कारण यह है :

पिछले प्रयोगों से हम देख चुके हैं कि पानी का दबाव जितना कम होगा, उसके उबलने का तापक्रम भी उतना ही कम होगा। पहाड़ पर वातावरण का दबाव घटता है, इसलिए वहाँ पानी के उबलने का तापक्रम भी कम होना चाहिए।

भिन्न वातदाबों पर शुद्ध जल के उबलने का तापक्रम सचमुच ही भिन्न होता है :

उबालने का तापक्रम, ^0C	बैरोमीटर दबाव, mm
101	787,7
100	760
98	707
96	657,5
94	611
92	567
90	525,5
88	487
86	450

बेर्न (स्वीटजरलैंड) में, जहाँ वातावरण का औसत दबाव 713 mm है, पानी खुले बरतन में 97.5^0 पर उबलने लगता है। मोंटब्लांक की चोटी पर बैरोमीटर 424 mm दबाव दिखाता है और वहाँ पानी सिर्फ 84.5^0 पर खौलता है। हर एक किलोमीटर

ऊँचा जाने पर क्वथनांक (पानी उबलने का तापक्रम) 3^0C नीचे उतर आता है। मतलब कि यदि हम पानी के उबलने का तापक्रम नाप लेते हैं (या ट्वेन के शब्दों में–"थर्मोमीटर उबालते हैं"), तो **तदनुरूप सारणी** देख कर हम उस स्थान की ऊँचाई बता सकते हैं। लेकिन सारणी पहले से तैयार रखनी होगी, जिसके बारे में मार्क ट्वेन बिल्कुल ही भूल गए थे।

इस काम के लिए अक्सर प्रयुक्त होने वाला उपकरण–उच्चतामापी (हिप्सोथर्मोमीटर)–ढोने में धातु के बैरोमीटर जितना ही सुविधाजनक है, पर इससे कहीं अधिक शुद्ध मान मिलते हैं।

स्पष्ट है कि बैरोमीटर भी स्थान की ऊँचाई निर्धारित करने में सहायक हो सकता है, क्योंकि वह बिना कुछ 'उबाले' ही वातावरण का दबाव बता देता है। दबाव तथा ऊँचाई के बीच संबंध बिल्कुल सरल है : जितना ही हम ऊपर उठते हैं, दबाव उतना ही कम होता जाता है। पर सारणी की आवश्यकता यहाँ भी पड़ेगी; ऐसी सारणी की, जो सागर-स्तर से ऊपर उठने पर दबाव में होने वाली कमियाँ बता सके। यदि सारणी नहीं है, तो आवश्यक सूत्रों का ज्ञान होना आवश्यक है। व्यंग्यकार के दिमाग में ये बातें उलट-पुलट हो गई होंगी, इसीलिए उन्हें 'बैरोमीटर का शोरबा' बनाना पड़ा।

क्या उबलता पानी हमेशा गर्म होता है?

जूल वेर्न के उपन्यास 'हेक्तर सेर्वादाक' के अर्दली वेन-जूफ से पाठक अवश्य ही परिचित होंगे। वेन-जूफ को पूरा विश्वास था कि खौलता पानी हर जगह समान रूप से गर्म होता है। शायद वह सारी जिंदगी यही सोचता, यदि संयोगवश अपने कमांडर सेर्वादाक के साथ पुच्छल तारे पर नहीं पहुँच गया होता। यह घुमक्कड़ नक्षत्र पृथ्वी से टकरा कर हमारे ग्रह का यह भाग काट ले गया, जहाँ ये दोनों पात्र उस समय मौजूद थे। पुच्छल के दीर्घवृत्तीय कक्ष पर भ्रमण करते वक्त ही अर्दली को पहली बार अनुभव हुआ कि उबलता पानी सर्वत्र समान रूप से गर्म नहीं होता। यह खोज उसने बिल्कुल संयोगवश की, जब वह नाश्ता तैयार कर रहा था।

"वेन-जूफ ने पतीले में पानी डाल कर उसे चूल्हे पर चढ़ाया और उसके खौलने का इंतजार करने लगा। उसे अंडे उबालने थे, जो उसे भीतर से खाली प्रतीत हो रहे थे; वहाँ उनका भार बहुत ही घट गया था।

दो मिनट भी नहीं बीता कि पानी खौलने लगा।

–कंबख्त! कितनी गर्म है आग यहाँ।–वेन-जूफ आश्चर्य से बोल उठा।

–आग अधिक गर्म नहीं है,–सेर्वादाक ने थोड़ा सोच कर कहा,–यहाँ पानी जल्द उबलता है।

और उसने सेल्सियस का तापमापी दीवार से उतार कर खौलते पानी में डुबा

दिया।

तापमापी सिर्फ छियासठ डिग्री दिखा रहा था।

—यह बात है!—आफिसर ने कहा।—पानी सौ की बजाय छियासठ डिग्री पर खौल रहा है।

—तो फिर, कैप्टन?...

—फिर, वेन-जूफ, मैं तुम्हें अंडे खौलते पानी में पंद्रह मिनट तक रखने की सलाह देता हूँ।

—वे बहुत सख्त हो जाएँगे।

—नहीं दोस्त, वे मुश्किल से सीधे होंगे।"

इस विचित्रता का कारण संभवतः वातावरण की ऊँचाई कम हो जाने में था। जमीन के ऊपर हवा के स्तंभ की ऊँचाई करीब तिहाई कम हो गई थी, जिससे वातदाब कम हो गया था और पानी सौ की बजाय छियासठ डिग्री पर खौलने लगा था। पृथ्वी पर यह बात 1100 om ऊँचे पर्वत पर देखने को मिलती। यदि कैप्टन के साथ बैरोमीटर होता, तो उसे वातदाब की कमी का पता लग जाता।"

हम इन पात्रों द्वारा अवलोकित तथ्यों पर संदेह नहीं करेंगे : वे कहते हैं कि पानी 66 डिग्री पर खौल रहा है; हम इसे सत्य मान लेते हैं। पर यह बात अवश्य ही शंकाजनक है कि इतने विरल वातावरण में वे अपने को भला-चंगा महसूस कर रहे थे।

'सेर्वादाक' के लेखक बिल्कुल सही कहते हैं कि इस तरह की संवृत्ति 11000 m की ऊँचाई पर देखने को मिलती : कथन से सिद्ध किया जा सकता है[1] कि इस ऊँचाई पर पानी को सचमुच 66^0C खौलना चाहिए। पर वहाँ हवा का दबाव सिर्फ 190 mm ऊँचे पारद-स्तंभ के दबाव के बराबर होगा, जो साधारण से ठीक चौगुना कम है। इतनी विरल हवा में साँस ले सकना असंभव है! यह ऊँचाई स्ट्रैटोस्फेयर की है। बिना आक्सीजन की नकाब के पायलट इस ऊँचाई पर अपना होश खो बैठते हैं, पर सेर्वादाक और उसका अर्दली अपने को बिल्कुल स्वस्थ महसूस कर रहे थे। अच्छा ही हुआ कि सेर्वादाक के पास बैरोमीटर नहीं था, अन्यथा उपन्यासकार को वहाँ के दाब का भौतिकी-संगत मान छिपा कर कोई दूसरा मान दिखाना पड़ता।

यदि हमारे पात्र किसी काल्पनिक पुच्छल तारे पर नहीं, मंगल ग्रह पर पहुँच जाते, तो उन्हें और भी कम तापक्रम (सिर्फ 45^0C) पर खौलने वाला पानी पीना पड़ता।

इसके विपरीत, यदि हम किसी गहरे खान की तली पर पहुँच जाएँ, तो वहाँ

---

1. हम पहले बता चुके हैं (पृ. 184 पर) कि पानी का क्वथनांक एक किलोमीटर ऊपर उठने पर 3^0C नीचे उतर आता है, अतः क्वाथनांक के 66^0 होने के लिए 34.3 11 km ऊँचा जाना होगा।

पृथ्वी-तल की तुलना में कहीं अधिक वातदाब होगा। इसीलिए पानी 300 m गहरे खान में 101^0 पर खौलता है और 600 m की गहराई में—102^0 पर।

यदि दबाव बहुत अधिक हो, तो पानी को वाष्प-इंजन की भट्ठी ही खौला सकती है। उदाहरण के लिए, 14 वातदाब पर पानी खौलाने के लिए 200^0C का ताप चाहिए! इसके विपरीत, यदि बरतन में से हवा वायु-निष्कासक पंप द्वारा निकाली जा चुकी है, तो उसमें पानी कमरे के साधारण तापक्रम 20^0C पर ही खौलने लगेगा।

गर्म बर्फ

ऊपर ठंडे खौलते पानी की बात चल रही थी। पर इससे भी आश्चर्यजनक चीज है : **गर्म बर्फ।** हम यह सोचने के आदी हो गए हैं कि 0^0 से अधिक तापक्रम पर पानी ठोस अवस्था में नहीं रह सकता। पर अंग्रेज भौतिकविद् ब्रिजमेन की खोजों से ज्ञात होता है कि यह सही नहीं है : यदि दबाव बहुत अधिक हो, तो पानी शून्य से ऊँचे तापक्रम पर भी ठोस अवस्था में रह सकता है या उसमें संक्रमण कर जा सकता है। ब्रिजमेन ने दिखाया कि बर्फ सिर्फ एक प्रकार की नहीं होती; उसके कई प्रकार होते हैं। जिस बर्फ को उन्होंने "बर्फ न. 5" की संज्ञा दी, वह 20600 वातदाब पर प्राप्त होती है और उसका तापक्रम 76^0C होता है। यदि हम उसे छू पाते, तो हमारी उँगली जल जाती। लेकिन उसे छूना संभव नहीं है : बर्फ न. 5 शक्तिशाली संपीडक (प्रेस) के दबाव से मोटी दीवार वाले बरतन में बनती है, जो सबसे अच्छे इस्पात का होता है। इसीलिए उसे देखना या हाथ में लेना संभव नहीं है; उसके गुणों के बारे में हम सिर्फ अप्रत्यक्ष विधियों से बता सकते हैं।

एक रोचक बात यह भी है कि 'गर्म बर्फ' साधारण बर्फ से ही नहीं, पानी से भी भारी होती है : उसका विशिष्ट भार 1.05 के बराबर है; वह पानी में डूब जाती है, जबकि साधारण बर्फ तैरती रहती है।

कोयले से ठंड

कोयले से गर्मी की बजाय ठंड की प्राप्ति कोई कोरी कल्पना नहीं हैः यह तथाकथित 'शुष्क बर्फ' बनाने वाले कारखानों में हर दिन किया जाता है। उसमें स्थित कार्बन डायक्साइड गैस क्षारीय घोल में कैद कर ली जाती है। फिर उसे गर्म करके शुद्ध कार्बन डायक्साइड प्राप्त करते हैं और इसे 70 वातदाब पर संपीडित करके ठंडा करते हैं, जिससे वह द्रव अवस्था में आ जाती है। यह वही द्रव कार्बोनिक अम्ल है, जिसे गैस-मिश्रित पेय तैयार करने के लिए मोटे-मोटे सिलिंडरों में कारखानों तक लाया जाता है। औद्योगिकी में भी इसका काफी उपयोग है यह इतना ठंडा होता है कि जमीन तक को जमा दे सकता है; मास्को में मेट्रो (भूगत रेलपथ) बनाते वक्त गीली जमीन को जमाने के लिए भी इसका उपयोग किया था। पर अनेक दूसरे कार्यों

के लिए कार्बोनिक अम्ल ठोस अवस्था में प्राप्त करना इष्ट है, जिसे **शुष्क बर्फ** कहते हैं।

शुष्क बर्फ, अर्थात् ठोस कार्बोनिक अम्ल, कम दबाव पर द्रव के शीघ्र वाष्पीकरण द्वारा प्राप्त करते हैं। इसके टुकड़े देखने में ऐसे लगते हैं, जैसे भुरभुरी बर्फ दबा कर प्रेस कर दी गई हो। साधारण बर्फ से यह कई बातों में भिन्न हैं। यह साधारण बर्फ से भारी होता है और पानी में डूब जाता है। इसका तापक्रम इतना कम (ऋण 70^0) होने पर भी यदि सावधानीपूर्वक उसे हाथ में लिया जाए, तो उँगलियाँ ठंड से गल नहीं जातीं : उसे छूते ही त्वचा की गर्मी से बनी कार्बन डायक्साइड त्वचा को आवृत्त कर लेती है और उँगलियों को भीषण ठंड से बचाने लगती है। सिर्फ उसे मुट्ठी में जकड़ने से उँगलियों के गलने का खतरा रहता है।

'शुष्क बर्फ' नाम इस बर्फ की एक विशेषता पर प्रकाश डालता है : वह कभी गीली नहीं होती और न ही आस-पास की वस्तुओं को गीली करती है। ताप के प्रभाव से वह बिना द्रव में परिवर्तित हुए ही गैसीय अवस्था में संक्रमण कर जाती है। वह 1 वातदाब पर द्रव की अवस्था में नहीं रह सकती।

अपनी इस विशेषता और अपने अति निम्न तापक्रम के कारण शुष्क बर्फ कई व्यावहारिक कार्यों के लिए उत्तम शीतकारी वस्तु मानी जाती है। यह ठंडी की जाने वाली खाद्य-सामग्रियों को आर्द्र नहीं करती और कार्बन डायक्साइड का वातावरण कीटाणुओं आदि को पनपने नहीं देता। ऐसे वातावरण में चूहे और कीड़े-मकोड़े भी नहीं जी सकते। इसके अतिरिक्त, कार्बन डायक्साइड एक विश्वस्त अग्निशामक पदार्थ भी है : शुष्क बर्फ के चंद टुकड़े जलते पेट्रोल को बुझा दे सकते हैं। इन्हीं सारे कारणों से शुष्क बर्फ का घरेलू कार्यों व औद्योगिकी में इतना उपयोग है।

अध्याय 8

चुंबकत्व, विद्युत्

'प्यार भरा पत्थर'

यह काव्यात्मक नाम चीन में प्राकृतिक चुंबक को दिया गया है। चीनी कहते हैं : प्यार भरा पत्थर (त्शू-शी) लोहे को इस प्रकार अपनी ओर खींचता है, जैसे ममता भरी माँ अपने बच्चों को। ध्यान देने योग्य है कि पुरानी दुनिया (पूर्वी गोलार्द्ध के देशों) के बिल्कुल दूसरे सिरे पर स्थित फ्रांस में भी चुंबक का कुछ ऐसा ही नाम है : 'aimant' जिसका अर्थ 'चुंबक' भी है और ''प्यार करने वाला' भी।

इस 'प्यार' की शक्ति प्राकृतिक चुंबक में बहुत क्षीण होती है और इसीलिए चुंबक का ग्रीक नाम 'हरकुलस का पत्थर' कुछ बचकाना सा लगता है। प्राचीन ऐलादवासी यदि प्राकृतिक चुंबक की साधारण शक्ति से इतने चकित थे, तो वे आधुनिक कारखानों में प्रयुक्त टन के टन लोहा खींचने वाले चुंबकों को देख कर क्या कहते? यह और बात है कि वे प्राकृतिक चुंबक नहीं, बल्कि 'विद्युत्-चुंबक' हैं। दूसरे शब्दों में, ये लोहे के टुकड़े हैं, जो उन पर लपेटे गए तार में प्रवाहित विद्युत्धारा के कारण चुंबकीय गुण प्राप्त करते हैं। पर दोनों ही स्थितियों में आकर्षणबलों की प्रकृति समान होती है, जिसे चुंबकत्व कहते हैं।

यह नहीं सोचना चाहिए कि चुंबक सिर्फ लोहे पर अपना प्रभाव डालता है। कई अन्य पिंड भी हैं, जो शक्तिशाली चुंबक का प्रभाव, लोहे जितना तो नहीं, पर अनुभव करते हैं। निकेल, कोबाल्ट, मैंगनीज, प्लैटिनम; सोना, चाँदी, अल्युमीनियम आदि धातु भी चुंबक द्वारा आकर्षित होते हैं, पर कम शक्ति से। तथाकथित पारचुंबकीय पिंडों के गुण भी अत्यंत महत्त्वपूर्ण हैं : ये शक्तिशाली चुंबक से विकर्षित होते हैं। उनके उदाहरण हैं—जस्ता, सीसा, गंधक, बिस्मथ आदि।

द्रव और गैसें भी चुंबक से आकर्षित या विकर्षित होती हैं, पर बहुत ही क्षीण शक्ति से। इन द्रव्यों को प्रभावित करने के लिए चुंबक को अत्यंत शक्तिशाली होना

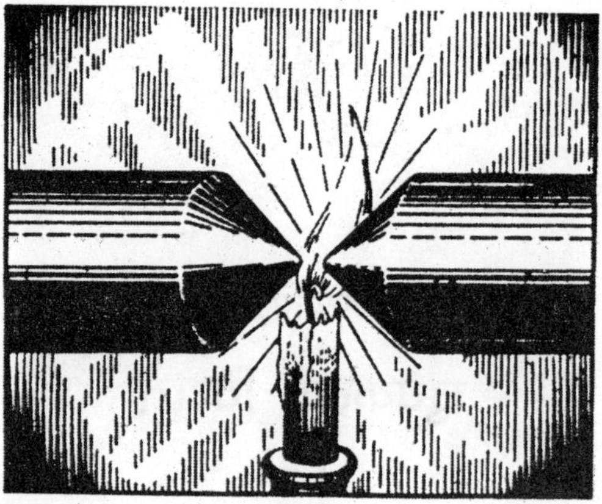

चित्र 90. विद्युत-चुंबक के ध्रुवों के बीच मोमबत्ती की लौ।

चाहिए। उदाहरण के लिए, शुद्ध अम्लजन (औक्सीजन) चुंबक से आकर्षित होती है। यदि साबुन के बुलबुले को किसी शक्तिशाली विद्युत्चुंबक के ध्रुवों के बीच रखा जाए, तो बुलबुला चुंबक की अदृश्य शक्ति से दोनों ध्रुवों की ओर लमड़ जाएगा। शक्तिशाली चुंबक के सिरों के बीच मोमबत्ती की लौ अपना सामान्य रूप खो देती है; यह चुंबकीय शक्ति के प्रति उसकी संवेदनशीलता दिखाता है (चित्र 90)।

कंपास का एक प्रश्न

हम यह सोचने के आदी हो गए हैं कि कंपास की सूई का एक सिरा उत्तर और दूसरा दक्षिण दिखाता है। इसीलिए हमें निम्न प्रश्न सिर-फिरा सा लगेगा : पृथ्वी के किस स्थान पर चुंबकीय सूई के **दोनों सिरे** उत्तर दिशा दिखाएँगे?

इतना ही निरर्थक यह प्रश्न भी लगेगा : पृथ्वी के किस स्थान पर कंपास दोनों सिरों से दक्षिण दिशा बताएगा?

आप शायद यह कहना चाहते हैं कि पृथ्वी पर ऐसा कोई स्थान नहीं है। पर वस्तुतः ऐसा स्थान है।

स्मरण करें कि पृथ्वी के चुंबकीय ध्रुव उसके भौगोलिक ध्रुवों से भिन्न हैं। अब आप समझ रहे होंगे कि उक्त प्रश्नों में हमारे ग्रह के किन स्थानों की बात चल रही है। दक्षिणी भौगोलिक ध्रुव पर रखे गए कंपास की सूई किस दिशा को इंगित करेगी? उसका एक सिरा निकटतम चुंबकीय ध्रुव की ओर इंगित करेगा और दूसरा उसकी विपरीत दिशा दिखाएगा। पर दक्षिणी भौगोलिक ध्रुव से आप जिधर भी जाएँगे, सिर्फ **उत्तर दिशा** ही होगी; दक्षिणी भौगोलिक ध्रुव से दूसरी दिशा में नहीं जा सकते,—उसके चारों ओर सिर्फ उत्तर ही है। अतः वहाँ रखी गई चुंबकीय सूई

अपने दोनों ही सिरों से सिर्फ उत्तर दिशा दिखाएगी।

ठीक इसी प्रकार से उत्तरी भौगोलिक ध्रुव पर लाए गए कंपास की सूई अपने दोनों सिरों से दक्षिण दिशा दिखाएगी।

चुंबकीय बल-रेखाएँ

फोटो से उतारे गए चित्र 91 में एक रोचक दृश्य दिखाया गया है : विद्युत्चुंबक के ध्रुवों पर रखे गए हाथ पर खड़े कड़े बालों जैसी बड़ी-बडी काँटियों के गुच्छे लगे हैं। स्वयं हाथ चुंबकीय बल को बिल्कुल नहीं महसूस करता : अदृश्य धागे हाथ के पार निकल जाते हैं और हाथ को उनकी उपस्थिति का पता भी नहीं लगता। पर लोहे की काँटियाँ उसके प्रभाव के अधीन हो जाती हैं और एक विशेष क्रम में लग जाती हैं। उनकी दिशाएँ चुंबकीय बलों की दिशाएँ दर्शाती हैं।

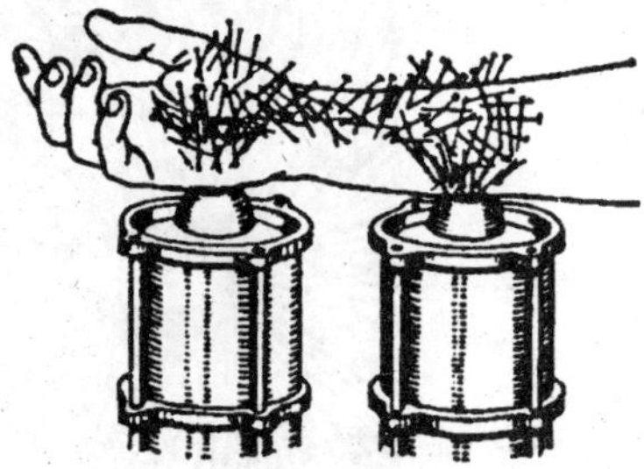

चित्र 91. चुंबकीय बल हाथ के पार जा सकते हैं।

आदमी के पास कोई चुंबकीय ज्ञानेंद्रिय नहीं है; इसीलिए हम चुंबक को आवृत्त रखने वाले चुंबकीय बलों की विद्यमानता का सिर्फ अनुमान लगा सकते हैं।[1] पर अप्रत्यक्ष रूप से व्योम में इन बलों के वितरण का चित्र प्राप्त करना कठिन नहीं है। इसके लिए लोहे के महीन बुरादे का उपयोग करना उत्तम रहेगा। चिकने गत्ते के एक टुकड़े पर समरूप परत के रूप में ये बुरादे फैला लें; गत्ते के नीचे साधारण चुंबक रख कर गत्ते पर उँगली से हल्के-हल्के

---

1. यदि हमारे पास चुंबकीय प्रभावों को प्रत्यक्ष रूप से अनुभव करने के लिए कोई इंद्रिय होता, तो हमें कैसा लगता—यह जानना भी कम रोचक नहीं होगा। झींगा मछली में इस प्रकार का इंद्रिय लगाने में पहले-पहल क्रेडिल को सफलता मिली थी। उन्होंने देखा कि छोटी युवा झींगा मछलियाँ अपने कान में नन्हे कंकड़ घुसा लिया करती हैं। वे कंकड़ अपने भार के कारण एक संवेदनशील बाल पर प्रभाव डालते हैं, जो झींगे के संतुलनकारी अंग का एक महत्त्वपूर्ण भाग है। इस तरह के कंकड़ आदमी के भी कान में होते हैं; इन्हें कर्णाश्म कहा जाता है। उदग्र नीचे भार डाल कर ये गुरुत्व बल की दिशा का ज्ञान कराते हैं। क्रेडिल ने इन कंकड़ों की जगह लोहे के बुरादे रख दिए। मछलियों ने इस पर कोई ध्यान नहीं दिया। जब उनके समीप चुंबक लाया गया, तो वे चुंबकीय व गुरुत्व बलों के परिणामी बल की दिशा के अभिलंब तल पर तैरने लगीं।

"पिछले समय के प्रयोग कुछ परिवर्तित रूप में आदमियों पर भी सफल हुए हैं। केलेर ने कर्ण-पट के साथ लोहे के कुछ महीन कण चिपका दिए, जिसके फलस्वरूप कान चुंबकीय बल को एक विशेष ध्वनि के रूप में अनुभव करने लगा।"

(प्रो.ओ. विनेर)

चोट देते हुए बुरादों को उछालें। चुंबकीय बल ग़त्ते और शीशे आदि के आर-पार स्वतंत्र रूप से प्रसारित हो सकते हैं, इसीलिए आप देखेंगे कि बुरादों का चुंबकीकरण हो गया है। जब हम ठोकर देते हैं, तो वे उछल कर क्षण भर को गत्ते से अलग हो जाते हैं और इस अंतराल में चुंबकीय बल के प्रभाव के सरलतापूर्वक उस दिशा में घूम जाते हैं, जो दिशा उस बिंदु पर चुंबकीय 'बल-रेखा' की दिशा है। अंततः बुरादे कतारों में लग जाते हैं, जो अदृश्य चुंबकीय रेखाओं का वितरण द्योतित करती हैं।

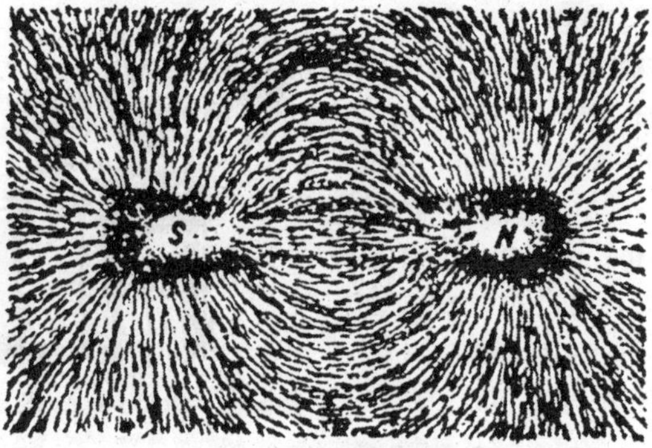

चित्र 92. चुंबक के ध्रुवों पर रखे गत्ते पर लोहे के बुरादों की स्थिति (फोटोचित्र से)।

गत्ते को चुंबक पर रख कर उसे ठोकर देने में हमें चित्र 92 की भाँति आकृति मिलेगी। चुंबकीय बल मुड़ी रेखाओं का एक जटिल विन्यास बनाते हैं। बुरादों के आपस में सटने की विधि से आप देख सकते हैं कि वे चुंबक के हर ध्रुव से अपसृत होते हैं और दोनों ध्रुवों को मिलाने वाले छोटे-बड़े अनगिनत चाप बनाते हैं। लोहे के बुरादे उस चीज को दृश्य-सुगम बना देते हैं, जिसे भौतिकविद् अपनी कल्पना में देखते हैं और जो अदृश्य रूप से हर चुंबक के चारों ओर विद्यमान रहती है। ध्रुवों के निकट बुरादों की कतारें घनी व स्पष्ट हैं, ध्रुव से दूर जाने पर वे विरल और अस्पष्ट होती जाती हैं। यह दृढ़ता से सिद्ध करता है कि दूरी बढ़ने पर चुंबकीय बल क्षीण होते जाते हैं।

इस्पात का चुंबकीकरण कैसे होता है?

पाठक अक्सर यह पूछते हैं, पर इस प्रश्न का उत्तर देने के पहले यह समझना आवश्यक है कि इस्पात के कोरे छड़ और चुंबक के बीच क्या अंतर है। इस्पात चुंबकीकृत हो या अचुंबकीकृत, उसके हर परमाणु को एक नन्हा सा चुंबक माना जा सकता है। अचुंबकीकृत इस्पात में ये परमाणु-चुंबक इतनी बेतरतीबी से पड़े होते

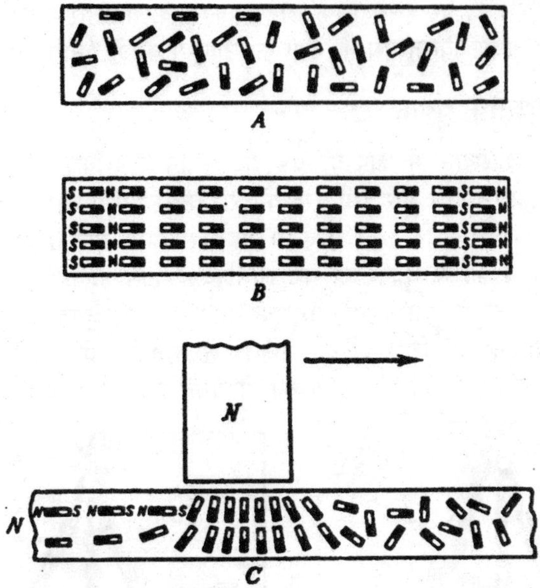

चित्र 93. *A*–इस्पात के अचुंबकीय पट्टे में आण्विक चुंबकों की स्थिति; *B*–वही, चुंबकित इस्पात में; *C*–चुंबक बनाए जाने वाले इस्पात के आण्विक चुंबकों पर चुंबकीय ध्रुव का प्रभाव।

हैं कि उनमें से हरेक का प्रभाव विपरीत दिशा में पड़े दूसरे परमाणु चुंबक के कारण नष्ट हो जाता है (चित्र 93, *A*)। इसके विपरीत, चुंबक में ये सभी नन्हे प्राथमिक चुंबक क्रम-बद्ध स्थिति में होते हैं; उसके समान ध्रुव चित्र 93 *B* की भाँति समान दिशा में होते हैं।

जब लोहे के टुकड़े को चुंबक से रगड़ा जाता है, तब उसमें क्या होता है? अपनी आकर्षण शक्ति से चुंबक लोहे के टुकड़े में स्थित नन्हे चुंबक की दिशा उलटने लगता है, ताकि उनके समान प्रकार के ध्रुव समान दिशा में हो जाएँ। चित्र 93 *C* इस क्रिया को दृश्यसुगम बनाता है : प्राथमिक चुंबक के दक्षिणी ध्रुव प्रथमतः चुंबक के उत्तरी ध्रुव की ओर उन्मुख होते हैं और फिर, जब चुंबक को आगे बढ़ाया जाता है, वे उसकी गति की दिशा में अपने दक्षिणी ध्रुव को छड़ के मध्य की ओर करने लगते हैं।

इससे आप सरलतापूर्वक समझ सकते हैं कि चुंबक द्वारा इस्पात के छड़ का किस प्रकार चुंबकीकरण करना चाहिए : छड़ के एक छोर से चुंबक का एक ध्रुव सटा कर उसे छड़ के दूसरे छोर तक रगड़ना चाहिए। यह चुंबकीकरण की सरलतम

व प्राचीनतम विधि है, पर इससे सिर्फ छोटे आकारों के कमजोर चुंबक बन सकते हैं। शक्तिशाली चुंबक विद्युत्धारा के गुणों का उपयोग करके बनाया जा सकता है।

भीमकाय विद्युतीय चुंबक

धातुकर्मी कारखानों में आप बड़े-बड़े बोझ उठाने वाले विद्युत्-क्रेन देख सकते हैं। लोहा ढलैया करने वाले और इसी तरह के दूसरे कारखानों में लोहे के भारी टुकड़ों को उठाने व इधर से उधर करने में इनसे बहुत सहायता मिलती है।

चित्र 94 व 95 में चुंबक का यह लाभदायक काम दिखाया गया है। लोहे के तख्तों को एक ढेर में जमा करना और एक जगह से दूसरी जगह ले जाना कितनी परेशानी का काम है, पर चित्र 94 का शक्तिशाली चुंबकीय क्रेन उन्हें यूँ ही एक बार में उठा लेता है। यहाँ सिर्फ शक्ति की ही बचत नहीं होती, काम भी आसान

चित्र 94. लोहे के चादरों को उठाने के लिए विद्युत-चुंबकीय क्रेन।

चित्र 95. काँटी भरे पीपों को उठाने के लिए विद्युत-चुंबकीय क्रेन।

हो जाता है। चित्र 95 में आप देखते हैं कि चुंबक-क्रेन पीपों में पैक की गई काँटियों को भी दूसरी जगह रख सकता है, एक बार में ही काँटियों के छे पीपों को। एक धातुकर्मी कारखाने में एक साथ दस रेल की पटरियाँ उठाने वाले चार चुंबक-क्रेन हाथ से काम करने वाले दो सौ मजदूरों का स्थान ले सकते हैं। इन बोझों को क्रेन से बाँधने की भी चिंता नहीं करनी है : जब तक विद्युत्चुंबक की कुंडली में बिजली की धारा चल रही है, एक टुकड़ा भी नहीं गिरेगा।

पर यदि किसी कारणवश कुडंली में धारा रुक जाए, तो दुर्घटना अवश्यंभावी

है। शुरू-शुरू में ऐसी घटनाएँ होती थीं। "अमरीका के एक कारखाने में—एक तकनीकी पत्रिका में खबर छपी थी—विद्युत्-चुंबक मालगाड़ी से लाए गए कच्चे लोहे को उठा कर भट्ठी में झोंक रहा था। अचानक नियाग्रा जलप्रपात के विद्युत्-केंद्र में कोई गड़बड़ी हो गई और लाइन कट गई; विद्युत्चुंबक से लोहे का ढेर एक मजदूर के सिर पर गिर गया। भविष्य में ऐसी दुर्घटनाएँ न हों, और साथ ही बिजली की बचत हो सके, इसके लिए विद्युत्चुंबकों में एक विशेष प्रयुक्ति लगाई जा रही है। जब वस्तुएँ चुंबक द्वारा उठ कर क्रेन से चिपक जाती हैं, उनके बगल से मजबूत इस्पात के पंजे निकल कर उन्हें अच्छी तरह से जकड़ लेते हैं और उन्हें गिरने से रोके रखते हैं। ढुलाई के समय बिजली काट दी जाती है।"

चित्र 94 व 95 में दर्शित विद्युत्चुंबकों का व्यास 1.5 m तक का होता है : हर चुंबक 16 टन भारी वस्तु (मालगाड़ी का डब्बा) उठा सकता है। इस तरह का एक चुंबक दिन भर में कुल मिला कर 600 टन का भार उठाता है। ऐसे भी विद्युत्-चुंबक हैं, जो एक बार में 75 टन तक का भार, अर्थात्, रेलगाड़ी का एक पूरा इंजन उठा ले सकते हैं!

विद्युत्-चुंबकों के कामों को देख कर कुछ पाठकों के मन में ऐसा विचार उठ सकता है : चुंबकों की सहायता से **तप्त** कच्चा लोहा उठाना कितना सुविधाजनक होता। पर अफसोस की बात है कि यह सिर्फ एक विशेष तापक्रम तक ही संभव है, क्योंकि **बहुत तप्त लोहा चुंबकीकृत नहीं होता**। 800^0 तक गर्म किया गया चुंबक अपने चुंबकीय गुण खो देता है।

धातुशोधन की आधुनिक तकनीक में विद्युत्-चुंबक के उपयोग का काफी प्रचलन है। उसका उपयोग लोहे के सामानों को रोक कर रखने, आगे बढ़ाने आदि में होता है। सैकड़ों प्रकार के सौकेट, टेबल आदि बनाए जा चुके हैं, जो शोधन का कार्य आसान बनाते हैं, उसे शीघ्र पूरा करने में सहायक होते हैं।

चंबुक से जादू

विद्युतचुंबकीय बल का उपयोग कभी-कभी जादूगर लोग भी करते हैं; आप समझ रहे होंगे कि इस अदृश्य बल की सहायता से कितने प्रभावशाली ट्रिक दिखाए जा सकते हैं। 'बिजली के उपयोग' नामक विख्यात पुस्तक के लेखक डेरी एक फ्रांसीसी जादूगर से सुनी कहानी उद्धृत करते हैं। जादूगर महोदय अलजीरिया में एक जादू दिखा रहे थे, जिसने वहाँ के अनपढ़ दर्शकों के बीच सच्चे चमत्कारी की पदवी पा ली थी।

"मंच पर,—जादूगर अपनी कहानी सुना रहे हैं,—सिकड़ी से बंधा एक छोटा सा डब्बा पड़ा हुआ है। मैं दर्शकों के बीच से किसी शक्तिशाली व्यक्ति को आमंत्रित करता हूँ। मेरी पुकार पर एक अरबी आता है। उसका कद साधारण है, पर हट्टे-कट्टे

शरीर के कारण उसे अरबी हरकुलस का नाम दिया जा सकता है। वह प्रसन्न मन से आत्मविश्वास के साथ निकलता है और थोड़ी हँसी उड़ाने के मूड में मुस्कुराता हुआ मेरे पास आकर खड़ा हो जाता है।

—क्या आप बहुत शक्तिशाली हैं?—उसे सिर से पैर तक देखते हुए मैंने उससे पूछा।

—हाँ,—उसने लापरवाही के साथ कहा।

—आपको विश्वास है कि आप हमेशा शक्तिशाली बने रहेंगे?

—बिल्कुल।

—आप गलतफहमी में हैं : मैं पलक मारते आपकी सारी शक्ति हर लूँगा और आप छोटे बच्चे की तरह निर्बल हो जाएँगे।

अरबी उपेक्षा के साथ मुस्कुराया, जिसका मतलब था कि मेरे शब्दों पर उसे विश्वास नहीं था।

—यहाँ आइए,—मैं उससे कहता हूँ,—और डब्बा उठाइए।

अरबी ने झुक कर डब्बा उठा लिया और घमंड के साथ पूछा :

—बस, इतना ही?

—जरा सा और रुकिए,—मैंने उत्तर दिया।

इसके बाद मैंने गंभीर मुद्रा बनाई, जादू के इशारे किए और घोषणा की :

—अब आप औरतों से भी कमजोर हैं। फिर से डब्बा उठाने की कोशिश कीजिए।

पहलवान मेरे जादू से जरा भी नहीं डरा। उसने फिर से झुक कर डब्बे को उठाने की कोशिश की, पर इस बार डब्बा प्रतिरोध कर रहा था। अरबी ने लाख कोशिश की, पर वह टस से मस नहीं हुआ। अरबी इतनी ताकत लगा रहा था कि वह बहुत बड़ा बोझ उठा लेता, पर डब्बे पर कोई असर नहीं हो रहा था। अंत में शर्म और थकावट के मारे उसने उठाना छोड़ दिया और हाँफता हुआ वापस जाने लगा। अब उसे जादू पर विश्वास हो गया था।''

'सभ्य समाज' के प्रतिनिधि द्वारा दिखाए गए जादू का रहस्य बहुत सरल था। डब्बे का पेंदा लोहे का था और वह शक्तिशाली विद्युत्-चुंबक के एक ध्रुव पर रखा हुआ था। विद्युत्धारा की अनुपस्थिति में डब्बे को उठाना कठिन नहीं था, पर विद्युत्-चुंबक की कुंडली में धारा चालू करने के बाद उसे उठाने के लिए दो-तीन आदमियों की ताकत भी कम पड़ती।

खेती में चुंबक

चुंबक से एक और लाभ है, जो कहीं अधिक दिलचस्प है : वह कृषियोग्य पौधों के बीजों को अपतृणों व अकृष्या पौधों के बीजों से अलग करने में सहायक होता है। तिपतिया चारा, फ्लोक्स (पटसन की एक जाति), लसुनघास (लुसर्न) आदि

जैसे लाभप्रद पौधों के बीज चिकने होते हैं। अकृष्य पौधों के बीज रूखे व रोमयुक्त होते हैं; उनका यह गुण करोड़ों वर्ष से चले आ रहे जीवन-संघर्ष का परिणाम है। इस गुण के कारण वे पास गुजरते जीव-जंतुओं के बालों में फँस कर अपने मातृ-पौधे से बहुत दूर पहुँच जाते हैं और नई जगहों पर पनपने लगते हैं। चुंबक द्वारा अच्छे पौधों के बीजों से उन्हें अलग करने के लिए उनके इन्हीं गुण का उपयोग किया जाता है। यदि बीजों पर लोहे के बुरादे छिड़क कर अच्छी तरह मिला दिए जाएँ, तो बुरादे अवांछित बीज के रोमों में फँस जाएँगे; लाभप्रद पौधों के चिकने बीजों के साथ वे किसी भी तरह नहीं चिपक सकते। इन बीजों को पर्याप्त शक्तिशाली चुंबक के कार्य-क्षेत्र में रखने पर उनमें वांछित बीज स्वतः अलग हो जाएँगे : चुंबक उन सारे बीजों को खींच लेगा, जिनमें लोहे के बुरादे फँसे होते हैं।

चुंबकीय विमान

इस किताब के शुरू में मैंने फ्रांसीसी लेखक सिरानो दे बेर्जोराक की विख्यात कृति 'चंद्रमा पर राज्य का इतिहास' की याद दिलाई थी। इस वर्णन में चुंबक के आकर्षण बल से उड़ने वाले एक रोचक विमान का वर्णन किया गया है, जिसमें बैठ कर उपन्यास का एक पात्र चाँद पर पहुँच जाता है। पुस्तक से यह अवतरण उद्धृत करता हूँ :

"मैंने एक लोहे की हल्की सी गाड़ी बनवा ली; उसमें आराम से बैठ चुकने के बाद मैं चुंबकीय गोला अपने से ऊपर उछालने लगा। जब मैं गोला ऊपर फेंकता था, गाड़ी खिंच कर उसके पास पहुँच जाती थी और मैं गोले को और आगे बढ़ा देता था। गोले को हाथ में उठाने पर भी गाड़ी उसकी ओर गतिमान् हो जाती थी। गोले को फेंकते-फेंकते आखिर मैं उस स्थान पर पहुँचा, जहाँ से मैं गाड़ी समेत चाँद पर गिरने लगा। इस क्षण मैंने गोले को कस कर पकड़ लिया, ताकि गाड़ी मुझसे दूर न भाग जाए। गिर कर कहीं चूर-चूर न हो जाऊँ, इसके लिए मैं गोले को इस प्रकार फेंकता था, कि गाड़ी के गिरने की गति गोले के आकर्षण से कम हो जाया करे। जब मैं चांद की जमीन से पाँच-छः सौ गज ऊपर आ गया, मैंने गोले को गिरने की दिशा के अभिलंब फेंकना शुरू कर दिया।"

इस तरह का विमान निरर्थक है, इसमें न तो उपन्यास के लेखक को कोई शक है, न उसके पाठकों को। पर मैं नहीं सोचता कि सभी ऐसी योजना की असंभाव्यता का सही कारण बताने में समर्थ होंगे। क्या लोहे की गाड़ी में बैठ कर चुंबक उछालना संभव नहीं है? या गाड़ी चुंबक के पीछे खिंचती हुई नहीं जाएगी? या कोई अन्य कारण है?

चुंबक को उछालना संभव है और यदि वह पर्याप्त शक्तिशाली है, तो वह गाड़ी को खींच भी लेगा। पर फिर भी विमान अपने स्थान से ऊपर नहीं उठेगा।

आपने कभी नाव में से कोई चीज तट पर फेंकी हैं? आपने बेशक ध्यान दिया होगा कि इससे नाव तट से थोड़ी दूर खिसक आती है। फेंकी जाने वाली वस्तु को एक दिशा में धक्का देते हुए आपकी पेशियाँ आपके शरीर को (और साथ ही नौका को) विपरीत दिशा में धकेलती हैं। यहाँ क्रियाशील व प्रतिक्रियाशील बलों की तुल्यता का वही नियम प्रकट होता है, जिसका नाम पहले भी कई बार आ चुका है। चुंबक उछालते वक्त भी यही होता है; जब गाड़ी में बैठा व्यक्ति गोले को ऊपर उछालता है (काफी बड़ी शक्ति से, क्योंकि गोला लोहे की गाड़ी की ओर खिंचता है) तो वह अनिवार्य रूप से गाड़ी को नीचे धकेलता है। और जब गाड़ी और गोला पारस्परिक आकर्षण के कारण पुनः मिलते हैं, तो वे उसी आरंभिक स्थान पर पहुँचते हैं जहाँ से उन्हें अलग किया गया था। इससे स्पष्ट है कि गाड़ी यदि बिल्कुल हल्की भी होती, तो चुंबक फेंकने से उस में एक मध्यवर्ती स्थान के गिर्द कंपन की गति ही आ सकती थी; इस विधि से उसे अग्र गति से चलने पर विवश नहीं किया जा सकता।

सिरानो के जमाने में (XVII-वीं शती के मध्य में) क्रिया व प्रतिक्रिया का नियम ज्ञात नहीं हुआ था, इसीलिए वह शंका का विषय है कि फ्रांसीसी लेखक अपनी मजाकिया गाड़ी की निरर्थकता का सही कारण जानते भी थे या नहीं।

'मुहम्मद के ताबूत' की तरह

विद्युत्-चुंबकीय क्रेन के साथ काम करते वक्त एक बार एक मनोरंजक बात देखने को मिली। जंजीर के सहारे फर्श से बँधा हुआ लोहे का गोला विद्युत्-चुंबक द्वारा ऊपर खिंच आया। जंजीर कुछ छोटी थी, इसीलिए गोला चुंबक को स्पर्श नहीं कर पा रहा था; चुंबक से उसकी दूरी एक हाथ के करीब थी। दृश्य असाधारण था : जंजीर उदग्र खड़ी थी। चुंबक की शक्ति इतनी अधिक थी कि जंजीर पकड़ कर उस पर एक मजदूर चढ़ गया; जंजीर की स्थिति ज्यों की त्यों बनी रही।[1] संयोगवश पास ही एक फोटोग्राफर खड़ा था, जिसने इस रोचक क्षण को चित्र में कैद कर लेने की देरी नहीं की। मुहम्मद के ताबूत की तरह हवा में लटकते आदमी का यह दृश्य चित्र 96 में दिखाया गया है।

मुहम्मद का ताबूत क्या है। धार्मिक मुसलमान यह विश्वास रखते हैं कि उनके

---

1. यह विद्युत्-चुंबकों की विराट् शक्ति को दर्शाता है, क्योंकि खींचे जाने वाले पिंड से ध्रुव की दूरी बढ़ाने से चुंबक का बल बहुत तेजी से घटने लगता है। नाल-चुंबक, जो प्रत्यक्षसंसर्ग से कुछेक सौ ग्राम का बोझ उठा सकता है, बोझ और उसके बीच कागज का एक पृष्ठ रख देने से बोझ उठाने की आधी शक्ति खो देता है। इसीलिए चुंबकों के सिरे पर रंग की परत नहीं चढ़ाई जाती, यद्यपि यह जंग से बचाने का अच्छा साधन है।

नबी का ताबूत मकबरे के बीचोंबीच हवा में लटका हुआ है।

कहाँ तक यह संभव है?

''मुहम्मद का ताबूत,—अपने 'विभिन्न भौतिकीय वस्तुओं के बारे में पत्रों' में ऐलर ने लिखा है,—कहते हैं कि एक चुंबक के कारण हवा में स्थिर है; यह असंभव सा प्रतीत नहीं होता, क्योंकि कृत्रिम तौर पर बनाए गए ऐसे चुंबक भी हैं, जो 100 पौंड तक उठा ले सकते हैं।''[1]

ऐसी व्याख्या सही नहीं है; यदि उक्त विधि से (अर्थात् चुंबक के आकर्षण का उपयोग करके) ऐसा संतुलन क्षण भर को प्राप्त कर भी लिया जाए, तो वह स्थायी नहीं होगा। हल्की सी भी ठोकर या हवा की मामूली सी गति इस संतुलन को तोड़ने के लिए काफी रहेगी,—और तब ताबूत या तो जमीन पर गिर जाएगा, या छत की ओर खिंच आएगा। उसे स्थिर अवस्था में रोक रखना उतना ही कठिन है, जितना शंकु को शीर्ष के सहारे टिका कर रखना, यद्यपि सिद्धांततः यह संभव है।

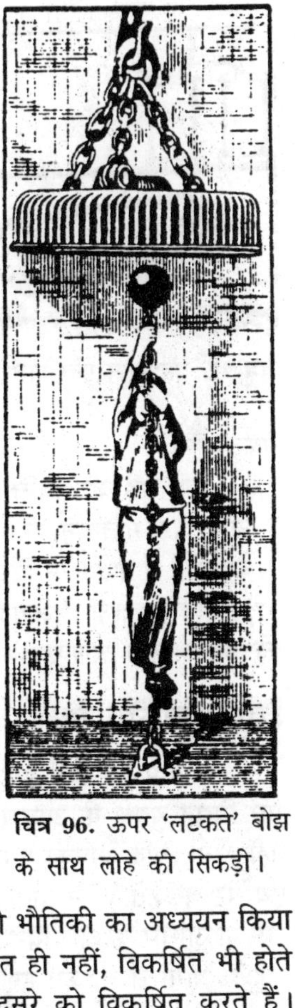

चित्र 96. ऊपर 'लटकते' बोझ के साथ लोहे की सिकड़ी।

लेकिन, 'मुहम्मद के ताबूत' जैसी संवृत्ति चुंबकों की सहायता से उत्पन्न की जा सकती है। सिर्फ इसके लिए उनके पारस्परिक **आकर्षण** की नहीं, पारस्परिक **विकर्षण** की सहायता लेनी पड़ेगी। (जिन्होंने अभी-अभी भौतिकी का अध्ययन किया है, वे भी अक्सर भूल जाते हैं कि चुंबक सिर्फ आकर्षित ही नहीं, विकर्षित भी होते हैं।) सभी जानते हैं कि चुंबकों के समान ध्रुव एक दूसरे को विकर्षित करते हैं। दो चुंबकीय पट्टों को यदि एक दूसरे पर इस प्रकार रखा जाए कि उनके असमान ध्रुव पास हों, तो वे एक दूसरे को विकर्षित करेंगे। ऊपर वाले पट्टे को भार के अनुसार इस प्रकार चुना जा सकता है कि वह नीचे वाले पट्टे के ठीक ऊपर स्थायी संतुलन के साथ हवा में लटका रहे। सिर्फ इस बात का खयाल रखना होगा कि ऊपर वाला चुंबक घूमने न लगे और क्षैतिज तल पर बना रहे। इसके लिए काँच जैसे किसी अचुंबकीय पदार्थ के खंभे लगाए जा सकते हैं, जो ऊपर वाले चुंबक को इधर-उधर नहीं होने देंगे। ऐसी परिस्थितियों में मुहम्मद का ताबूत सचमुच हवा में टिका रह

1. यह 1774 में लिखा गया है, जिस समय विद्युत-चुंबक ज्ञात नहीं थे।

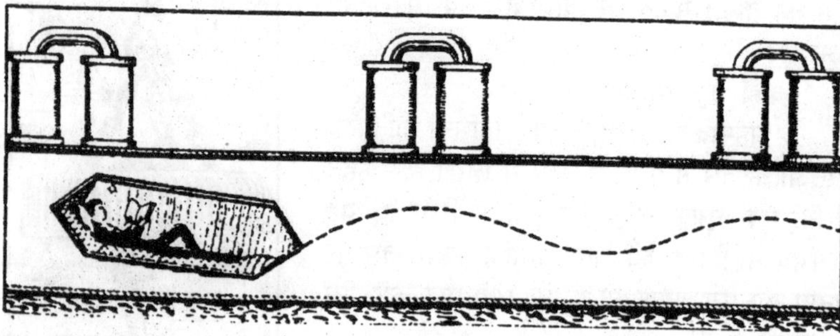

चित्र 97. घर्षणहीन गति वाली गाड़ी। पथ की योजना प्रो.ब.पे. वेइनबेर्ग द्वारा बनाई गई थी।

सकता है।

इस तरह की संवृत्ति चुंबक की **आकर्षण** शक्ति से भी उत्पन्न की जा सकती है, यदि पिंड गतिमान् हो। इसी विचार के आधार पर सोवियत भौतिकविद् प्रो.बे.पे. वेइनबेर्ग ने घर्षणहीन विद्युत्-चुंबकीय रेलपथ की उत्कृष्ट योजना पेश की थी (चित्र 97)। योजना इतनी शिक्षाप्रद है कि भौतिकी के साथ दिलचस्पी रखने वाले हर व्यक्ति को इसे जानना चाहिए।

विद्युत्-चुंबकीय गाड़ी

प्रो.बे.पे. वेइनबेर्ग द्वारा प्रस्तावित रेलपथ के डिब्बे **बिल्कुल भारहीन** होंगे; उनका भार विद्युत्-चुंबक के आकर्षण द्वारा नष्ट किया जाता है। इसीलिए आपको आश्चर्य नहीं होगा, यदि आपको पता चलेगा कि योजनानुसार ये डिब्बे न तो चक्कों से रेल पथ पर लुढ़कते हैं, न पानी में तैरते हैं और न हवा में फिसलते हैं। वे बिना किसी टेक या आधार के और बिना किसी चीज को स्पर्श किए चुंबकीय बलों के शक्तिशाली अदृश्य धागों से लटकते हुए चलते हैं। उनके साथ किसी चीज का घर्षण नहीं होता और इसीलिए एक बार गतिमान् हो जाने पर जड़त्व के कारण अपना वेग स्थिर बनाए रखते हैं; उन्हें किसी इंजन की आवश्यकता नहीं पड़ती।

योजना का कार्यान्वयन निम्न प्रकार से होगा। डिब्बे ताँबे की नली में चलेंगे। घर्षण डिब्बे की गति में बाधक न हो, इसके लिए नली को निर्वात कर दिया जाएगा। नली की निचली दीवार के साथ घर्षण न हो, इसके लिए डिब्बे **नली की दीवारों को स्पर्श किए बगैर** शून्य में लटकते हुए चलेंगे। इसके लिए नली के ऊपर पूरे रास्ते पर विशेष दूरियों पर शक्तिशाली विद्युत्-चुंबक रखे रहेंगे। वे **लोहे** के गतिमान् डिब्बों को अपनी ओर आकर्षित करेंगे और डिब्बों को गिरने से रोकेंगे। चुंबकों की शक्ति इतनी होगी कि डिब्बा हमेशा नली के 'फर्श' और 'छत' के बीच में रहेगा; दोनों में से किसी को भी स्पर्श नहीं करेगा। विद्युत्चुंबक अपने नीचे भागते हुए डिब्बे को

ऊपर खींचता है, पर डिब्बा छत को छू नहीं पाता; गुरुत्व शक्ति इसमें बाधक होती है। लेकिन जैसे ही वह फर्श पर गिरने वाला होता है, अगला चुंबक उसे ऊपर खींचने लगता है। इस प्रकार डिब्बा पृथ्वी और विद्युत्चुंबकों के आकर्षण बल के बीच लटकता हुआ लहरदार रेखा पर चलता रहता हैं; कोई घर्षण नहीं होता, कोई झटका नहीं लगता : डिब्बा अंतरिक्ष में ग्रहों की भाँति आराम से अपना रास्ता तय करता रहता है।

ये डिब्बे कैसे होते हैं? ये बेलनाकार सिगार की तरह होते हैं, इनकी ऊँचाई 90 cm और लंबाई 2 1/2 m होती है। निस्संदेह वे वायुरुद्ध भी होते हैं, क्योंकि नली में हवा नहीं होती। उसमें पनडुब्बियों की तरह हवा साफ करने के स्वचालित उपकरण भी लगे होते हैं।

डिब्बों को चलाने की विधि भी अब तक प्रयुक्त विधियों से भिन्न है : इसकी तुलना सिर्फ तोप से गोला दागने की क्रिया के साथ की जा सकती है। डिब्बे तोप के गोले की तरह ही छोड़े जाते हैं। पर यहाँ 'तोप' भी विद्युत्-चुंबकीय ही है। डिब्बे को विदा करने वाले उपकरण की बनावट कुंडली के रूप में लपेटे गए तार (नलिज[1]) के एक गुण पर आधारित है : जब तार में बिजली की धारा प्रवाहित की जाती है, कुंडली में घुसाई गई छड़ खिंचाव से आगे बढ़ने लगती है। खिंचाव इतना शक्तिशाली होता है कि यदि कुंडली की लंबाई पर्याप्त बड़ी होगी, तो छड़ बहुत तीव्र वेग प्राप्त कर लेगी।[2] नए चुंबकीय पथ में यही बल डिब्बों को 'फेंकेगा'। चूँकि सुरंग में घर्षण नहीं है, इसलिए डिब्बे का वेग कम नहीं होगा; वह जड़त्व के कारण तब तक चलता रहेगा, जब तक कि दूसरे स्टेशन पर स्थित नलिज उसे विपरीत शक्ति से रोक न ले।

योजना के बारे में चंद सूचनाएँ आविष्कारक के शब्दों में दी जा रही हैं :

''यह प्रयोग मैं 1911-1913 में तोम्स्क तकनीकी संस्थान की भौतिकीय प्रयोगशाला में 32cm व्यास वाली ताम्र-नली के साथ कर रहा था। इसके ऊपर विद्युत्-चुंबक रखे हुए थे। डिब्बे की जगह 10 kg भारी लोहे की नली का एक टुकड़ा काम में लाया जा रहा था। इसमें आगे और पीछे चक्के लगे हुए थे; इसकी 'नाक' भी थी, जिससे वह बालू की बोरी के सहारे रखे तख्ते पर चोट करता था (रुकने

---

1. किसी नली पर एक तार बहुत बड़ी संख्या में लपेट कर नली को निकाल लेने से तार एक लंबे बेलनाकार पेंच की चूड़ियों का आकार ग्रहण कर लेता है। यदि चूड़ियाँ बहुत पास-पास होंगे, तो तार नली जैसा दिखने लगेगा। इन्हीं कारणों से ऐसे सर्पिलाकार कुंडली को नलिज या सोलेनायड कहते हैं (यूनानी 'सोलेन' का अर्थ है 'नली' 'आयड' का–'जैसा')।–अनु.

2. विद्युत्-धारा के कारण नलिज के भीतर उत्पन्न समरूप चुंबकीय क्षेत्र के बल छड़ को एक विशेष त्वरण के साथ गतिमान् करते हैं और इसीलिए नलिज से निकलते क्षण छड़ का वेग नलिज की लंबाई पर निर्भर करता है।–अनु.

के लिए!)। इस डिब्बे को 6 km/h का वेग संप्रेषित किया जा सकता था। कमरे के छोटे आकार और नली की छल्ले जैसी आकृति के कारण उसे इससे अधिक वेग देना मुश्किल था। मेरी योजना के अनुसार सोलेनायड की लंबाई करीब तीन मील होनी थी, जिससे डिब्बे का वेग सरलतापूर्वक 800-1000 km/h तक पहुँचाया जा सकता था। इस वेग को बनाए रखने के लिए अतिरिक्त ऊर्जा की कोई आवश्यकता नहीं पड़ेगी, क्योंकि नली के भीतर फर्श के साथ डिब्बे का कोई घर्षण नहीं होगा!

इसमें कोई संदेह नहीं कि पथ के निर्माण में, विशेष कर नली के निर्माण में, काफी बड़ी धन-राशि खर्च करनी होगी, पर वेग को **स्थिर बनाए रखने में** और ड्राइवर, गार्ड, आदि रखने में कोई खर्च न लगने के कारण प्रति किलोमीटर यात्रा का मूल्य एक कोपेक के कुछेक सहस्त्रांश से लेकर 1-2 शतांश भर ही होगा और यदि आती-जाती (डबल) लाइन बनाई जाए, तो दिन भर में 15000 यात्री एक दिशा में सफर कर सकेंगे, या एक दिशा में 10000 टन माल भेजा जा सकेगा।''

पृथ्वीवासियों के साथ मंगलवासियों का युद्ध

प्राचीन रोम के प्रकृतिदर्शी प्लीन अपने समय की एक प्रचलित कहानी के बारे में लिखते हैं, जिसके अनुसार भारत के सागर-तट पर कहीं एक विशाल चुंबकीय चट्टान थी। वह लोहे की वस्तुओं को इतनी शक्ति से खींचती थी कि पास से गुजरने वाले जहाज से काँटी तक उखड़ कर उससे चिपक जाती थी, और जहाज की जगह सिर्फ तख्तों का ढेर बच जाता था। नौयात्रियों के लिए यह काफी खतरनाक जगह थी।

बाद में उक्त चट्टान का वर्णन 'एक हजार एक रातें' नामक कथासंग्रह में देखा गया।

कहने की आवश्यकता नहीं कि यह सिर्फ एक किंदवंती है। हम जानते हैं कि चुंबकीय पर्वत, अर्थात् चुंबकीय लौह-अयस्कों से समृद्ध पर्वत सचमुच में होते हैं। माग्नितागोर्स्क के विख्यात चुंबकीय पर्वत को ही लीजिए, जहाँ आज लौह-अयस्क के शोधन के लिए वात-भट्टियाँ लगी हुई हैं। पर ऐसे पर्वतों की आकर्षण-शक्ति इतनी क्षीण होती है कि इसे नगण्य माना जा सकता है। ऐसे चट्टान और पर्वत, जिनका वर्णन प्लीन ने किया है, पृथ्वी पर कभी नहीं थे।

ऐसे जहाज, जिनमें लोहे का, इस्पात का कुछ नहीं होता, आजकल चुंबकीय पर्वतों के डर से नहीं, पार्थिव चुंबकीय के अध्ययन के लिए बनाए जाते हैं।[1]

---

1. 1957-1958 में अंतर्राष्ट्रीय ज्याभौतिकी वर्ष के अध्ययन-कार्य में सोवियत संघ की ओर से एक जहाज 'जर्या' ने भाग लिया था, जिस पर चुंबकीय बल अपना प्रभाव नहीं डाल सकते थे। इसमें मशीनों से लेकर काँटी और पेंच तक हर वस्तु ताँबे, अलुमीनियम या किसी अन्य अचुंबकीय पदार्थ से बनी थी।—संपादक

विज्ञान-गल्प के लेखक कुर्ट लासविट्स ने प्लीन की किंवदंती के विचारों का उपयोग अपने 'दो ग्रहों पर' नामक उपन्यास में एक भयानक अस्त्र की कल्पना के लिए किया। इस अस्त्र का प्रयोग पृथ्वी की सेना के विरुद्ध मंगलग्रह से आए हुए लोग करते हैं। मंगलवासी इस चुंबकीय (या और सही कहें, तो विद्युत्-चुंबकीय) अस्त्र का प्रयोग करके पृथ्वी की सेना को युद्ध के आरंभ में ही निःशस्त्र कर देते हैं। उपन्यासकार इस युद्ध का वर्णन इस प्रकार से करते हैं :

''घुड़सवारों की शानदार कतार आगे बढ़ती जा रही थी। लग रहा था कि प्राण न्योछावर करने को तत्पर सैनिकों ने आखिर शक्तिशाली शत्रु (मंगलवासी—या. पे.) को पीछे हटने पर विवश कर दिया है; उनके हवाई विमानों में एक दूसरी ही गति होने लगी। वे एक के बाद एक ऊपर उठने लगे, मानो रास्ता छोड़ रहे हों।

पर इसके साथ ही ऊपर से कोई काली वस्तु मैदान पर लटकती हुई उतरने लगी। वह फहरती चादर की तरह हवा में मैदान पर छाई हुई थी और विमानों से घिरी हुई थी। घुड़सवारों की अगली कतार उस वस्तु के प्रभाव क्षेत्र में आ गई और उसी क्षण वह विचित्र मशीन सेना की पूरी टुकड़ी पर छा गई। उसका प्रभाव भयावह था और ऐसा, जिसकी बिल्कुल आशा नहीं की गई थी। रणभूमि से भय की तेज चीखें आने लगीं। घोड़े और घुड़सवार जमीन पर लोटने लगे और असंख्य भाले, तलवार, तीर, फरसे आदि अस्त्र-शस्त्र हवा में उड़ चले—सब उस विचित्र मशीन की ओर आकर्षित हो कर उससे चिपकते जा रहे थे।

मशीन हवा में तैरती हुई रणभूमि से कुछ दूर हटी और हथियारों की पहली फसल जमीन पर फेंक कर वापस आ गई। दो बार और उसने हथियारों की 'कटनी' की। रणक्षेत्र में एक भी व्यक्ति नहीं बचा, जो हाथ में भाला या कोई अन्य अस्त्र लेकर खड़ा हो।

यह मशीन मंगलवासियों का नया आविष्कार थी : वह लोहे और इस्पात की नई वस्तुओं को प्रचंड शक्ति से अपनी ओर खींचने लगती थी। हवा में फहरते इस चुंबक द्वारा मंगलवासी अपने शत्रुओं को बिना कोई चोट पहुँचाए निःशस्त्र कर देते थे।

इसके बाद हवाई चुंबक पैदल सैनिकों की ओर बढ़ा। सिपाही हथियार पकड़े रहने का निष्फल प्रयत्न कर रहे थे, पर अदृश्य शक्ति उनके हाथों से छीनती जा रही थी। बहुत से सैनिक, जो अपना हथियार छोड़ना नहीं चाहते थे, भाले-तलवार समेत चुंबक की ओर स्वयं खिंचने लगे। चंद ही मिनटों में सारी बटालियन निहत्थी हो गई। इसके बाद मशीन शहर में मार्च करती बटालियनों के पीछे भागी और उन्हें भी निःशस्त्र कर दिया।

तोपचियों की यही हालत हुई।''

घड़ी और चुंबकत्व

ऊपर दिए गए उद्धरण को पढ़ने के बाद मन में यह प्रश्न उठना स्वाभाविक है : क्या चुंबकीय बलों के प्रभाव से बचने का कोई उपाय नहीं है, क्या किसी ऐसी चीज की दीवार नहीं बनाई जा सकती, जिसे चुंबकीय बल बेध न सकें?

यह पूरी तरह से संभव है। मंगलवासियों के अनोखे आविष्कार को प्रभावहीन किया जा सकता था, यदि इसके लिए पहले से आवश्यक कदम उठाए गए होते।

चित्र 98. कौन सी चीज घड़ी के पुर्जों को चुंबकीय होने से बचाती है?

चुंबक के लिए अवेध्य द्रव्य लोहा ही है। यह बात विचित्र सी लग सकती है, क्योंकि लोहा चुंबक के प्रभाव से सरलतापूर्वक चुंबकीकृत हो जाता है! पर लोहे के छल्ले के **भीतर** स्थित कंपास की सूई छल्ले के बाहर रखे गए चुंबक द्वारा प्रभावित नहीं होती है।

जेबी घड़ी में जो लोहे के पुर्जे होते हैं, उन्हें चुंबक के प्रभाव से बचाने के लिए घड़ी को लोहे की डिब्बी में रखना चाहिए। यदि आप नाल-चुंबक के शक्तिशाली ध्रुवों पर सोने की घड़ी रखेंगे, तो भीतर स्थित यंत्र के सभी फौलादी भाग, विशेषकर संतुलक में लगी केशिका-कमानी,[1] चुंबकीकृत हो जाएँगे और घड़ी खराब हो जाएगी, ये ठीक समय नहीं बतायेगी। चुंबक हटा लेने पर घड़ी अपनी पुरानी अवस्था में नहीं लौटेगी; उसके फौलादी भाग चुंबकीकृत ही रहेंगे और घड़ी की अच्छी खासी मरम्मत करानी पड़ेगी, बहुत सारे पुर्जों को बदलवाना पड़ जाएगा। इसीलिए सोने की घड़ी के साथ ऐसे प्रयोग न करना ही बेहतर होगा, क्योंकि वह कुछ ज्यादा ही महँगा पड़ेगा।

इसके विपरीत, जिस घड़ी के कल-पुर्जे लोहे की डिब्बी (कौरपुस) में बंद हैं, उनके साथ आप बिना किसी डर के यह प्रयोग कर सकते हैं,—चुंबकीय बल लोहे को बेध कर उसके पार नहीं जा सकता। ऐसी घड़ी को आप शक्तिशाली से शक्तिशाली डायनेमो की कुंडली के पास ले जा सकते हैं, घड़ी की चाल में कोई फर्क नहीं पड़ेगा। बिजली तकनीशियनों के लिए लोहे की सस्ती घड़ियाँ आदर्श होती हैं। सोने और चाँदी की घड़ियाँ चुंबकीय प्रभाव से उसके हाथों में अक्सर खराब होती रहेंगी।

---

1. यदि यह कमानी इन्वर (invar) नाम मिश्र-धातु से बनी है, तो उस पर चुंबक का असर नहीं पड़ेगा। इन्वर चुंबकीकृत नहीं होता, यद्यपि उसमें लोहा और निकले भी मिला होता है।

चुंबकीय 'शाश्वत' चलित्र

'शाश्वत' चलित्र बनाने के प्रयत्नों में चुंबक की भी कम भूमिका नहीं रही। आविष्कारकों ने चुंबक का तरह-तरह से उपयोग किया, पर अनंत काल तक खुद ब खुद चलते रहने वाली कोई प्रयुक्ति नहीं बन पाई। ऐसी एक प्रयुक्ति यहाँ दी जा रही है (इसका वर्णन XVII-वीं शती में चेस्टर के एपिस्कोप अंग्रेज जोन विल्केंसन ने किया था)।

एक खंभे पर शक्तिशाली चुंबक A रखा जाता है। (चित्र 99)। उससे दो पटरियाँ M और N उठंगा कर रखी गई हैं। ऊपर वाली पटरी M सीधी है और उसकी ऊपरी भाग में एक छेद C है। निचली पटरी N का आकार उल्टे मेहराब सा है। आविष्कारक का विचार था कि ऊपरी पटरी में लोहे की एक छोटी सी गोली रखी जाए, तो वह चुंबक से खिंच कर ऊपर लुढ़क आएगी; पर छेद तक पहुँचने पर वह नीचे वाली पटरी N पर गिर जाएगी और वेग के कारण नीचे मुड़ी किनारी D पर फिसलती हुई पुनः ऊपर वाली पटरी M पर आ जाएगी; यहाँ से वह चुंबक द्वारा आकर्षित होकर फिर से ऊपर चढ़ने लगेगी। गोली इसी प्रकार ऊपर-नीचे अविराम लुढ़कती रहेगी और हमें 'शाश्वत गति' मिल जायेगी।

इस आविष्कार में गड़बड़ी क्या है?

यह बताना कठिन नहीं है। आविष्कारक ने यह क्यों सोच लिया कि पटरी N पर लुढ़कती हुई गोली मुड़ी किनारी D के सहारे उठ कर पटरी M पर जाएगी? क्या N पर लुढ़कते वक्त गोली इतना बड़ा वेग प्राप्त कर लेगी? यह तभी संभव होता, यदि गोली सिर्फ गुरुत्व-बल के प्रभाव से लुढ़कती होती : इस स्थिति में उसकी गति त्वरित होती। लेकिन गोली पर दो बल लग रहे हैं : गुरुत्व का और चुंबकीय आकर्षण का। चुंबकीय आकर्षण का बल मान्यतानुसार इतना सामर्थ्य रखता है कि वह गोली को स्थिति B से खींच कर स्थिति C में ला दे। इसीलिए पटरी N पर गोली त्वरित नहीं, मंद गति से लुढ़केगी, और यदि वह निचले छोर तक पहुँच भी जाएगी, तो वह इतना वेग नहीं एकत्र कर पाएगी कि मुड़ी किनारी D पर होते हुए ऊपर उठ सके।

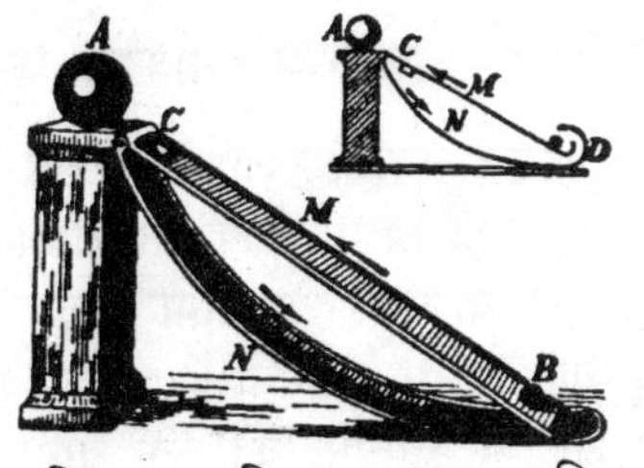

चित्र 99. मिथ्या शाश्वत चलित्र।

ऊपर वर्णित योजना कई बार अपना रूप बदल-बदल कर सामने आती रही है। इसमें से एक को जर्मनी में 1878 ई. में पेटेंट भी दिया गया था। यह काफी विचित्र बात है, क्योंकि तब तक ऊर्जा संरक्षण नियम की घोषणा हुए तीस साल

बीत चुके थे। आविष्कारक ने अपने 'शाश्वत चुंबकीय चलित्र' में प्रयुक्त मुख्य गलत धारणा को इस चालाकी से छिपा लिया कि पेटेंट देने वाला तकनीकी आयोग धोखा खा गया। कानून के अनुसार प्रकृति के नियमों का विरोध करने वाले विचारों को पेटेंट मिल गया। इस तरह के एकमात्र पेटेंट का मालिक अपनी कृति से शायद जल्द ही निराश हो गया, क्योंकि दो साल बाद उसने एकस्व-कर देना बंद कर दिया। मजेदार एकस्व सर्वसुलभ हो गया, पर किसी को उसकी आवश्यकता ही नहीं थी।

संग्रहालयों की समस्या

संग्रहालयों में कभी-कभी प्राचीन वर्तिलेखों (रूल की तरह लपेटे हुए कागजातों) को पढ़ना पड़ता है, जो कागज के पुराने पड़ जाने के कारण इतने जीर्ण हो जाते हैं कि छूने से भी फटने लगते हैं।

ऐस कागजों को कैसे सीधा किया जा सकता है?

सोवियत संघ की विज्ञान आकदमी में दस्तावेजों के जीर्णोद्धार के लिए एक विशेष प्रयोगशाला है, जहाँ ऐसी समस्याएँ आती रहती हैं। इसके लिए प्रयोगशाला में विद्युत् का उपयोग किया जाता है। वर्तिलेख का विद्युतन कर देने से कागज की सभी परतों पर समान आवेश आ जाता है और वे एक दूसरी से विकर्षित होकर अलग हो जाती हैं। फिर उन्हें निपुण हाथों से सीधा करना और अच्छे कागज पर चिपका लेना भर रह जाता है, जो अपेक्षाकृत कठिन काम नहीं है।

एक और काल्पनिक शाश्वत चलित्र

पिछले समय के शाश्वत चलित्र के अन्वेषकों में डायनेमो और विद्युत्-चलित्र को जोड़ने का विचार काफी लोकप्रिय हो रहा है। मेरे पास साल में करीब आधी दर्जन ऐसी योजनाएँ आ जाया करती हैं। इन सब में मुख्य बात एक ही होती है : विद्युत्चलित्र और डायनेमो के चक्कों को गति संचारक फीते से जोड़ देना चाहिए। यदि शुरू में डायनेमो को एक बार चला दिया जाए, तो उत्पन्न विद्युत्धारा से विद्युत्चलित्र चल पड़ेगा और साथ-साथ फीते द्वारा डायनेमो को भी चलाया करेगा। इस तरह दोनों ही मशीनें,—आविष्कारक सोचते हैं,—एक दूसरे को चलाने लगेंगी और वे तब तक चलती रहेंगी, जब तक उनके पुर्जे घिस-पिट का खराब नहीं हो जाएँगे।

आविष्कारकों को यह विचार लुभावना लगता है; पर जिन्होंने इसे व्यवहार में उतारने की कोशिश की, उन्हें साश्चर्य बात माननी पड़ी कि उपर्युक्त परिस्थितियों में दोनों में से एक भी मशीन काम नहीं करती। इस योजना से और कोई आशा भी नहीं थी। यदि दोनों संयोजित मशीनों की दक्षता-गुणांक सौ प्रतिशत भी होता, तो उनकी गति को अविराम बनाने के लिए घर्षण को पूर्णतया नष्ट करना पड़ता। उपर्युक्त दो मशीनों को जोड़ने पर वस्तुतः वे एक नई मशीन (इंजीनियरों की भाषा

में–'एग्रीगेट') बन जाती हैं, जिससे स्वयं अपने आपको चलाते रहने की माँग की जाती है। यदि एग्रीगेट में घर्षण पूर्णतया अनुपस्थित रहता, तो वह अनंत काल तक चलता रहता। लेकिन इससे हम कोई लाभ नहीं उठा पाते : जैसे ही 'चलित्र' से कोई बाह्य कार्य संपन्न करने का प्रयत्न किया जाता, वह उसी क्षण रुक जाता। हमारे सामने 'शाश्वत गति' का नमूना होता, शाश्वत चलित्र का नहीं। घर्षण की उपस्थिति में एग्रीगेट चलेगा ही नहीं।

आश्चर्य है कि इस विचार से आकर्षित लोगों के दिमाग में इसके कार्यान्वयन की और सरल विधि क्यों नहीं आती : किन्हीं भी दो चक्कों को बेल्ट या फीते से जोड़ कर एक को चला दिया और शाश्वत चलित्र बन गया। यदि ऊपर बताई गई योजना के तर्कों का अनुसरण किया जाए, तो यहाँ भी एक चक्का दूसरे को घुमाएगा और दूसरा पहले को। एक चक्के से भी काम चल सकता है : उसे एक बार घुमा दें और उसका दायाँ भाग बाएँ भाग को घुमाने लगेगा और बायाँ भाग दाएँ को। पर आखिरी दो स्थितियों में विचार का बेतुकापन कुछ ज्यादा ही स्पष्ट है और इसीलिए ऐसी योजनाएँ बनाने के लिए कोई व्यक्ति प्रेरित नहीं होता। पर यदि सच पूछा जाए, तो ऊपर वर्णित सभी तीन 'शाश्वत चलित्रों' की योजनाओं के पीछे एक ही भ्रांति छिपी है।

लगभग शाश्वत चलित्र

गणितज्ञ के लिए 'लगभग शाश्वत' शब्दों में कोई आकर्षण की बात नहीं है। गति या तो शाश्वत हो सकती है या नश्वर; यथार्थतः 'लगभग शाश्वत' का अर्थ है नश्वर।

पर व्यावहारिक जीवन के लिए ऐसी बात नहीं है। बहुत से लोग इतने ही से संतुष्ट हो जाते हैं कि उनके पास बिल्कुल शाश्वत चलित्र नहीं, तो कम-से-कम 'लगभग शाश्वत' चलित्र ही है, जो उदाहरण के लिए, एक हजार वर्ष तक काम कर सकता है। मानव जीवन बहुत ही छोटा है और हमारे लिए सहस्त्राब्दियों का भी उतना ही महत्त्व है, जितना शाश्वत का। व्यावहारिक बुद्धि के लोग कहेंगे कि शाश्वत चलित्र की समस्या हल हो चुकी है और अब इस पर सिर खपाने की आवश्यकता नहीं है।

ऐसे लोगों के लिए एक खुशबखरी है कि हजार वर्षों तक काम कर सकने वाले चलित्र का आविष्कार हो चुका है। ऐसा शाश्वत चलित्र कुछ साधन लगा कर कोई भी व्यक्ति प्राप्त कर सकता है। इस आविष्कार पर किसी एका एकस्व (पेटेंट) नहीं है और इसे बनाने की विधि सर्वविदित है। 1903 में प्रो. स्ट्रेट द्वारा बनाया गया उपकरण, जिसे अक्सर रेडियम-घड़ी के नाम से पुकारते हैं, बिल्कुल सरल है (दे. चित्र 100)।

शीशे के निर्वात बरतन में स्फटिक के धागे *B* से (जो विद्युत् का कुचालक

है) एक परखनली लटक रही है। इसमें एक ग्राम का सहस्त्रांश भर रेडियम-लवण होता है। परखनली के निचले छोर पर विद्युत्दर्शी (एलेक्ट्रोस्कोप) की तरह दो स्वर्ण-पत्तर लगे होते हैं। विदित है कि रेडियम तीन प्रकार की किरणें छोड़ता है : अल्फा, बीटा और गामा। हमारे उपकरण के लिए बीटा-किरणें अधिक महत्त्व रखती हैं, जो ऋण विद्युत् से आविष्ट कणिकाओं (एलेक्ट्रोन) के प्रवाह से बनती हैं। ये किरणें काँच को बेध कर उसके पार निकल जाती हैं। रेडियम द्वारा अपने समीप फेंकी जाने वाली कणिकाएँ उसके **ऋणावेश** का कुछ भाग अपने साथ लेती जाती हैं और इसीलिए परखनली रेडियम समेत **धनाविष्ट** हो जाती है। यह धनावेश स्वर्ण-पत्तरों पर आ जाता है और उन्हें पारस्परिक विकर्षण द्वारा एक दूसरे से अलग होने पर विवश कर देता है।

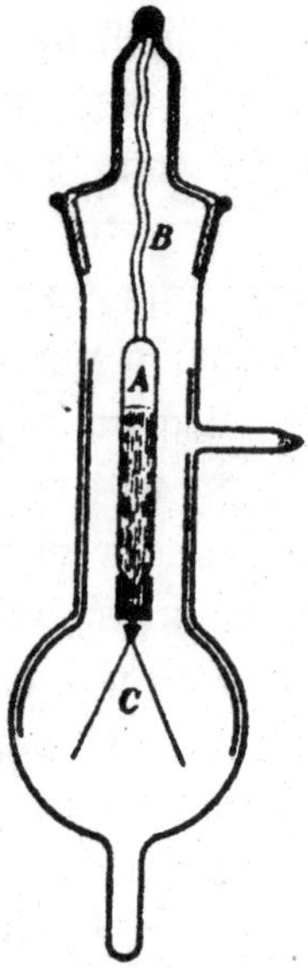

चित्र 100. रेडियम-घड़ी, जो 'लगभग शाश्वत' है; एक बार चाबी देने पर वह 1600 वर्षों तक चलती रहेगी।

बहुत ज्यादा फैलने पर पत्तर बरतन की दीवारों को स्पर्श करने लगते हैं और वहाँ अपना आवेश खो देते हैं (क्योंकि वहाँ दीवार से पन्नी की पट्टियाँ लगी होती हैं, जिनके सहारे आवेश निकल जाता है)। आवेश खो कर वे पुनः आपस में सट जाते हैं। पर धनावेश जमा होता रहता है, इसलिए पत्तर पुनः फैलते हैं, अपना आवेश दीवारों को दे देते हैं और पुनः सट जाते हैं। यह क्रिया चलती रहती है और हर दो-तीन मिनट पर अपने को दुहराने लगती है। स्फुरण क्रिया इतनी नियमित होती है, जैसे यह घड़ी की लोलक हो। इसलिए इसका नाम रेडियम-घड़ी पड़ा है। दसियों और सैकड़ों वर्षों तक, जब तक रेडियम से विकिरण जारी रहेगा, घड़ी काम करती रहेगी।

पाठक निसंदेह समझ रहे होंगे कि यह 'शाश्वत' नहीं, सिर्फ निःशुल्क चलित्र है।

कितने समय तक रेडियम अपनी किरणें छोड़ता रहता है?

यह निर्धारित है कि रेडियम की विकिरण-क्षमता 1600 वर्षों में दुगुनी कम हो जाती है। इसीलिए रेडियम घड़ी बिना रुके एक हजार वर्षों से कम नहीं चलेगी। सिर्फ स्फुरण की आवृत्ति (बारंबारता) कम होती जाएगी, क्योंकि कालानुसार विद्युत् का आवेश कम होने लगता है। यदि रूस राज्य के आरंभ में ऐसा उपकरण बनाया गया होता, तो वह आज भी काम करता रहता।

क्या इस निःशुल्क चलित्र से कोई व्यावहारिक लाभ हो सकता है? अफसोस है कि नहीं। इस चलित्र की शक्ति, अर्थात् उसके द्वारा प्रति सेकेंड संपन्न कार्य इतना

नगण्य है कि उससे कोई भी यंत्र चलाया नहीं जा सकता। उसके काम का परिणाम दृष्टिगोचर हो, उसके लिए रेडियम के काफी बड़े भंडार की आवश्यकता पड़ेगी। लेकिन तब ऐसे निःशुल्क चलित्र से दिवाला पिट एगा, क्योंकि रेडियम पृथ्वी पर काफी महँगा व विरल तत्त्व है।

बिजली के तार पर चिड़िया

सभी जानते हैं कि उच्च वोल्टता पर स्थित बिजली के किसी तार को (जैसे ट्राम के तार को) छूना आदमी के लिए खतरनाक होता है। यह आदमी और बड़े जीवों के लिए घातक सिद्ध हो सकता है। बिजली के खम्भों से टूट कर लटके तार से गाय या घोड़े की मृत्यु होने की अनेक घटनाएँ ज्ञात हैं।

लेकिन तार पर बैठी चिड़ियों को क्यों नहीं कुछ होता? शहरों में आपने अक्सर यह दृश्य देखा होगा (चित्र 101)।

चित्र 101. बिजली के तार पर पक्षी बिना किसी खतरे के बैठे रहते हैं क्यों?

इस विरोधाभास को समझने के लिए निम्न बात पर ध्यान देना चाहिए : तार पर बैठी चिड़िया का शरीर सर्किट की एक उपशाखा का काम करने लगता है, जिसका प्रतिरोध दूसरी शाखा (दोनों पैरों के बीच के नन्हे भाग) की तुलना में बहुत अधिक होता है। इसीलिए इस उपशाखा (चिड़िया के शरीर) में धारा-बल नगण्य होता है और कोई नुकसान नहीं पहुँचाता। लेकिन यदि तार पर बैठी चिड़िया पंख, दुम या चोंच आदि से खंभे को छू दे, या किसी भी प्रकार जमीन से संलग्न हो जाए, तो उसके शरीर से होकर पृथ्वी की ओर दौड़ती धारा द्वारा क्षण भर में उसकी मृत्यु हो जाएगी। ऐसा अक्सर देखा जाता है।

चिड़ियों की आदत होती है कि वे खंभे की बाजू पर बैठ कर तार से चोंच साफ करने लगती हैं। चूँकि बाजू खंभे द्वारा जमीन से संलग्न होता है, इसलिए धारामय तार को छूते ही भूसंपर्कित चिड़िया की मृत्यु हो जाती है। ऐसी घटनाओं की विशाल संख्या का अंदाज आपको इस बात लग सकता है कि जर्मनी में चिड़ियों की रक्षा करने के लिए विशेष कदम उठाने पड़े। इसके लिए खंभों के बाजू पर चिड़ियों के

बैठने के लिए पृथक् स्थान बनाया जाता है (चित्र 102), ताकि वे बिना किसी खतरे के चोंच साफ कर सकें। कभी-कभी खतरनाक स्थानों को घेर दिया जाता है, ताकि पक्षी उसे छू न सके।

सोवियत संघ में इस तीव्रता से विद्युतीकरण का विकास हो रहा है कि यहाँ भी बिजली के तार से पक्षियों की रक्षा के लिए कुछ सोचना चाहिए। इससे वन और खेती को लाभ होगा।

चित्र 102. उच्च वोल्टता पर बिजली भेजने के लिए बने खंभों पर चिड़ियों के बैठने के लिए पृथक्कृत स्थान।

तडित-प्रकाश

क्या आपने कभी बिजली की चमक में सड़क के सरगर्म भाग का दृश्य देखा है? यदि हाँ, तो आपने आकाश में चमकने वाली बिजली के प्रकाश की एक विशेषता पर अवश्य ध्यान दिया होगा : सड़क पर, जहाँ काफी चहल-पहल थी, क्षण भर को सब कुछ मृतप्राय हो जाता है। दौड़ते घोड़े हवा में पैर उठाए थम जाते हैं; गाड़ियाँ भी थम जाती हैं; चक्के की तीलियाँ स्पष्ट दिखने लगती हैं...

इस प्रतीयमान जड़ता का कारण है तडित का अत्यंत छोटा जीवन-काल। बिजली से उत्पन्न चिनगारियों की तरह तड़ित भी इतनी कम देर टिकती है कि साधारण उपकरणों द्वारा उसे नापा भी नहीं जा सकता। अप्रत्यक्ष विधियों से यह निर्धारित करने में सफलता मिली है कि तड़ित सेकेंड के कुछ सहस्त्रांश भर ही जीवित रहती है।[1] इतने नन्हे अंतराल में शायद ही कोई वस्तु इतना खिसक सकती है कि उसका स्थानांतरण आँखों से दिख सके। इसीलिए चहल-पहल से भरी सड़क भी बिजली की कौंध में बिल्कुल थमी सी लगती है; हमें सड़क पर सेकेंड के सहस्त्रांश भर टिकने वाली चीज दिखती है। इस अंतराल में चलती गाड़ी के चक्के की तीली मिलीमीटर के एक क्षुद्रांश भर ही घूम पाती है। स्वाभाविक है कि आँखों से वह जड़ सी अचल लगेगी।

---

1. अधिक जीने वाली तड़ित भी होती हैं; उनका जीवनकाल सेकेंड के शतांश से दशांश तक लंबा हो सकता है। बहुगुणित तडितें भी होती हैं। जब तक तडित द्वारा बनाए गए पथ पर एक के बाद एक दसियों तड़ितें चल पड़ती हैं, तो इसे बहुगुणित तडित कहते हैं। इसका जीवन काल कुल मिला कर डेढ़ सेकेंड तक का हो सकता है।

–संपादक

तडित की कीमत

पुराने जमाने में तडित को भगवान का अस्त्र माना जाता था, अतः उस समय ऐसा प्रश्न पूछना धर्म की निंदा करने का प्रतीक होता। लेकिन आज के युग में विद्युत्-ऊर्जा क्रय-विक्रय की सामग्री हो गई है; उसे नापते हैं, उसका मूल्यांकन करते हैं और इसीलिए तडित की कीमत जैसा प्रश्न अब निरर्थक नहीं रह गया है। तडित की कीमत का अर्थ है वज्रपात के लिए विद्युत्-ऊर्जा की आवश्यक मात्रा को ज्ञात करना और यह हिसाब लगाना कि इतनी ही बिजली घर में खर्च करने पर आपको कितने पैसे देने पड़ते।

कलन इस प्रकार है : तडित में विसर्जित विद्युत् का विभव करीब करोड़ वोल्ट होता है। इस स्थिति में धारा-बल अधिक-से-अधिक 200 हजार ऐंपियर के बराबर हो सकता है (यह इस बात से ज्ञात किया जाता है कि बिजली गिरने पर तडित चालकों में बहने वाली विद्युत् धारा के कारण लोहे का छड़ किस हद तक चुंबकीकृत हो जाता है)। वाट में शक्ति की मात्रा ज्ञात करने के लिए वोल्ट व एंपियर की संख्याओं को आपस में गुणा करना पड़ता है; पर इस बात का ध्यान रखना चाहिए कि जब तक बिजली गिरती है, उसका विभव शून्य तक उतर आता है। अतः विसर्जित आवेश की शक्ति कलन करने के लिए औसत विभव अर्थात् आरंभिक विभव का आधा लेना चाहिए। प्राप्त होता है :

$$\text{आवेश की शक्ति}-\frac{50\,000\,000\times 200\,000}{2} \text{ अर्थात् } 5\,000\,000\,000\,000$$

वाट या 5 अरब किलोवाट।

शून्यों की इतनी बड़ी कतार पाने के बाद स्वाभाविक ही है कि आप तडित का मूल्य व्यक्त करने के लिए कोई बड़ी संख्या पाने की उम्मीद कर रहे होंगे। पर किलोवाट घंटे में (जो आपके घर में लगा मीटर दिखाता है) ऊर्जा को व्यक्त करने के लिए समय को भी ध्यान में रखना होगा। इतनी बड़ी शक्ति का संचार सेकेंड के सिर्फ सहस्त्रांश तक ही जारी रहता है। इस नन्हे कालांतर में खर्च होगा :

$$\frac{5\,000\,000\,000}{3\,600\times 1000}\cong 1400$$

उपभोगकर्ताओं को एक किलोवाट-घंटे के लिए 4 कोपेक अदा करने पड़ते हैं। इससे तडित की कीमत सरलतापूर्वक आँकी जा सकती है :

$$14000\times 4 = 5600 \text{ कोपोक } = 56 \text{ रूबल।}$$

उत्तर आश्चर्यजनक है : तडित जिसकी ऊर्जा भारी तोप से दागे गए गोले की ऊर्जा से सौ गुनी अधिक है, बिजली-घर के अनुसार सिर्फ 56 रूबल कीमत

रखती है।

जानना दिलचस्प होगा कि आधुनिक विद्युत् प्राविधि द्वारा बनाया गया तडित प्राकृतिक तडित से कितनी दूर है। प्रयोगशालाओं में एक करोड़ वोल्टता की 15 cm लंबी चिनगारी उत्पन्न की जा चुकी है। दूरी बहुत अधिक नहीं है...

कमरे में मूसलाधार वर्षा

घर में रबड़ की नली से छोटा-मोटा फव्वारा बहुत सरलतापूर्वक बनाया जा सकता है। उसका एक सिरा ऊँचा कर रखी पानी से भरी बाल्टी में डुबा देते है। या पानी के नल से जोड़ देते हैं नली का दूसरा मुँह काफी छोटा होना चाहिए, ताकि पानी का फव्वारा महीन धार के रूप में निकले। पेंसिल के एक टुकड़े में से ग्रैफाइट की छड़ निकाल कर पेंसिल को नली में घुसा देने से काम चल जाएगा। फव्वारे को आसानी से नियंत्रित किया जा सके, इसके लिए नली के स्वतंत्र सिरे को उल्टे हुए शंकु में चित्र 103 की भाँति लगा देते हैं।

जब फव्वारा करीब आधा मीटर ऊँचा हो जाए, तो लाह की छड़ी या एबोनाइट की कंघी सिल्क पर रगड़ कर फव्वारे के समीप लाएँ। आप उसी क्षण एक विचित्र चीज देखेंगे : फव्वारे की अलग-अलग धारें मिल कर एक धार में परिणत हो जाएँगी, जो एक विशेष ध्वनि करती हुई पास रखी थाली में गिरने लगेगी। "यह ध्वनि आपको मूसलाधार वर्षा की याद दिलाएगी। इसमें कोई शक नहीं है,—भौतिकविद् बायस इसके बारे में कहते हैं,—कि बादल गरजते वक्त वर्षा की बूँदें इसी कारण से बड़ी हो जाती है।" लाह की छड़ी हटा लीजिए, फव्वारे में परिणत हो जाएगा और विशेष ध्वनि भंगुर धार की नर्म ध्वनि में बदल जाएगी।

जो इन बातों से अनभिज्ञ हैं, उनके सामने आप लाह की छड़ी जादूगर की तरह घुमा-घुमा कर खेल दिखा सकते हैं, मानो पानी के फव्वारे पर भी आप हुक्म चला सकते हैं।

फव्वारे पर विद्युत् के आवेश के इस विचित्र प्रभाव का कारण समझना कठिन नहीं है। बूँदों का विद्युतन हो जाता है; छड़ी के निकट वाली बूँदें धनाविष्ट हो जाती हैं और दूर वाली ऋणाविष्ट। इसीलिए वे एक दूसरे को ओर आकर्षित हो कर एकाकार हो जाती हैं।

पानी की धार पर बिजली का प्रभाव और आसानी से देखा जा सकता है। एबोनाइट की कंघी बालों पर कुछेक बार फेर कर नल से गिरते पानी की पतली धार के पास लाएँ : धार टेढ़ी होकर कंघी की ओर झुक जाती है (चित्र 104)। इस संवृत्ति को समझाना कहीं जटिल काम है, की तुलना में पिछली संवृत्ति को। इसका संबंध तलीय तनाव में परिवर्तन से है, जो विद्युतावेश के प्रभाव से होता है।

एक बात और बता दें कि घर्षण द्वारा विद्युत् के आवेशों का आसानी से उत्पन्न

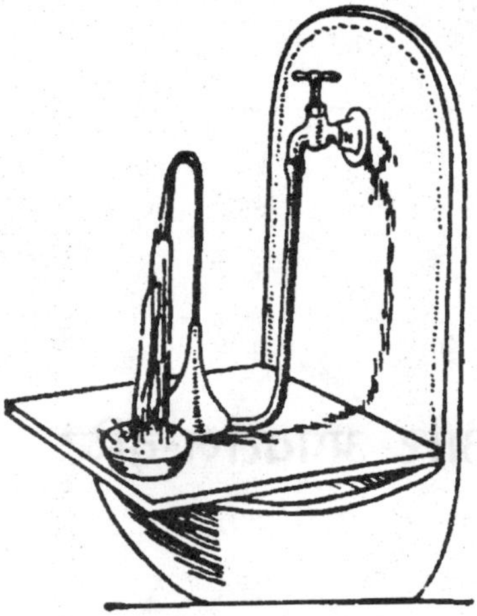

चित्र 103. मूसलाधार वर्षा का नन्हा नमूना।

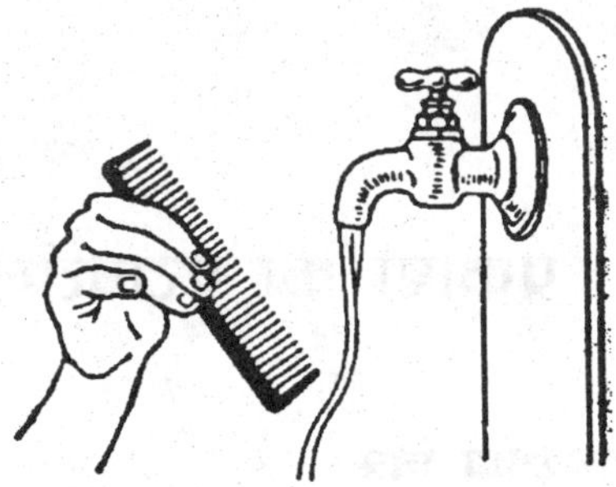

चित्र 104. विद्युताविष्ट कंघी को निकट लाने पर पानी की धार विचलित हो जाती है।

हो जाना ही चक्कों को जोड़ने वाले गतिसंचारक फीते के विद्युतन का कारण होता है। उत्पादन की कुछ क्रियाओं में उससे बिजली की चिनगारियाँ निकलने लगती हैं और आग लगने का गंभीर खतरा बन जाता है। इसे रोकने के लिए फीतों पर चाँदी की महीन परत चढ़ा देते हैं। चाँदी बिजली का सुचालक है, अतः फीते पर आवेश का जमा होना संभव नहीं होता।

अध्याय 9

प्रकाश का परावर्तन और अपवर्तन-दृष्टि

पंचपक्षीय चित्र

फोटोग्राफी में एक निराली विधि है,—व्यक्ति को एक साथ पाँच भिन्न पक्षों से दिखाना। चित्र 105 ऐसे ही एक फोटो के आधार पर बनाया गया है; आप इसमें एक व्यक्ति को पाँच भिन्न मुद्राओं में देख सकते हैं। साधारण फोटो-चित्रों की तुलना में इनसे यह लाभ है कि ये व्यक्ति की विशेषताओं को पूरी तरह से दिखा सकते हैं। आप जानते हैं कि फोटोग्राफर एक बात का बहुत अधिक खयाल रखते हैं : चेहरे को कैसा घुमाव दिया जाए कि चित्र व्यक्ति की सभी विशेषताओं को दिखा सके। यहाँ एक ही बार में चेहरा कई पक्षों से चित्रित हो जाता है। इनमें से एक को चुन लिया जा सकता है, जो व्यक्ति की विशेषताओं को सबसे अच्छा व्यक्त करता हो।

चित्र 105. एक ही व्यक्ति का एक साथ पाँच ओर से खींचा गया फोटोचित्र।

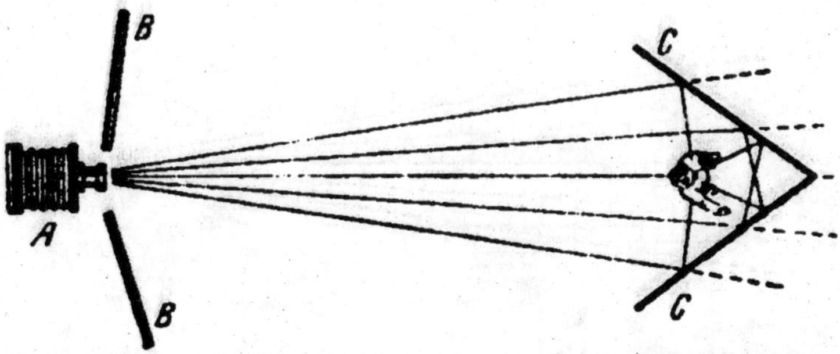

चित्र 106. पंचमुखी फोटोचित्र प्राप्त करने की विधि। आदमी को दर्पणों CC के बीच खड़ा किया जाता है।

इस तरह के चित्र कैसे प्राप्त किए जाते हैं? निस्संदेह, दर्पणों की सहायता से (चित्र 106)। व्यक्ति कैमरे *A* की ओर पीठ करके बैठता है। उसका मुख दो उदग्र दर्पण की ओर होता है। दर्पणों के बीच का कोण 36^0 का पाँचवा भाग, अर्थात् 72^0 के बराबर होता है। दर्पणों के इस जोड़े से व्यक्ति के चार बिंब मिल जाएँगे, जिनका मुख कैमरे की ओर भिन्न पक्षों से होगा। कैमरे से इन चारों बिंबों समेत व्यक्ति का चित्र खींचा जाता है। फोटो में दर्पण दिखाई नहीं देते (वे बिना फ्रेम के होते हैं)। कैमरा दर्पणों में प्रतिबिंबित न होने लगे, इसके लिए उसे दो पर्दों *(BB)* से ढक देते हैं। सिफ लेंस के सामने एक छोड़ दिया जाता है।

बिंबों की संख्या दर्पणों के आपसी कोण पर निर्भर करती है : जितना ही वह कम होगा, बिंबों की संख्या उतनी ही अधिक होगी। यदि कोण $360^0/4=90^0$ हो, तो चार बिंब मिलते हैं। कोण के $360^0/6=60^0$ होने पर 6 बिंब प्राप्त होते हैं, और $360^0/8=45^0$ होने पर—आठ, आदि। पर अनेक बार परावर्तन होने से बने बिंब अस्पष्ट होते हैं, इसलिए पंच पक्षीय चित्र से ही संतोष करना पड़ता है।

सौर चलित्र और सौर

चलित्रों के वाष्पित को सौर ऊर्जा से गर्म करने का विचार आकर्षक है। पर आइए, थोड़ा हिसाब लगाते हैं। वातावरण की बाह्य (ऊपरी) सतहों के उस भाग पर, जो सूर्य-किरणों के अभिलंब होता है, प्रति वर्ग सेंटीमीटर पर प्रति मिनट प्राप्त होने वाली सौर-ऊर्जा की मात्रा सही-सही निर्धारित की जा चुकी है। यह मात्रा शायद स्थिर रहती है, इसलिए इसे 'सौर-स्थिरांक' भी कहा जाता है। सौर-स्थिरांक का मान प्रति वर्ग मीटर पर प्रति मिनट लगभग 2 छोटी कैलोरी (या ग्राम कैलोरी) है। सूरज द्वारा नियमित रूप से भेजी जाने वाली यह तापीय रसद पृथ्वी की सतह तक पूरी-पूरी नहीं पहुँचती : करीब आधा कैलोरी ताप वातावरण द्वारा अवशोषित हो जाता है।

चित्र 107. तुर्कमेनिया में सूर्य-किरणों से पानी गर्म करने के लिए उपकरण

हम मान सकते हैं कि सूर्य-किरणों के अभिलंब पृथ्वी-तल के प्रत्येक वर्ग सेंटीमीटर को करीब 1.4 कैलोरी ताप प्राप्त होता है। यह 1 m^2 पर प्रति मिनट 14000 छोटे कैलोरी या 14 बड़े कैलोरी (किलो कैलोरी) के बराबर होगा और प्रति सेकेंड–करीब 1/4 बड़े कैलोरी के। चूँकि 1 बड़ा कैलोरी पूरी तरह से यांत्रिक कार्य में परिवर्तित हो कर 427 kgm ऊर्जा देता है, इसलिए पृथ्वी के 1 m^2 क्षेत्र पर उसके अभिलंब गिरती सूर्य-किरणों से प्रति सेकेंड 100 kgm से थोड़ी अधिक ऊर्जा प्राप्त होती है। यह 1 1/3 अश्व-शक्ति से थोड़ी अधिक होगी।

सूर्य-किरणों की ऊर्जा इतना काम कर सकती है कि वह भी सिर्फ इष्टतम परिस्थितियों में–अर्थात् जब किरणें तल के अभिलंब गिर रही हों और प्राप्त ऊर्जा शत-प्रतिशत यांत्रिक ऊर्जा में परिणत की जा रही हो। पर चालकशक्ति के रूप में सूर्य का प्रत्यक्ष उपयोग करने के लिए अब तक के प्रयत्न ऐसी आदर्श परिस्थितियों से बहुत दूर रहे हैं : उनका दक्षता-गुणांक 5–6% से अधिक कभी नहीं हुआ है। विख्यात भौतिकविद् एब्लौट का सौर चलित्र अब तक कार्यान्वित योजनाओं की तुलना में सबसे अधिक दक्षता-गुणांक (15%) रखता है।

सूर्य-किरणों से यांत्रिक-कार्य की अपेक्षा सिर्फ गर्मी प्राप्त करना कहीं अधिक सरल है,–इस बात पर सोवियत संघ में विशेष ध्यान दिया गया है। यहाँ (समरकंद

चित्र 108. तुर्कमेनिया के सूर्य चलित कोल्ड-स्टोर।

में) एक अखिल सोवियत और ऊर्जा संस्थान भी है, जहाँ विस्तृत खोज-कार्य चल रहे हैं। ताशकंद में धूप से पानी गर्म करने वाला एक हम्माम है, जिसका प्रतिदिन 70 व्यक्ति उपयोग कर सकते हैं। ताशकंद के ही एक घर की छत पर एक सौर-उपकरण है, जिसमें सूर्य-किरणों से गर्म होने वाले आठ क्वथित्र लगे हैं; इनमें से प्रत्येक 200 बाल्टी पानी गर्म कर सकता है। इससे घर के सभी क्वार्टरों का काम चल जाता है। सौर-तकनीशियनों के अनुसार गर्म पानी वर्ष में सात-आठ महीनों तक बिना नागा के मिला करेगा। अन्य चार-पाँच महीने गर्म पानी सिर्फ धूप उगे दिन मिलेगा। क्वथित्रों की औसत दक्षता अपेक्षाकृत अधिक है—करीब 47%। अधिकतम कार्य-दक्षता 61% तक प्राप्त की जा सकती है।

तुर्कमेनिया में एक सौर शीतित्र (गेलियो रेफ्रीजरेटर) का परीक्षण किया गया था। परिवेशी हवा का तापक्रम छाया में 45^0 होने पर शीतित्र के कक्षों में प्रशीतक बैटरियों का तापक्रम शून्य से $2\text{-}3^0$ नीचे होता था। औद्योगिक सौर-शीतित्र का यह पहला उदाहरण है।

सौर-ऊर्जा से गंधक-द्रवण (द्रवणांक 120^0C) के प्रयोग भी उत्तम रहे हैं। सौर-ऊर्जा से काम करने वाले चंद और उपकरण बन चुके हैं, जिनकी याद दिला देना उपयुक्त होगा : कास्पियन व अराल सागरों पर पानी मीठा करने के लिए उपकरण, मध्य एशिया में पानी ऊपर खींचने वाले पंप, फल सुखाने वाले उपकरण आदि इस दिशा में की गई खोजों के नए परिणाम हैं। रसोई बनाने वाले चूल्हे भी हैं, जिन पर खाना सूर्य-किरणों से पकता है। कृत्रिम रूप से कैद की गई सूर्य-किरणों का उपयोग इतने तक ही सीमित नहीं रहेगा। मध्य एशिया, काकेशिया, क्रिम, वोल्गा व दक्षिणी उक्रैन के आर्थिक जीवन में सौर-ऊर्जा को अभी महत्त्वपूर्ण भूमिका

निभानी है।

अदृश्य करने वाली टोपी

जादुई टोपी की कहानी अति प्राचीन काल से चली आ रही है : जो भी उसे पहनता है, अदृश्य हो जाता है। पुरानी किंदवंती को 'रुसलान और लुदमीला' में सजीव करते हुए पुश्किन ने एक चमत्कारी टोपी का सुंदर वर्णन किया है :

"और मृदुला के मन आया,
खयालों की मनरोली में,
अटपट विचार आवारा—
लगती कैसी मैं टोपी में...
चोर्नामोर की टोपी लुदमीला,
आँखों पर, सीधा, तिरछा,
उलट रही, पुलट रही,
पहन गई आखिर उल्टा।
फिर क्या? चमत्कार-युग का दान!
लुदमीला थी अंतर्धान।
सीधी की—और पहले जैसी
लुदमीला खड़ी दर्पण में;
फिर उलटी—फिर गायब;
उतार ली—दर्पण में! "अच्छा!
ओ, मायावी! भाग्य मेरा!
अब नहीं रहा कोई खतरा!"

अदृश्य होने की क्षमता बंदिनी लुदमीला के लिए अपनी रक्षा का एकमात्र साधन रह गई थी। संतरी उसे देख नहीं पाते थे, सिर्फ उसके कार्यों से उसकी उपस्थिति का अनुमान लगा पाते थे :

हर समय हर जगह दिख जाते
चिह्न उसके कारनामों के—
कभी पका-सा पीला फल
कलरवमय टहनी से ओझल,
कभी निर्झर की बूँदा-बूँदी
उड़ नहलाती हरी घास रौंदी;

तब जान लेते महलवासी
जलपान कर रही सुवासी...
जब विरल होता निशा-तम,
लुदमीला निर्झर को जाती,
स्नारता शीतल जल छलकाती।
खुद कार्ल ने देखा एक प्रभात
अदृश्य हाथों से कैसे
छलकता था तब जल प्रपात।''

अनेक प्राचीन स्वप्न साकार हो चुके हैं, अनेक चमत्कार आज विज्ञान द्वारा दिखाए जा सकते है। पहाड़ों में सुरंगे बन रही हैं, आकाश की बिजली प्रयोगशालाओं में कैद की जा चुकी है, उड़न-खटोला आम बात है...पर क्या अदृश्यकारी टोपी का आविष्कार नहीं हो सकता? या कोई अन्य साधन नहीं ढूँढा जा सकता, जिससे हम अदृश्य हो सकें? यहाँ इसी समस्या पर विचार किया जाएगा।

अदृश्य आदमी

अंग्रेज लेखक वेल्स अपने उपन्यास 'अदृश्य-आदमी' में पाठकों को यह विश्वास दिलाने का प्रयत्न करते हैं कि अदृश्य बनाना संभव है। उसका नायक (उपन्यासकार उसे ''दुनिया के सबसे प्रतिभाशाली भौतिकविद्'' के रूप में पेश करते हैं) मानवशरीर को अदृश्य बनाने की विधि ज्ञात कर लेता है, देखिए, अपने एक चिकित्सक मित्र को वह अपनी खोज के वैज्ञानिक आधार को किस प्रकार समझाता है :

''दृश्यमानता प्रकाश के साथ पिंडों की क्रिया पर निर्भर करती है। आप जानते हैं कि कोई भी पिंड या तो प्रकाश को अवशोषित करता है, या परावर्तित या अपवर्तित। यदि पिंड न तो प्रकाश को अवशोषित करता है, न परावर्तित या अपवर्तित, तो पिंड अदृश्य होगा। उदाहरण के लिए लाल डिब्बे को लीजिए; वह दृश्यमान है, क्योंकि उसका रोगन प्रकाश का एक अंश अवशोषित कर लेता है और अन्य भाग को परावर्तित (प्रकीर्णित) कर लेता है। यदि डिब्बा प्रकाश को बिल्कुल अवशोषित नहीं करता, उसे पूर्णतया परावर्तित कर देता, तो वह चाँदी जैसा श्वेत और चमकदार होता। हीरे से बना डिब्बा प्रकाश को बहुत कम अवशोषित करता और उसकी पूर्ण सतह से प्रकाश का परावर्तन भी बहुत कम होता; सिर्फ किनारियों के पास प्रकाश का थोड़ा परावर्तन व अपवर्तन होता, जिससे हमें डिब्बे का चमकदार प्रकाशीय 'अस्थिपंजर' दिखता। शीशे का डिब्बा कम चमकता और हीरे के डिब्बे जितनी स्पष्टता से दृष्टिगोचर नहीं होता, क्योंकि शीशा परावर्तन व अपवर्तन और भी कम करता है। यदि सफेद पादर्शक काँच के टुकड़े को पानी में (या और अच्छा होगा पानी से कुछ अधिक

घने द्रव में) रखा जाए, तो वह लगभग पूरी तरह से गायब हो जाएगा, क्योंकि पानी में चलती प्रकाश-किरणें काँच से बहुत-बहुत कम परावर्तित व अपवर्तित होती है। काँच वैसे ही अदृश्य हो जाता है, जैसे हवा में कार्बन डायक्साइड या उदजन (हाइड्रोजन) की फुहार। दोनों जगह पर एक ही कारण की भूमिका है।

—हाँ,—केंप (चिकित्सक) ने कहा,—ये बातें बहुत ही सरल हैं और हमारे युग में इन्हें स्कूल का बच्चा-बच्चा जानता है।

—एक और बात बता दूँ, जिसे स्कूल का हर बच्चा जानता है : यदि काँच को महीनी से पीस लिया जाए, तो हवा में उसकी दृष्टिगोचरता अधिक हो जाती है; वह श्वेत अपारदर्शक चूर्ण में परिणत हो जाता है। कारण यह है कि पीसने से काँच की परावर्तक व अपवर्तक सतहों की संख्या बढ़ जाती है। खिड़की में लगे शीशे की ऐसी दो सतहें हैं, पर चूर्ण में प्रकाश हर कण की कई सतहों से परावर्तित एवं अपवर्तित होता रहता है। इसके अतिरिक्त, चूर्ण में प्रकाश बहुत दूर तक नहीं जा सकता। पर यदि काँच के चूर्ण को पानी में डाल दिया जाए, तो वह गायब हो जाता है। पीसे हुए काँच और पानी के अपवर्तनांक लगभग समान होते हैं, इसलिए एक से दूसरे में प्रवेश करते वक्त प्रकाश का परावर्तन व अपवर्तन कम होता है।

काँच को लगभग उसके समान अपवर्तनांक वाले द्रव में रख कर आप उसे अदृश्य कर दे सकते हैं : **पारदर्शक वस्तु हमेशा अदृश्य हो जाती है, जब उसे उसके समान अपवर्तनांक वाले परिवेश में रखा जाता है।** काँच को हवा में भी अदृश्य किया जा सकता है; इसके लिए कुछ ज्यादा सोचने की आवश्यकता नहीं है : सिर्फ इतना करना होगा कि काँच का अपवर्तनांक हवा के अपवर्तनांक के बराबर हो जाए; इससे काँच से हवा में प्रवेश करते वक्त प्रकाश का न तो परावर्तन होगा, न अपवर्तन।[1]

---

1. बिल्कुल पारदर्शक वस्तु को पूर्णतः अदृश्य बनाने के लिए उसे चारों ओर से ऐसी दीवारों द्वारा घेर देना चाहिए, जो प्रकाश का समरूप प्रकीर्णन कर सके। पार्श्व के छेद से झाँकती आँख को वस्तु की सतह के हर बिंदु से ठीक उतना प्रकाश प्राप्त होगा, जितना वस्तु की अनुपस्थिति में होता : वस्तु की विद्यमानता दिखाने वाली कोई छाया चमक नहीं रह जाएगी।

ऐसा एक प्रयोग आप भी कर सकते हैं। सफेद गत्ते को मोड़ कर चित्र 109 की भाँति आधे मीटर व्यास वाला एक शंकु बना लें और उससे कुछ ऊपर 25 कैंडिल-शक्ति का बल्ब जलने दें। अब नीचे से काँच का एक छड़ इस प्रकार घुसाएँ कि उसकी स्थिति यथासंभव उदग्र रहे। उदग्र स्थिति से थोड़ा भी इधर-उधर होने से छड़ अपने अक्ष पर काला और किनारों पर प्रकाशमान (या ठीक इसका उल्टा) नजर आने लगेगा। दोनों ही दृश्य छड़ को इधर या उधर हल्का झुकाव दे कर प्राप्त किए जा सकते हैं। थोड़ा घुमा-फिरा कर आप छड़ की वह स्थिति प्राप्त कर ले सकते हैं, जिसमें वह सब ओर से समरूपता के साथ प्रकाशित हो जाता है। अब यदि उसे पार्श्व की दरार से देखेंगे (उसकी लंबाई 1 cm से अधिक नहीं होनी चाहिए), तो छड़ **बिल्कुल गायब** हो जाएगा। छड़ और हवा की अपवर्तक क्षमताएँ काफी भिन्न हैं, फिर भी उपरोक्त स्थिति में छड़ पूरी तरह अदृश्य हो जाता है।

तराशे हुए (फलकित) काँच के टुकड़े को अदृश्य बनाने की एक अन्य विधि है : उसे डिब्बे में डाल देते हैं, जिसकी भीतरी सतहें संदीप्त रोगन से पुती होती है।

—यह सब ठीक है,—केंप ने कहा,—पर आदमी कोई काँच का तो नहीं बना है न।

—वह और भी पारदर्शक है।

—बकवास है!

—क्या यह एक वैज्ञानिक कह रहा है! आप क्या दस वर्षों में भौतिकी बिल्कुल ही भूल गए? कागज को लीजिए; उसके सफेद और अपारदर्शक होने का कारण वही है, जो पीसे हुए काँच के सफेद और अपारदर्शक होने का कारण है। सफेद कागज पर तेल मल दें। इससे रेशों के बीच का स्थान तेल से इस प्रकार भर जाएगा कि प्रकाश का परावर्तन व अपवर्तन सिर्फ सतह पर होने लगेगा—और कागज काँच की तरह पारदर्शक हो जाएगा। सिर्फ कागज के रेशे ही नहीं, कपड़े, ऊन, लकड़ी, हड्डियों, बालों,

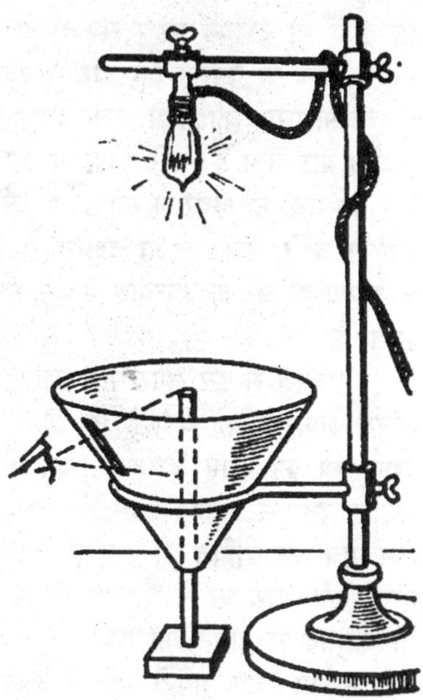

चित्र 109. कांच की अदृश्य छड़ी।

पेशियों, नाखून और स्नायु के रेशे भी पारदर्शक होते हैं! और इन्हीं से तो आदमी बनता है। सिर्फ रक्त के लाल पदार्थ और बालों के काले रंजक (पिगमेंट) ही अपारदर्शक होते हैं और इतनी सी बात के कारण हम अदृश्य नहीं हो पाते!''

उपर्युक्त बातों की सत्यता का प्रमाण है बिना बाल वाले रंजकहीन (आलबीनो) जंतु, जिनके तंतुओं में रंजक पदार्थ बिल्कुल अनुपस्थित रहते हैं। ऐसे जीव एक सीमा तक पारदर्शक होते हैं। 1934 ई. में जेत्स्कोये सेलो (एक गाँव) में एक रंजकहीन मेंढक मिला था। जीवविज्ञान उसका वर्णन करते हैं : त्वचा और पेशियों के तंतु पारदर्शक हैं; उनके पार भीतर की बनावटें और अस्थिपंजर साफ झलक रहे हैं...पेट की दीवार और भी पारदर्शक है—हृदय-संकोचन और आँतें साफ दिख रही हैं।''

वेल्स लिखित उपन्यास के नायक ने मानव-शरीर के तंतुओं और रंजक द्रव्यों को पारदर्शक बनाने की विधि ढूढ ली और अपनी खोज का सफलतापूर्वक प्रयोग अपने ही शरीर पर कर लिया। अब देखें कि इस अदृश्य आदमी के साथ आगे क्या हुआ।

अदृश्य आदमी की शक्ति

'अदृश्य आदमी' के लेखक असाधारण निपुणता से सिद्ध करते हैं कि पारदर्शक

व अदृश्य हो जाने पर आदमी लगभग असीम शक्ति का मालिक बन जाता है। वह कहीं भी अदृश्य पहुँच सकता है; कोई भी चीज उठा कर ले जा सकता है; अदृश्य होने के कारण वह हथियारबंद लोगों की पूरी भीड़ के साथ लड़ सकता है। सर्वसाधारण को कड़ी सजा की धमकी दे कर वह पूरे नगरवासियों को अपने आधीन कर लेता है। उसे कोई भी पकड़ नहीं सकता, उसे चोट नहीं पहुँचा सकता और वह सब की खबर ले सकता है। लोग अपनी रक्षा के लिए कितनी भी सावधानी क्यों न बरतें, इस अदृश्य दुश्मन से बचना असंभव था। इस असाधारण शक्ति के कारण ही अंग्रेजी उपन्यास का नायक अपने शहर की जनता के बीच यह घोषणा करता है :

''आज से इस नगर में महारानी का शासन खत्म होता है। सेना-नायकों और पुलिस अफसरों को बता दें कि शहर मेरे आधीन है। आज का दिन नए युग के प्रथम वर्ष का प्रथम दिवस है; यह नए युग का आरंभ है और इसका नाम होगा अदृश्य युग। मैं अदृश्य-प्रथम हूँ। शुरू-शुरू में मैं दया-भाव से शासन करूँगा। पहले दिन मात्र एक व्यक्ति को मृत्युदंड दे रहा हूँ, जिसका नाम है केंप। अपने आप उसकी मृत्यु होगी। वह घर में बंद रहे या कहीं और छिप जाए, अंगरक्षकों के पहरे में रहे या फौलाद से अपने को ढक ले—अदृश्य मृत्यु उसकी ओर बढ़ रही है; वह बच नहीं सकेगा। वह अपनी रक्षा के सारे उपाय कर सकता है; इससे जनता में मेरा प्रभाव ही बढ़ेगा। जिसे अपनी जान प्यारी हो, उसकी कोई सहायता न करे।''

अदृश्य को शुरू-शुरू में काफी सफलता मिली। भयभीत नगरवासी बड़ी कठिनाई से सत्ता के सपने वाले इस शत्रु पर विजय प्राप्त कर सके।

पारदर्शक प्रसाधन

इस विज्ञान-गल्प के भौतिकीय आधार सही हैं या नहीं? सही हैं। पारदर्शक परिवेश में कोई भी पारदर्शक वस्तु अदृश्य हो जा सकती है; परिवेश और वस्तु में अपवर्तनांकों में 0.05 तक का अंतर वस्तु के अदृश्य होने में बाधक नहीं बन सकता। अंग्रेज उपन्यासकार की कृति लिखी जाने के कोई दस साल बाद जर्मन शरीरविद् प्रो. श्पाल्टेगोल्ट्स इस विचार को व्यावहारिक रूप देने में सफल हुए। पर उनकी विधि से सिर्फ मृत अंगों को ही अदृश्य किया जा सकता है, जीवित शरीर को नहीं। पूरे जंतु या भिन्न मानव-अंगों के ऐसे पारदर्शक प्रसाधन अनेक संग्रहालयों में देखे जा सकते हैं।

पारदर्शक प्रसाधन तैयार करने की प्रो. श्पाल्टेगोल्ट्स द्वारा आविष्कृत विधि (1911 में) इस प्रकार है : प्रसाधन के प्रश्वेतन और प्रक्षालन के बाद उसे सैलीसीलिक अम्ल के मेथिल ईथर से संतृप्त कर देते हैं (यह उच्च अपवर्तनांक वाला एक रंगहीन द्रव है)। इस प्रकार से तैयार किए गए चूहे, मछली या मानवीय अंग को उसी द्रव

में डुबा कर रखते हैं।

स्पष्ट है कि पूर्णतया अदृश्य प्रसाधन तैयार करने का प्रयत्न नहीं किया जाता, अन्यथा शरीरविद् के लिए उसका कोई उपयोग नहीं रह जाएगा। पर उन्हें बिल्कुल अदृश्य भी किया जा सकता है।

यह बेशक वेल्स की जीवित आदमी को अदृश्य करने की कल्पना से बहुत दूर है, क्योंकि **जीवित** अंग के रेशों को बिना नष्ट किए पारदर्शक द्रव से संतृत करने की कोई विधि अब तक नहीं ज्ञात हो पाई है। इसके अतिरिक्त, प्रो. श्पाल्टेगोल्ट्स के प्रसाधन सिर्फ पारदर्शक हैं, अदृश्य नहीं। इन प्रसाधनों के रेशे तभी तक अदृश्य रहते हैं, जब तक कि अनुकूल अपवर्तनांक वाले द्रव में डूबे रहते हैं। हवा में वो तभी अदृश्य हो सकेंगे, जब उनका अपवर्तनांक **हवा** के अपवर्तनांक के बराबर किया जाएगा; और यह कैसे किया जाए, अभी हम नहीं जानते।

पर मान लें कि कालांतर में ये दोनों बाधाएँ दूर कर ली जाती हैं और अंग्रेज उपन्यासकार का सपना सच हो जाता है। फिर क्या होगा?

वेल्स ने घटनाओं का वर्णन इतना सोच-समझ कर किया है कि आप जाने-अनजाने उन्हें सत्य मानने लगते हैं। लगता है कि साधारण लोगों के लिए अदृश्य आदमी सचमुच की सर्वशक्तिमान् होगा...पर यह सही नहीं है।

एक छोटी सी बात रह जाती है, जिस पर 'अदृश्य आदमी' के लेखक ने ध्यान नहीं दिया। प्रश्न यह है कि–

क्या अदृश्य आदमी देख सकता है?

यदि वेल्स ने उपन्यास लिखने के पहले यह प्रश्न उठाया होता, तो अदृश्य आदमी की इतनी रोचक कहानी का जन्म ही नहीं होता...

अदृश्य आदमी की शक्ति के बारे में जो गलतफहमी है, इस प्रश्न से दूर हो जाती है। **अदृश्य आदमी अंधा होगा।**

उपन्यास का नायक अदृश्य क्यों? इसलिए कि उसके शरीर के सभी अंग–यहाँ तक कि आँखें भी–पारदर्शक हैं और उनका अपवर्तनांक हवा के अपवर्तनांक के बराबर है।

अब आँखों की भूमिका पर गौर करें : उसका क्रिस्टलिक, उसकी काँचर (काँचवत्) आर्द्रता और उसके अन्य भाग प्रकाश-किरणों को इस प्रकार अपवर्तित करते हैं कि रेटीना पर बाह्य वस्तुओं का बिंब बनने लगता है। पर यदि आँख और हवा के अपवर्तनांक समान हैं, तो अपवर्तनन का एकमात्र कारण नष्ट हो जाता है। **समान अपवर्तनता** वाले एक परिवेश से दूसरे में प्रविष्ट होते वक्त किरणें अपने मार्ग की दिशा नहीं बदलतीं, और इसीलिए वे एक बिंदु पर नहीं मिल सकतीं। अदृश्य व्यक्ति की आँखों से गुजरते वक्त किरणें कोई बाधा महसूस नहीं करेंगी; वे न तो

अपने पथ से विचलित होंगी, न कहीं रुकेंगी (रंजक पदार्थ भी तो नहीं है![1])। इसीलिए वे चेतना में कोई बिंब भी नहीं प्रस्तुत करेंगी।

मतलब कि **अदृश्य आदमी कुछ भी नहीं देख सकता**। अदृश्य होने से जितने लाभ मिल सकते हैं, निरर्थक हो जाते हैं। सत्ता का सपना देखने वाला भीख माँगता हुआ राह टटोलता होगा और लोग इससे अनभिज्ञ उसके पास से गुजरते रहेंगे। सर्वशक्तिमान् व्यक्ति की जगह वह बेसहारा और अपाहिज होगा; आज्ञा देने की बजाय वह दया की याचना करता होगा[2]

इस प्रकार हम देखते हैं कि वेल्स द्वारा बताए गए तरीके से अदृश्य होने की समस्या को हल करना बेकार है। यदि इस तरीके से समस्या पूरी तरह हल हो भी गई, तो इससे लक्ष्य तक नहीं पहुँचा जा सकता।

रक्षी रंग

'अदृश्यकारी टोपी' की समस्या हल करने का एक और रास्ता है। वस्तु को इस प्रकार रंगा जा सकता है कि वह आँखों से दिखे नहीं। प्रकृति अपने जीवों की रक्षा के लिए, उन्हें शत्रुओं से छिपाने के लिए, उन्हें रक्षी रंग से सुसज्जित करती है। जीवन-संघर्ष में आत्म-रक्षा की यह विधि बहुत विस्तृत पैमाने पर प्रयुक्त होती है।

सैन्य-विद्या में जिसे सुरक्षा रंग की संज्ञा देते हैं, जीवविज्ञानी उसे डार्विन के जमाने से ही रक्षी या शरणदायक रंग कहते आ रहे हैं। जीव-जगत् में ऐसी रक्षा के हजारों उदाहरण हैं; उन्हें आप हर कदम पर देख सकते हैं। मरुभूमि के जीवों का रंग अक्सर बालू जैसा पीला होता है। शेर हो या गिरगिट, मकड़ा हो या पक्षी,

---

1. जीव में कोई संवेदना उत्पन्न करने के लिए प्रकाश-किरणों को उसकी आँखों में किसी-न-किसी तरह का परिवर्तन अवश्य लाना पड़ता है। दूसरे शब्दों में, उन्हें एक नियत **कार्य** संपन्न करना पड़ता है। इसके लिए किरणों को आँख में कहीं पर **रुकना** पड़ेगा। पर बिल्कुल पारदर्शक आँखें किरणों को रोकने में असमर्थ रहेंगी, अन्यथा वे पारदर्शक नहीं होंगी। जिन जीवों के लिए आत्मरक्षा का साधन उनके शरीर की पारदर्शिकता है, उनकी भी आँखें पूर्णतया पारदर्शक नहीं होतीं। ''सागर की सतह के निकट,–विख्यात समुद्रवेत्ता मुर्रे लिखते हैं,–अधिकांश जीव पारदर्शक एवं रंगहीन होते हैं। जब उन्हें जाल से निकाला जाता है, उनकी उपस्थिति का पता **सिर्फ उनकी नन्ही काली आँखों** के कारण चलता है। क्योंकि उनके रक्त में हैमोग्लोबीन (रक्त-रंजक कण) भी नहीं होता; रक्त बिल्कुल पारदर्शक होता है।''

2. यह भी संभव है कि उपन्यासकार ने जान-बूझ कर यह गलती की हो। विज्ञान-गल्प में वेल्स साहित्य-रचना के किन दाव-पेंचों का उपयोग करते हैं, यह सभी को ज्ञात है : वे अपनी कृति की त्रुटियों को यथार्थवादी विवरणों की भरमार से ढक दिया करते हैं। अपने विज्ञान-गल्पों के अमेरिकी संस्करण के प्राक्कथन में वे साफ-साफ लिखते हैं : ''जादू का मंत्र फूँक चुकने के बाद बाकी सभी चीजों को संभाव्य व दैनंदिन रूप में दिखाना चाहिए। भरोसा तर्क की शक्ति का नहीं, कला-सृजित भ्रम का करना चाहिए।''

या कोई कीड़ा-मकोड़ा,—सब मरुभूमि के रंग में रंगे होते हैं। इसके विपरीत, उत्तर के हिमावृत स्थलों पर खतरनाक ध्रुवीय भालू से ले कर नन्ही आक चिड़िया तक का रंग सफेद होता है, जिसके कारण बर्फ की सफेद पृष्ठभूमि पर उन्हें देख पाना मुश्किल हो जाता है। पेड़ों की खाल में रहने वाले कीड़े-मकोड़ों का रंग खाल के रंग जैसा ही होता है।

कीड़े-मकोड़ों के संग्रहकर्ता अच्छी तरह जानते हैं कि प्रकृति-प्रदत्त रक्षी-रंग के कारण उन्हें ढूँढ पाना कितना कठिन होता है। पैरों के पास ही घास में चीखते हरे टिड्डे को पकड़ने की कोशिश कीजिए,—पहले तो आप हरी पृष्ठभूमि पर उसे देख ही नहीं पाएँगे।

जलचर जीवों के साथ भी यही बात है। भूरे जल-घास में रहने वाले समुद्री जीवों का रंग भूरा होता है और लाल वनस्पति के क्षेत्र में विचरण करने वालों का रंग लाल होता है। मछलियों की चाँदी सी चमकदार चोंइया भी रक्षी रंग का ही उदाहरण है। उनके शत्रु हवा में भी हैं और पानी में भी। ऊपर हिंसक पक्षी मँडराते रहते हैं और नीचे हिंसक जलचर उनकी ताक में घूमते रहते हैं। चोंइया इन दोनों प्रकार के शत्रुओं से मछली को छिपाती है। बात यह है कि पानी की सतह सिर्फ ऊपर से ही दर्पण की तरह चमकदार नहीं दिखती। नीचे पानी के भीतर से वह कहीं अधिक चमकदार लगती है ('पूर्ण परावर्तन' के कारण)। सतह से एक धातुई रंग की पृष्ठभूमि से मछली की चोंइया को अलग करना कठिन हो जाता है। मेडसा और दूसरे पारदर्शक जलचरों—केंचुवे, सीप, शीर्षपादी आदि—ने 'रक्षी रंग' के रूप में पूर्ण रंगहीनता और पारदर्शिता का चुनाव किया है। इसी कारणवश वे रंगहीन पारदर्शक परिवेश में दृष्टिगोचर नहीं हो पाते।

प्रकृति की ये 'चालाकियाँ' मानवीय आविष्कारों से भी बढ़-चढ़ कर हैं। कई जीवों में परिवेश के अनुसार रंग बदलने की क्षमता होती है। बर्फ की पृष्ठभूमि पर अदृश्य प्रतीत होने वाले चाँदी जैसे धवल रोएँ से कोई लाभ नहीं होता, यदि गर्मियों में वह कत्थई नहीं हो जाता। बर्फ पिघलने के बाद निकली जमीन का रंग ऐसा ही होता है। रोंएदार जीव-जंतुओं का रंग वसंत के आरंभ से कत्थई में परणत होने लगता है और जाड़ों में पुनः सफेद हो जाता है।

सुरक्षा रंग

परिवेश के अनुसार अपना रंग बना कर छिपने की कला लोगों ने भी सीख ली है। पुरानी बटालियनों को तड़क-भड़क प्रदान करने वाली रंग-बिरंगी पोशाक का जमाना चला गया है : अब सैनिकों की पोशाक एकरंगी होती हैं, जिसे सुरक्षा की दृष्टि से अधिक उपयुक्त माना जाता है। आधुनिक युद्ध-पोतों का फौलादी भूरा रंग भी सुरक्षा रंग ही है; इसके कारण उन्हें सागर की पृष्ठभूमि पर देख पाना सरल नहीं होता।

युद्धकला में छद्पोशी की नीति इसी श्रेणी में आती है : टैंक, किलेबंदी, जहाज आदि को छिपाना, कृत्रिम कुहासा छोड़ना—यह सब शत्रु को धोखा देने तथा उसकी निगाहों से छिपने के लिए ही किया जाता है। सैन्य-शिविरों को छिपाने के लिए विशेष जाली का उपयोग किया जाता है, जिसके छेदों में घास के गुच्छे लगे होते हैं; सैनिक अपनी पोशाक पर घास और टहनियाँ आदि लगा लिया करते हैं, आदि, आदि।

आधुनिक युद्ध-विमानन में भी सुरक्षा रंग के उपयोग का काफी प्रचलन है।

विमान की ऊपरी सतहें भूतले के रंगानुसार कत्थई, बैंगनी व गाढ़े हरे रंगों से रंगी जाती हैं। इससे विमान के ऊपर उड़ रहे दूसरे विमान में बैठा हुआ व्यक्ति नीचे वाले को भूतल की पृष्ठभूमि से अलग नहीं कर पाता।

जमीन पर खड़े संतरियों को धोखा देने के लिए विमान की निचली सतहें आकाश को रंग हल्के नीले, हल्के गुलाबी या श्वेत रंग से रंगी जाती हैं। विमान पर ये रंग बड़े-बड़े धब्बों के रूप में होते हैं। 740 m की ऊँचाई पर स्थित विमान में ये धब्बे आकाश के रंग में घुल-मिल जाते हैं ओर विमान नीचे से नहीं दिखता। 3000 m की ऊँचाई पर ऐसा विमान जमीन वालों के लिए अदृश्य हो जाता है। रात में बम बरसाने वाले विमान काले रंग में पुते होते हैं।

किसी भी परिवेश में छिपने के लिए एक सामान्य सुरक्षा रंग है—**दर्पण जैसी चमकीली सतह।** इस रंग के कारण वस्तु परिवेश को प्रतिबिंबित करती हुए परिवेश के समान ही हो जाती है और उसे पहचानना कठिन हो जाता है। प्रथम विश्व-युद्ध के जर्मन विमानों पर ऐसा ही सुरक्षा-रंग चढ़ाया गया था : उनकी सतह चमकदार अलुमिनियम की थी, जो आकाश और बादलों को प्रतिबिंबित करती थी। ऐसे विमान को दूर से देख पाना बिल्कुल संभव नहीं था। सिर्फ शोर के कारण उसकी उपस्थिति का पता चलता था।

प्रकृति और युद्धकला में अदृश्यकारी टोपी का सपना इसी तरह से साकार किया जाता है।

पानी में आदमी की आँख

मान लें कि आप पानी में जितनी देर चाहें, रह सकते हैं और अपनी आँखें खुली रख सकते हैं। आप कुछ देख सकेंगे या नहीं?

आप कहेंगे कि पानी पारदर्शक है, अतः उसमें उतना ही आराम से देखा जा सकता है, जितना हवा में। पर 'अदृश्य आदमी' के अंधे होने की बात याद कीजिए। वह कुछ देखने में असमर्थ होता, क्योंकि उसकी आँखों और वहाँ के अपवर्तनांक समान होते। पानी में हमारे साथ लगभग वही बात होती, जो 'अदृश्य आदमी' के साथ हवा में। निम्न आँकड़ों पर गौर करें—बात स्पष्ट हो जाएगी। पानी का अपवर्तनांक

1.34 है। आदमी की आँख के पारदर्शक भागों में अपवर्तनांक इस प्रकार हैं :

श्रृंगल झिल्ली (कार्निया) और काँचर पिंड..	1.34
क्रिस्टलिक (क्रिस्टलीय) लेंस...	1.43
जलीय आर्द्रता...	1.34

आप देख रहे हैं कि क्रिस्टलिक का अपवर्तन-सामर्थ्य पानी से सिर्फ 1/10 अंश अधिक है; अन्य भागों के लिए वह पानी **जैसा ही** है। पानी में स्थित आँख में किरणों का संसरण रेटीना के पीछे बहुत दूर स्थित बिंदु पर होता है, इसीलिए रेटिना पर बिंब अस्पष्ट होता है और कुछ देख पाना संभव नहीं होता। सिर्फ निकट-दृष्टि वाले लोग पानी में कुछ ठीक-ठाक देख सकते हैं।

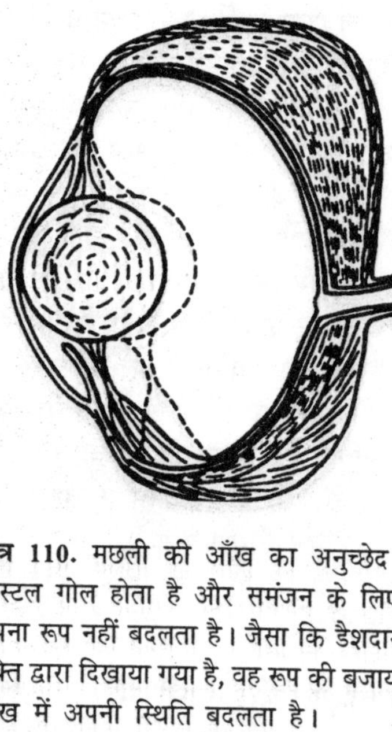

चित्र 110. मछली की आँख का अनुच्छेद। क्रिस्टल गोल होता है और समंजन के लिए अपना रूप नहीं बदलता है। जैसा कि डैशदार पंक्ति द्वारा दिखाया गया है, वह रूप की बजाय आँख में अपनी स्थिति बदलता है।

यदि आप जानना चाहते हैं कि पानी के भीतर वस्तुएँ कैसी दिखती हैं, तो शक्तिशाली प्रकीर्णक **(उभयावतल)** शीशों का चश्मा पहन लें। इस स्थिति में किरणों का संसरण-बिंदु (नाभि) रेटीना के बहुत पीछे चला जाएगा और परिवेशी वस्तुएँ उसे धुँधली और अस्पष्ट दिखने लगेंगी।

क्या आदमी शक्तिशाली अपवर्तक शीशों की सहायता से पानी में नहीं देख सकता?

चश्मे में प्रयुक्त साधारण शीशे यहाँ काम नहीं आएँगे : साधारण काँच का अपवर्तनांक 1.5, अर्थात् पानी के अपवर्तनांक (1.34) से थोड़ा ही अधिक होता है। ऐसे चश्मे पानी में किरणों को बहुत कम अपवर्तित करेंगे। यहाँ विशेष प्रकार के काँच की आवश्यकता है, जिनकी अपवर्ती क्षमता बहुत अधिक होती है (तथाकथित फ्लिंटग्लास या भारी चकमकी शीशे का अपवर्तनांक लगभग दो के बराबर होता है)। ऐसे शीशे के चश्मे से पानी में कुछ हद तक देखा जा सकता है (गोताखोरों द्वारा प्रयुक्त विशेष ऐनेकों के बारे में आगे पढ़ें)।

इन बातों से स्पष्ट हो जाता है कि मछली का क्रिस्टलिक अत्यधिक उत्तल क्यों होता है। वह वर्तुलाकार होता है और उसका अपवर्तनांक किसी भी ज्ञात जीव के क्रिस्टलिक से अधिक होता है। यदि मछली की आँखों में ऐसा क्रिस्टलिक नहीं

होता, तो आँख उसके लिए बेकार होती; उसे अपना जीवन शक्तिशाली अपवर्तनता वाले परिवेश में व्यतीत करना पड़ता।

गोताखोर कैसे देखता है?

बहुत से लोग यह प्रश्न उठाएँगे : यदि पानी में हमारी आँखें प्रकाश किरणों को नहीं के बराबर अपवर्तित करती हैं, तो फिर गोताखोर वहाँ अपनी पोशाक के भीतर से कैसे कुछ देखते है? उनके शिरस्त्राण भी उत्तल नहीं होते; उनमें लगा शीशा समतल होता है।...इसके अतिरिक्त, जूल वेर्न के उपन्यारा में वर्णित 'नौटिलुस' नामक पनडुब्बी के यात्री जलगत दुनिया का दृश्य देख पाए होंगे या नहीं?

हमारे सामने एक नया प्रश्न है, पर इसका उत्तर देना कठिन नहीं है। उत्तर स्पष्ट हो जाएगा, यदि आप इस बात पर ध्यान देंगे कि जब हम बिना गोताखोर की पोशाक के डुबकी लगाते हैं, तो पानी हमारी आँखों के संसर्ग में होता है; गोताखोर के शिरस्त्राण (या पनडुब्बी 'नौटिलुस') में आँखें पानी से हवा और शीशे की परत द्वारा अलग कर दी जाती हैं। इससे काफी असर पड़ता है। प्रकाश-किरणें पानी से निकल कर शीशे से गुजरती हैं और फिर हवा में चलती हुई आँखों में प्रविष्ट होती हैं। जब किरणें पानी में चलती हुई समनांतर-तलीय काँच पर गिरती हैं, तो प्रकाशिकी के नियमानुसार उनका अपवर्तन नहीं होता, उनकी दिशा नहीं बदलती। हवा से आँख में प्रविष्ट होते वक्त किरणें बेशक अपवर्तित होती हैं,—और आँख इन परिस्थितियों में ठीक उसी प्रकार काम करती है, जैसे पानी के बाहर हवा में। हमें चक्कर में डालने वाले विरोधाभास का रहस्य यही है। इन बातों का एक सुंदर उदाहरण पेश किया जा सकता है कि शीशे के हौज में तैरती मछलियाँ हमें बहुत अच्छी तरह से दिखती हैं।

काँच के लेंस पानी में

आपने कभी यह सरल प्रयोग करने का प्रयत्न किया है : पानी में उभयोत्तल ('विशालक') शीशे को पानी में डुबा कर डूबी वस्तुओं को देखने की कोशिश कीजिए,—परिणाम से आप चकित रह जाएँगे : विशालक शीशा विशाल नहीं करता! लघ्वक (उभयावतल) शीशा पानी में डुबाइए,—पता चलेगा कि वह वस्तुओं को छोटी नहीं करता। यदि आप यही प्रयोग पानी के साथ नहीं, वनस्पति तेल के साथ करेंगे, जिसका अपवर्तनांक शीशे से अधिक होता है, तो उभयोत्तल शीशा वस्तुओं को छोटी कर देगा और उभयावतल शीशा—बड़ी।

पर यदि आप प्रकाश अपवर्तन के नियमों को स्मरण करें, तो चमत्कार चमत्कार नहीं रह जाएगा। उभयोत्तल लेंस हवा में वस्तुओं को बड़ा दिखाता है, क्योंकि काँच प्रकाश को अधिक अपवर्तित करता है, उसकी परिवेशी हवा की तुलना में। पर काँच

और शीशे की अपवर्तक क्षमताएँ लगभग समान हैं; इसीलिए पानी से शीशे में प्रवेश करते वक्त किरणें अपने पथ से अधिक विचलित नहीं होतीं। यही कारण है कि विशालक शीशा हवा की अपेक्षा पानी में कम बड़ा करता है और लघ्वक शीशा—कम छोटा।

वनस्पति तेल किरणों को काँच की अपेक्षा अधिक अपवर्तित करता है, और इसीलिए उसमें 'विशालक' शीशा छोटा दिखाने लगता है और 'लघ्वक' शीशा बड़ा दिखाने लगता है। खोखले (या हवाई) लेंस भी पानी में इस प्रकार काम करते हैं : अवतल लेंस बड़ा करते हैं और उत्तल—छोटा। डुबकी लगाने वालों का चश्मा ऐसे ही खोखले लेंसों का बना होता है (चित्र 111)

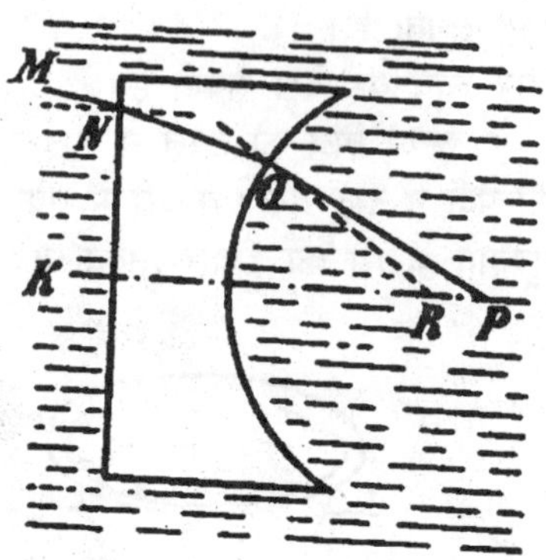

चित्र 111. डुबकी लगाने वालों के चश्मे में खोखले समतल-नतोदर वीक्ष (लेंस) लगाए जाते हैं। किरण MN विचलित होती हुई पथ $MNOP$ पर सफर करती है। वीक्ष के भीतर वह आपतन बिंदु के अभिलंब से दूर होने लगती है और वीक्ष के बाहर (अर्थात् OR के) निकट आने लगती है। इसीलिए वीक्ष विशालक की तरह काम करता है।

अनुभवहीन तैराक

अनुभवहीन तैराकों की जान कभी-कभी खतरे में पड़ जाती है, क्योंकि वे अपवर्तन-नियम के एक रोचक निष्कर्ष को भूल जाते हैं : अपवर्तन पानी में डूबी वस्तु को उनकी वास्तविक स्थिति से कुछ ऊपर उठा कर दिखाता है। पोखर, नदी या किसी भी जलाशय का तल ऊपर से देखने पर उसकी वास्तविक गहराई से एक तिहाई कम गहरा लगता है, अर्थात् तल ऊपर उभरा हुआ प्रतीत होता है। इस छद्म गहराई का भरोसा करके ही लोग अपनी स्थिति खतरनाक बना लेते हैं। यह बात विशेषकर बच्चों और छोटे कद के लोगों को जाननी चाहिए, जिनके लिए गहराई के अनुमान में थोड़ी भूल भी घातक सिद्ध हो सकती है।

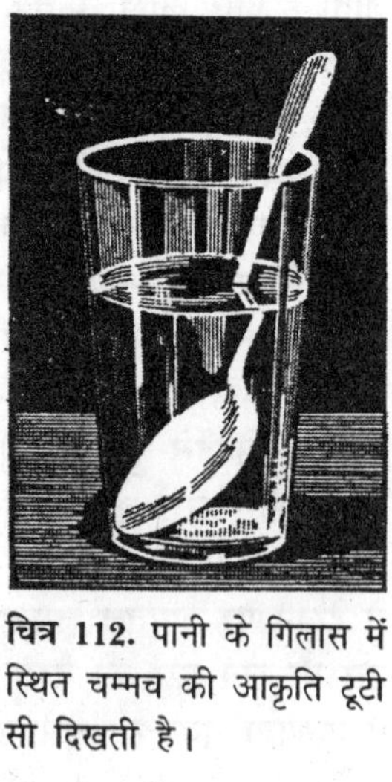

चित्र 112. पानी के गिलास में स्थित चम्मच की आकृति टूटी सी दिखती है।

इस भ्रम का कारण प्रकाश के जिस नियम के कारण पानी में आधा डूबा हुआ चम्मच टूटा सा लगता है (चित्र 112), उसी नियम के कारण तल भी उभरा

हुआ लगता है।

आप स्वयं यह देख सकते हैं।

अपने मित्र को टेबल से कुछ दूर बैठा लीजिए, ताकि वह सामने रखी कटोरी की पेंदी न देख सके। कटोरी में एक सिक्का डाल दें, आपका मित्र उसे नहीं देख सकेगा; कटोरी की दीवारें सिक्के को छिपा लेंगी। अब अपने मित्र से अनुरोध करें कि वह स्थिर बैठा रहे, अपना सिर इधर-उधर न करे। कटोरी में धीरे-धीरे पानी डालिए। आपके मित्र को सिक्का दिखने लगेगा! पिचकारी से कटोरी का पानी निकाल लीजिए,—कटोरी की पेंदी सिक्का समेत नीचे उतर आएगी और उसका दिखना बंद हो जाएगा (चित्र 113)।

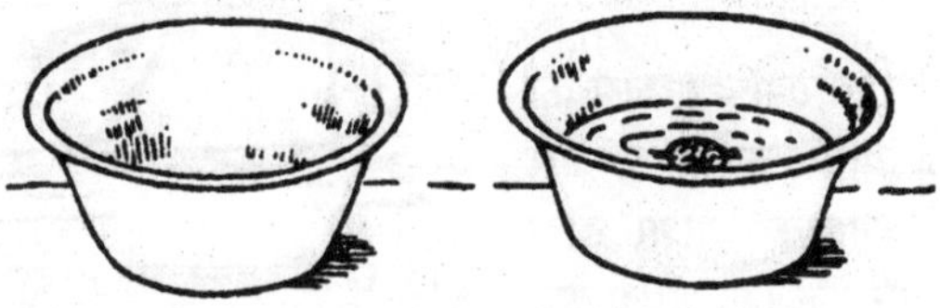

चित्र 113. कटोरी में पड़े सिक्के के साथ प्रयोग।

इस घटना को चित्र 114 द्वारा समझाया गया है। अवलोकक की आँख बिंदु *A* पर है। वहाँ से उसे पेंदी का भाग *m* ऊपर उठा हुआ लगता है : सिक्के से चलती प्रकाश-किरणें पानी से हवा में प्रविष्ट होते वक्त अपने पथ से विचलित हो जाती हैं और आँख *A* तक पहुँचती है; आँख सिक्के को इन रेखाओं की सीध में *m* से थोड़ा ऊपर देखती है। किरणें अपने पथ से जितना ही अधिक विचलित होंगी, सिक्का उतना ही ऊपर उठा हुआ लगेगा। इसलिए नाव में से देखने पर सर्वत्र समान गहराई वाले पोखर का तल नाव के ठीक नीचे अधिक गहरा लगता है और जैसे-जैसे दृष्टि दूर होती जाती है, पोखर की गहराई कम होती दिखती है।

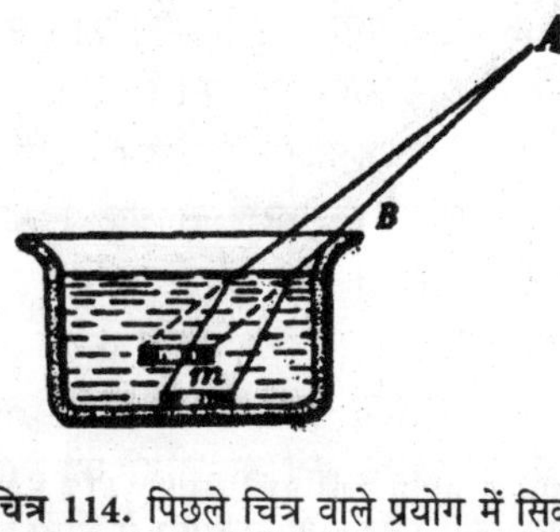

चित्र 114. पिछले चित्र वाले प्रयोग में सिक्का अपने स्थान से उठा हुआ क्यों लगता है।

इस प्रकार, पोखर का तल नाव में से देखने पर अवतल लगता है। पर यदि आप डुबकी लगा कर पोखर के तल से उस पर लगे पुल को देखेंगे, तो वह हमें उत्तल प्रतीत होगा, जैसा कि चित्र 114 में दिखाया गया है। ऐसे फोटो-चित्र प्राप्त करने की विधि आगे बताई जाएगी।

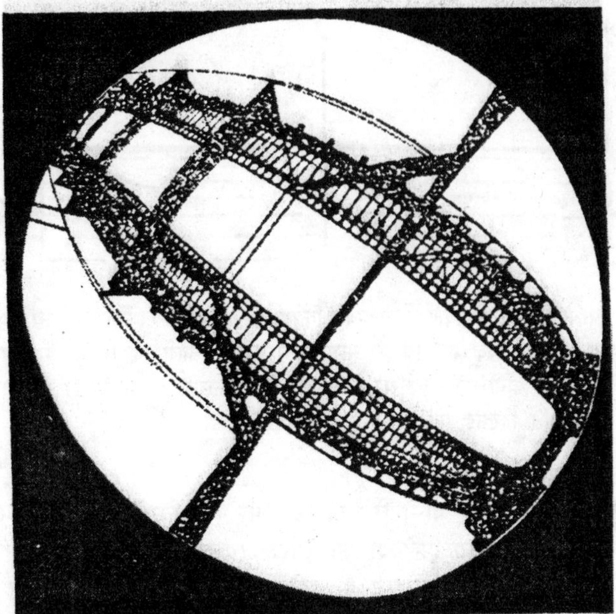

चित्र 115. रेलगाड़ी के लिए नदी पर बना हुआ पुल पानी के भीतर से ऐसा ही दिखता है (प्रो. वुड के फोटोचित्र से)।

इस स्थिति में किरणें अल्प अपवर्तक परिवेश (हवा) से अधिक अपवर्तक परिवेश (पानी) में प्रवेश करती हैं, इसीलिए चित्र उल्टा मिलता है। इन्हीं कारणों से शीशे के हौज में तैरती मछली को आदमी उत्तल प्रतीत होते होंगे। मछलियों को दुनिया कैसी दिखती होगी, इसके बारे में हम आगे विस्तारपूर्वक बताएँगे।

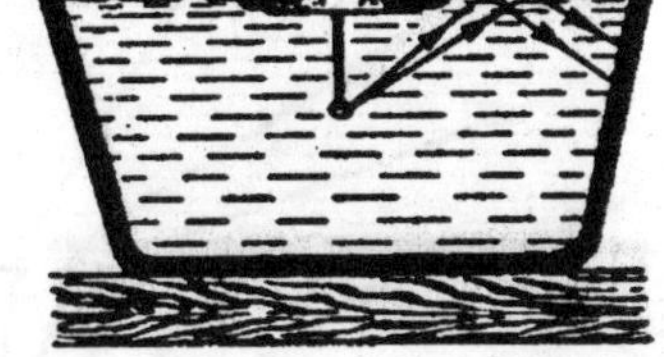

चित्र 116. पानी में अदृश्य हो जाने वाली सुई।

काग की गोल चक्की के बीचों-बीच सुई या पिन चुभा कर पानी की सतह पर उलट दें। यदि काग बहुत अधिक चौड़ा नहीं है और पिन पर्याप्त लंबा है, तो सिर झुकाने पर पिन पानी की सतह के पार से दिखनी चाहिए। लेकिन आप जितना मर्जी सिर झुका सकते हैं, वह नहीं दिखेगी (चित्र 116)।

पिन से चलती प्रकाश किरणें हमारी आँखों तक क्यों नहीं पहुँचतीं? क्योंकि उनके साथ वही होता है, जिसे भौतिकविद् 'पूर्ण आंतरिक परावर्तन' कहते हैं।

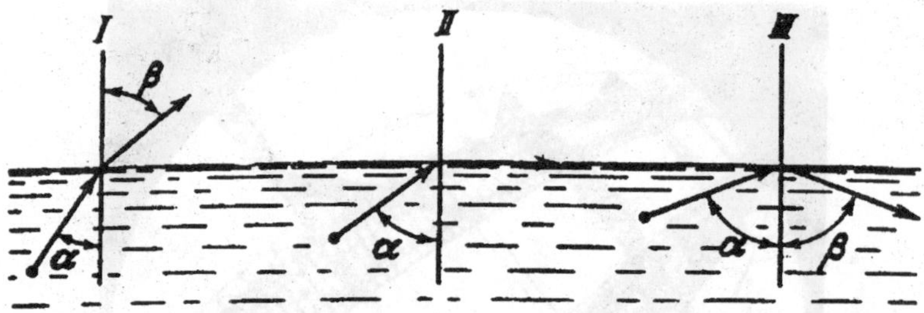

चित्र 117. पानी से हवा में प्रवेश करते वक्त किरण के अपवर्तन की विभिन्न स्थितियाँ। स्थिति II में किरण आपतन-बिंदु पर लंब के साथ चरम कोण बनाती हुई गिरती है और इसीलिए पानी से निकल कर पानी की सतह पर फिसलती हुई निकलती है। चित्र III में पूर्ण आंतरिक परावर्तन की स्थिति दिखाई गई है।

इस संवृत्ति की याद दिला दूँ।

चित्र 117 में आप पानी से हवा की ओर (या किसी भी अधिक अपवर्तक परिवेश से अल्प अपवर्तक परिवेश की ओर) अग्रसर किरण के भिन्न संभव पथों को देख रहे हैं। जो जाने का पथ है, वही आने का भी पथ हो सकता है। जब किरणें **हवा से पानी में** प्रवेश करती हैं, तो वे आपतन बिंदु पर लंब की ओर झुकती हैं। उदाहरणार्थ, यदि पानी पर गिरती किरण आपतन-नल के लंब के साथ β का कोण बनाती है और पानी के भीतर उस लंब के साथ α का कोण बनाती हैं, तो α कम होगा β से।

पर यदि आपतित किरण पानी की सतह पर फिसलती हुई आपतन-लंब के

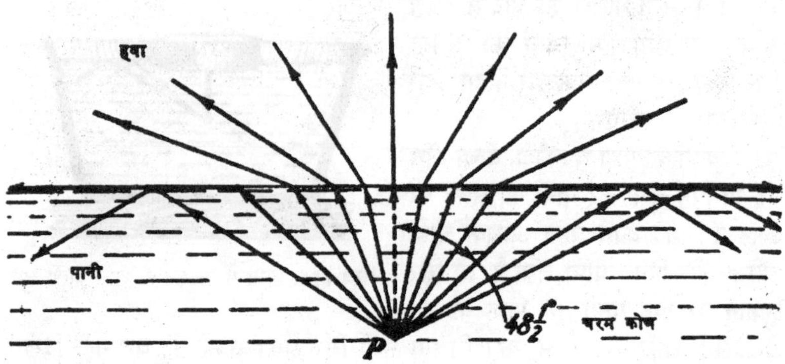

चित्र 118. बिंदु p से निकलती किरणों का आपतन कोण जब चरम कोण (पानी के लिए–48 1/2°) से अधिक हो जाता है, वे पानी से बाहर नहीं निकल पातीं; भीतर ही भीतर पानी की सतह से पूर्णतया परावर्तित हो जाती हैं।

साथ समकोण बनाने लगती है, तब क्या होता है? वह पानी में समकोण से कम (करीब 48/1/2 डिग्री) का कोण बनाती हुई प्रवेश करती है। किरण पानी में इस प्रकार नहीं प्रवेश कर सकती कि पानी के भीतर वह आपतन-लंब के साथ 48.5 डिग्री से अधिक का कोण बना सके। यह पानी के लिए 'चरम' कोण है। इन जटिल संबंधों को अभी ही अधिक अच्छी तरह स्पष्ट कर लेना चाहिए ताकि आगे चलकर अपवर्तन-नियम के रोचक व आश्चर्यजनक निष्कर्षों को समझने में कठिनाई न हो।

उपरोक्त बातों से पता चलता है कि प्रकाश-किरणें पानी पर किसी भी दिशा से क्यों न गिरें, **पानी के भीतर** दब कर वे एक संकीर्ण शंकु बनाने लगती हैं, जिसका कोण $48\frac{1}{2} + 48\frac{1}{2} = 97^\circ$ होता है। अब उल्टी दिशा में, अर्थात् पानी से हवा की ओर चलती किरणों का पथ देखें (चित्र 118)। प्रकाशिकी के नियम कहते हैं कि पथ वे ही रहेंगे और उपरोक्त 97 डिग्री वाले संकीर्ण शंकु के भीतर चलने वाली

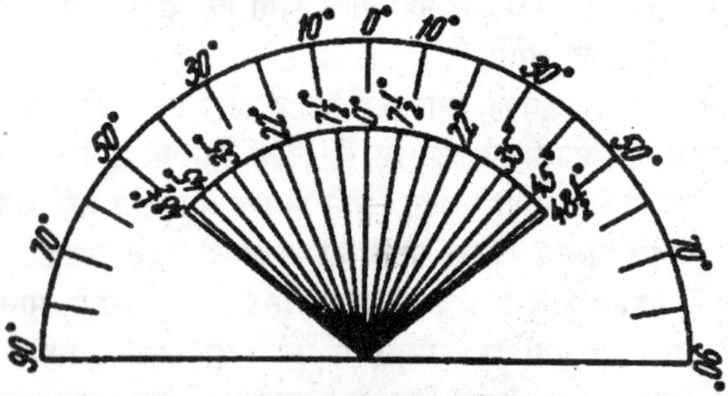

चित्र 119. बाह्य दुनिया में 180^0 का कोण बनाने वाला चाप पनडुब्बी प्रेक्षक की आँखों पर 97^0 तक का ही कोण बना सकता है। चाप का भाग आकाश के शिरोबिंदु से जितना ही दूर होगा, प्रेक्षक को वह उतना ही छोटा प्रतीत होगा।

किरणें पानी से बाहर निकलने में सफल हो जाएँगी। हवा में वे 180^0 कोण वाले विस्तृत व्योम में वितरित हो कर भिन्न कोणों पर सफर कर सकेंगी।

पर पानी में उक्त शंकु से बाहर की किरणें कहाँ जाएँगी? ज्ञात होता है, कि **वे पानी से बाहर बिल्कुल नहीं निकलतीं, वे भीतर ही भीतर उसकी सतह से दर्पण की** तरह परावर्तित हो जाती हैं। कोई भी जलगत किरण जब पानी की सतह से 'चरम' कोण (अर्थात् 48/1/2 डिग्री) से अधिक का कोण बनाती हुई मिलती है, तो उसका अपवर्तन नहीं होता; वह परावर्तित हो जाती है। इसी को भौतिकविद् 'पूर्ण आंतरिक परावर्तन' की संज्ञा देते हैं।[1]

1. इस स्थिति में परावर्तन को **पूर्ण** कहा जाता है, क्योंकि यहाँ सभी किरणें परावर्तित हो जाती हैं। यह काम अच्छे से अच्छा दर्पण भी नहीं कर सकता। पालिश किए हुए चाँदी या मैग्नेशियम का दर्पण भी सही किरणों को परावर्तित नहीं करता; वह उनके एक अंश को परावर्तित करता है और बाकी को अवशोषित कर लेता है। अतः उपरोक्त स्थिति में पानी आदर्श दर्पण की तरह काम करता है।

यदि मछलियाँ भौतिकी का अध्ययन करतीं, तो उनके लिए प्रकाशिकी का मुख्य परिच्छेद 'आंतरिक परावर्तन' ही होता, क्योंकि उनकी जलगत दृष्टि में वह मुख्य भूमिका निभाता है।

बहुत सी मछलियाँ चाँदी की तरह सफेद होती हैं,—इस बात का संबंध भी संभवतः जलगत दृष्टि की विशेषताओं के साथ जुड़ा हुआ है। जीवविज्ञानियों के अनुसार ऐसा रंग उनके ऊपर फैली जलीय सतह के रंग के साथ समंजन का परिणाम है : **नीचे** से देखने पर पानी की सतह 'पूर्ण आंतरिक परावर्तन' के कारण दर्पण सी चमकदार लगती है और ऐसी पृष्ठभूमि पर चाँदी सी धवल मछलियों को देख पाना संभव नहीं होता। जलचर हिंसकों से रक्षा का यह अच्छा साधन है।

पानी में बाह्य जगत्

बहुत से लोगों को संदेह भी नहीं होता होगा कि पानी में से देखने पर बाहरी दुनिया कितनी परिवर्तित लगेगी।

मान लें कि आप डुबकी लगा कर बैठे हैं और पानी की चादर के नीचे से ऊपर की दुनिया का अवलोकन कर रहे हैं। ठीक सिर के ऊपर स्थित बादलों के रूप में कोई परिवर्तन नहीं होगा : उदग्र आती किरण अपवर्तित नहीं होती। पर अन्य सभी वस्तुएँ, जिनसे चलती किरणें पानी की सतह के साथ समकोण से कम का कोण बनाती हैं, विकृत दिखेंगी : वे ऊँचाई में सिकुड़ी हुई लगेंगी, मानो उन्हें ऊपर से कस कर दबा दिया गया हो। ऊँचाई में उतनी ही अधिक कमी होगी, जितना कम पानी की सतह के साथ उनसे निकली किरणों का कोण होगा। कारण समझना कठिन नहीं है : पानी के ऊपर दिखने वाली पूरी दुनिया को पानी के भीतर एक संकीर्ण शंकु में समा जाना : 180 डिग्री को दब कर लगभग दुगुना छोटा (97^0 तक) हो जाना है और इसीलिए बिंबों की विकृति अवश्यंभावी है। जिन वस्तुओं से निकली किरणें पानी की सतह के साथ 10^0 का कोण बनाती है, उनका बिंब इतना पिचक जाता है कि उन्हें देख पाना संभव नहीं होता। पर इससे भी अधिक विस्मित होंगे आप जल की सतह के दृश्य से : वह समतल नहीं, शंकु के आकार की दिखेगी! आप को लगेगा कि आप एक शंकु में उसके पेंदे पर बैठे हैं; शंकु की दीवारें आपस में समकोण से कुछ अधिक (97^0) का कोण बनाती हुई दूर अपसृत होती जाएँगी। इस शंकु की ऊपरी गोल किनारी लाल, पीले, हरे, नीले और बैंगनी छल्लों से घिरी होगी। क्यों? सूरज का श्वेत रंग भिन्न रंगों वाली किरणों के मिश्रण से बनता है; हर प्रकार की किरण का अपना अपवर्तनांक होता है और अपना 'चरम कोण' होता है। परिणाम यह होता है कि पानी के नीचे से देखने पर बाहर की वस्तुएँ इंद्रधनुषी रंगों की पट्टियों से घिरी हुई दिखाई दे हैं।

यदि ऊपर की सारी दुनिया इस शंकु में ही सिमट आती है, तो शंकु के घेरे

से बाहर क्या दिखता है? वहाँ पानी की चमकदार सतह होती है, जिसमें दर्पण की तरह **जलगत** वस्तुएँ परावर्तित होती हैं।

जिन वस्तुओं का एक भाग पानी में डूबा होता है और दूसरा भाग पानी के ऊपर होता है, उनका रूप और भी असाधारण प्रतीत होता है। मान लें कि नदी में जल-स्तर मापक स्तंभ गड़ा हुआ है (चित्र 120)। पानी के भीतर बिंदु A पर स्थित अवलोकक को क्या दिखेगा? उसके द्वारा अवलोकित 360 डिग्री के व्योम को अलग-अलग हिस्सों में बाँट लेते हैं और हर हिस्से को अलग-अलग देखते हैं। कोण 1 की सीमा में उसे नदी का तल दिखाई देगा (यदि वहाँ पर्याप्त प्रकाश है)। कोण 2 में वह स्तंभ का जलगत भाग बिना किसी परिवर्तन या विकृति के देखेगा। कोण 3 में उसे स्तंभ के उसी भाग का परावर्तन दिखेगा, अर्थात् उसे स्तंभ के जलगत भाग का उल्टा बिंब दिखेगा ('पूर्ण आंतरिक परावर्तन' के बारे में जो कुछ कहा गया है, यहाँ स्मरण करें)। इसके ऊपर अवलोकक स्तंभ का ऊपरी भाग देखेगा; पर यह भाग निचले भाग से जुड़ा हुआ नहीं, कुछ ऊपर नजर आएगा, मानो वह टूट कर अलग हो गया है। जाहिर है कि अवलोकक इसे उसी स्तंभ का भाग मानने को तैयार नहीं होगा। इसके अतिरिक्त, स्तंभ का यह भाग ऊपर से दबा हुआ लगेगा; जैसे-जैसे

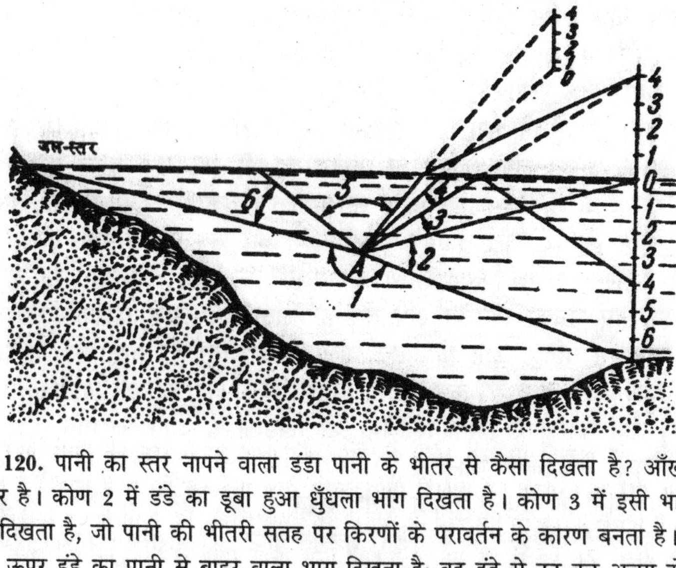

चित्र 120. पानी का स्तर नापने वाला डंडा पानी के भीतर से कैसा दिखता है? आँख बिंदु *A* पर है। कोण 2 में डंडे का डूबा हुआ धुँधला भाग दिखता है। कोण 3 में इसी भाग का बिंब दिखता है, जो पानी की भीतरी सतह पर किरणों के परावर्तन के कारण बनता है। इससे थोड़ा ऊपर डंडे का पानी से बाहर वाला भाग दिखता है; वह डंडे से टूट कर अलग हो गया सा प्रतीत होता है। कोण 4 में तली परावर्तित होती है। कोण 5 शंक्वाकार नली के रूप में पानी से बाहर की दुनिया दिखाता है। कोण 6 में पानी की निचली सतह से परावर्तित होता हुआ नदी का तल दिखता है। कोण I में तल का धुंधला रूप दिखता है।

आप निगाह नीचे लाएँगे, स्तंभ पर बने निशान एक दूसरे के करीब आते जाएँगे। बाढ़ में डूबे हुए तटवर्ती वृक्ष का पानी के भीतर से दृश्य वैसा ही होगा, जैसा चित्र 121 में दिखाया गया है।

यदि स्तंभ की जगह आदमी होता, तो वह चित्र 122 की तरह दिखता। मछलियों को पानी में नहाते लोग इसी रूप में नजर आते हैं। छिछले पानी में चलते वक्त उनके लिए हम एक की बजाय दो हो जाते हैं : ऊपरी भाग बिना पैरों का होता है और निचला भाग–बिना सिर का, लेकिन चार पैरों वाला! जब हम जलगत अवलोकक से दूर होते हैं, तो हमारे शरीर का ऊपरी भाग निचले भाग के साथ कस कर दबने लगता है, छोटा होता जाता है; एक विशेष दूरी पर धड़ बिल्कुल गायब हो जाता है,–अकेला सिर हिलता-डुलता नजर आता है।

इन असाधारण निष्कर्षों की सत्यता प्रत्यक्ष प्रयोग द्वारा जाँची जा सकती है या नहीं? पानी में डुबकी लगाने पर हम कुछ अधिक नहीं देख पाते। यदि पानी में आँख खुला रखने का अभ्यास भी कर लें, तो अधिक लाभ नहीं होगा। पहली बात तो यह है कि उन चंद सेकेंडों में, जितनी देर तक हम साँस रोक सकते हैं, सतह पर उत्पन्न तरंगें शांत नहीं हो पातीं और तरंगयुक्त सतह के पार कोई चीज स्पष्ट देखना संभव नहीं होता। दूसरे, जैसा कि हम पहले समझा चुके हैं, पानी का अपवर्तनांक आँख के पारदर्शक भागों के अपवर्तनांक से अधिक भिन्न नहीं होता; इसीलिए रेटीना पर बहुत ही अस्पष्ट बिंब बनते हैं। परिवेश धुँधला और कुहासे से भरा हुआ दिखेगा (पृ. 237)। गोताखोर के शिरस्त्राण या पनडुब्बी की शीशा लगी खिड़की से देखने पर भी इष्ट फल प्राप्त नहीं होता। इन परिस्थितियों में,–जैसा कि पहले समझाया जा चुका है,–अवलोकक पानी के भीतर रहता है, पर 'जलगत दृष्टि' नहीं प्राप्त कर सकता : उसकी आँखों तक पहुँचने के लिए प्रकाश-किरणें शीशा पार करके पुनः हवा में प्रविष्ट हो जाती हैं और इसीलिए उनका विपरीत अपवर्तन हो जाता है। इसके कारण किरणों की दिशा पानी में प्रविष्ट होने के पहले वाली दिशा जैसी हो जाती है, या उनकी दिशा कुछ बदल जाती है। कुछ भी हो, उनकी दिशा वह नहीं रह जाती, जो पानी में थी। यही कारण है कि पनडुब्बियों की खिड़की से आप 'जलगत दृष्टि' का सही अंदाजा नहीं लगा सकते।

पर पानी के नीचे से दुनिया कैसी दिखती है, यह जानने के लिए स्वयं डुबकी लगाने की कोई आवश्यकता नहीं है। 'जलगत दृष्टि' की परिस्थितियों का अध्ययन करने के लिए विशेष फोटो कैमरे की सहायता ली जा सकती है, जिसके भीतर पानी भरा होता है, इसमें लेंस की जगह धातु का पत्तर लगा होता है। प्रकाश पत्तर में बने रंध्र से भीतर प्रविष्ट होता है। स्पष्ट है कि यदि रंध्र और प्रकाश-संवेदी परत तक का व्योम पानी से भरा होगा, तो बाह्य दुनिया का चित्र वैसा ही मिलेगा, जैसा

चित्र 121. पानी के नीचे से आधे डूबे हुए वृक्ष का दृश्य (तुलना करें चित्र 120 से)।

चित्र 122. पानी के भीतर से देखने पर छाती भर पानी में खड़े व्यक्ति की आकृति (तुलना करें चित्र 120 से)।

वह जलगत अवलोकक को दिखेगा। अमेरिकी भौतिकविद् प्रो. वुड ने इसी विधि से अत्यंत दिलचस्प फोटो चित्र प्राप्त किए, जिनमें से एक चित्र 115 में दिखाया गया है। जलगत अवलोकक को जल के ऊपर की वस्तुएँ बिगड़े रूप में दिखती हैं (वुड द्वार प्राप्त फोटो चित्र में सीधे रेल-पथ मेहराब की तरह मुड़े हुए हैं)—इसका कारण भी हम तभी बता चुके हैं, जब पोखर के समतल पेंदे के अवतलीय रूप को समझा रहे थे (पृ. 241)।

जलगत अवलोकक को दुनिया कैसी दिखती है, इससे प्रत्यक्ष परिचय पाने की एक और विधि है : शांत व स्वच्छ जल वाले पोखर में दर्पण डुबा कर उसे आवश्यक झुकाव दे दीजिए और उसमें जल के ऊपर की वस्तुओं का बिंब देखते रहिए!

इन अवलोकनों के परिणाम उपर्युक्त सैद्धांतिक निष्कर्षों की पूर्णरूपेण पुष्टि करते हैं।

निष्कर्ष यह है कि पानी की पारदर्शक परत अपने बाहर की वस्तु और आँख के बीच आकर जलोपरी जगत् का पूरा चित्र बिगाड़ देती है और उसे कल्पनातीत रूप दे देती है। यदि कोई जीव थल पर जीने के बाद जल में लौटेगा, तो उसे अपनी पुरानी दुनिया इतनी बदली हुई लगेगी कि वह उसे पहचान भी नहीं सकेगा।

पानी की गहराइयों में रंग

पानी के नीचे वर्णाभ में होने वाले परिवर्तनों का सुंदर चित्र अमेरिकी जीवविज्ञानी बीब प्रस्तुत करते हैं :

''हम प्लावर्तुल (बैथीस्फेयर) में बैठ कर पानी में उतरे। हमारी पीली सुनहरी दुनिया हरी हो जाएगी,—इसकी हमने कल्पना नहीं की थी। जब खिड़कियों के पास फेन और बुलबुले खत्म हो गए, हमारा कक्ष हरे रंग की किरणों से प्रकाशित हो गया। हमारे चेहरे, सिलिंडर और यहाँ तक कि काली पड़ी दीवारें भी हरी हो गईं; जबकि जहाज में बैठे लोगों का कहना था कि हम समुद्रपारीय नील रंग में डूब रहे हैं।

पानी में डूबते ही हमारी आँखें स्पेक्ट्रम की गर्म[1] (अर्थात् लाल व नारंगी) किरणों से वंचित हो जाती हैं। लगता था कि लाल और नारंगी रंग होते ही नहीं हैं। जल्द ही पीला रंग भी हरे रंग द्वारा विस्थापित हो गया। प्रसन्नतादायक गर्म किरणें स्पेक्ट्रम के दृश्य भाग में बहुत ही कम स्थान घेरती हैं, फिर भी 30 मीटर या इससे अधिक की गहराई पर उनके लोप हो जाने से लगता है कि दुनिया में ठंडक, अँधेरा और मृत्यु के सिवाय और कुछ नहीं बचा।

---

1. यहाँ शब्द 'गर्म' उस अर्थ में प्रयुक्त किया गया, जिसमें रंगाभों की विशेषता बताने के लिए चित्रकार इस शब्द का प्रयोग करते हैं; वे लाल व नारंगी रंगों को 'गर्म' आभा की संज्ञा देते हैं और नीले व आसमानी को 'ठंडी' आभा की।

जैसे-जैसे हम नीचे उतरने लगे, हरी आभाएँ भी एक के बाद एक लुप्त होने लगी हैं। 60 मीटर की गहराई पर ही बताना मुश्किल हो गया कि पानी का रंग हरा-नीला है या नीला-हरा!

180 मीटर की गहराई पर चीजें चमकदार गाढ़ी नीली किरणों में सरोबार दिख रही थीं, वे इतना कम प्रकाश दे रही थीं कि कुछ पढ़-लिख सकना संभव नहीं था।

300 मीटर की गहराई पर मैंने पानी का रंग निर्धारित करने की कोशिश की; वह काला-नीला या काला-भूरा-नीला था। आश्चर्य है कि जब नीला प्रकाश पीछे छूट जाता है, स्पेक्ट्रम का अंतिम सदस्य बैंगनी रंग सामने नहीं आता : शायद वह पहले ही अवशोषित हो चुकता है। नीले रंग की आखिरी आभाएँ भूरी में परिवर्तित हो रही हैं और भूरी क्रमशः काली आभाओं में। यहाँ सूरज हार मान लेता है और रंग हमेशा के लिए भगा दिए जाते हैं, जब तक कि आदमी यहाँ आकर विद्युत्-किरणों से यहाँ की चीजों को प्रकाशित नहीं करता, जो अरबों-खरबों वर्षों से परम काले रंग में डूबी हुई थीं।"

बड़ी गहराई पर अवलोकित अँधियारी के बारे में ये ही अनुसंधानकर्ता एक अन्य स्थान पर लिखते हैं :

"750 मीटर की गहराई पर ऐसी अँधयिारी थी, जिसकी कल्पना नहीं की जा सकती—फिर भी अब (1000 मीटर की गहराई पर) वह काली से भी अधिक काली थी। लगता था कि ऊपरी दुनिया में आने वाली सभी रातें इस अँधेरेपन के सामने झुटपुटी शाम जैसी लगेंगी। इसके बाद मैं कभी किसी चीज के प्रति 'काला' शब्द का प्रयोग पूरे विश्वास के साथ नहीं कर सका।"[1]

आँख में अंधा स्थल

यदि आप से कहा जाएगा कि आपके दृष्टि-क्षेत्र में एक ऐसा स्थल भी है, जिसे आप बिल्कुल नहीं देखते, यद्यपि वह ठीक आपकी आँखों के सामने है, तो आप निश्चय ही इसमें विश्वास नहीं करेंगे। वह कैसे संभव है कि इतने दिन जीने के बाद भी आप अपनी दृष्टि की इतनी बड़ी त्रुटि नहीं देख पाए? पर यहाँ एक सरल प्रयोग दिया जा रहा है, जिससे आप इस बात में विश्वास कर लेंगे।

चित्र 123 को दाईं आँख से 20 सेंटीमीटर की दूरी पर रखें (बाईं आँख बंद होनी चाहिए) और बाईं ओर स्थित कट-कुट के चित्र को देखते रहें; चित्र को धीरे-धीरे आँख के निकट लाएँ : इस क्रिया में ऐसा क्षण जरूर आएगा, जब दो वृत्तों की कटान पर स्थित बड़ा वाला काला धब्बा बिल्कुल **गायब हो जाएगा**। आप उसे नहीं

---

1. सागर की गहराइयों में अवलोकित रंगों के सविस्तार वर्णन के लिए देखें आकदमीशियन शुलेइकिन की पुस्तक 'समुद्र-भौतिकी पर निबंध' विज्ञान आकदमी, सोवियत संघ, 1949।—संपादक

चित्र 123. रेटीना पर स्थित अंधस्थल को ढूँढ़ने के लिए आकृति।

देखेंगे, यद्यपि वह आपके दृश्य क्षेत्र में ही रहेगा : **उसके दाएँ के वृत्त आपको स्पष्ट दिखते रहेंगे।**

यह प्रयोग पहली बार विख्यात भौतिकविद् मैरियट ने 1668 ई. में किया था। उस समय इसका रूप कुछ दूसरा था और इससे लुदविक XIV के दरबारी अपना मनोरंजन किया करते थे। मैरिट का प्रयोग इस प्रकार था : वे दो दरबारियों को आपने-सामने दो मीटर की दूरी पर खड़ा करा के उन्हें एक आँख से पार्श्व के किसी बिंदु को देखने के लिए कहते थे,—इससे दोनों में से प्रत्येक को लगता था कि सामने वाले का सिर नहीं है।

यह बहुत विचित्र बात है कि लोगों को सिर्फ XVII-वीं शती में पता चला कि आँख की रेटीना पर 'अंध-स्थल' भी है। पहले इसके बारे में किसी ने सोचा भी नहीं था। यह रेटीना का वह स्थल है, जहाँ नेत्र-गोलक के साथ अक्षि-तंत्रिक (स्नायु) जुड़ती है। यहाँ आने के बाद से ही उसकी प्रकाश संवेदी शाखाएँ फूटती हैं।

हमें अपने दृष्टि-क्षेत्र में कोई काला धब्बा नहीं दिखाई देता, क्योंकि हम इसके आदी हो जाते हैं। परिवेशी दृश्य में इस धब्बे के कारण जो चीज लुप्त रहती है, उसका चित्रण हमें कल्पना-शक्ति द्वारा मिल जाता है। उदाहरण के लिए, चित्र 123 का काला धब्बा जब लुप्त हो जाता है, हम मन ही मन वृत्त की परिरेखाओं को बढ़ा कर उन्हें पूरा गोल बना लेते हैं और हमें विश्वास रहता है कि हम उनके कटान-बिंदुओं को स्पष्ट रूप से देख रहे हैं।

यदि आप चश्मा पहनते हैं, तो एक प्रयोग कर सकते हैं : शीशे पर कागज का छोटा सा टुकडा चिपका लें (बीच में नहीं, थोड़ा बगल में)। कागज का टुकड़ा शुरू-शुरू में ही देखने में बाधा डालेगा। लेकिन एक-दो हफ्ते में आप उसके आदी हो जाएँगे और आप उस पर कोई ध्यान नहीं देंगे यह बात वे लोग अच्छी तरह से जानते होंगे, जो चवन के शीशे वाला चश्मा पहनते हैं; शीशे की चवन सिर्फ शुरू के दिन तंग करती है। ठीक इसी प्रकार लंबी अवधि की आदत के कारण हमें आँखों

चित्र 124. एक आँख से भवन को देखने पर हम रेटीना के अंधस्थल C के कारण उसका एक नन्हा सा भाग C' देखने में बिल्कुल असमर्थ रहते हैं।

के अँध-स्थल दिखाई नहीं देते। इसके अतिरिक्त, दोनों आँखों के अंध-स्थल दृष्टिक्षेत्र के भिन्न भागों को अदृश्य करते हैं, इसलिए दोनों आँखों से देखने पर उनके सम्मिलित दृष्टि-क्षेत्र में कोरा स्थान नहीं बचता।

यह न सोचें कि हमारे दृष्टि-क्षेत्र में अंध-स्थल का क्षेत्र बहुत ही छोटा होता है, अब आप एक आँख से दस मीटर दूर स्थित घर को देखते हैं, तो अंध-स्थल के कारण आप उसका एक बहुत बड़ा हिस्सा नहीं देख पाते। उसका व्यास करीब

एक मीटर होगा; उसमें एक पूरी खिड़की आ जाएगी। जब-जब एक आँख से आकाश को देखते हैं, पूर्णचंद्र की 'तश्तरी' से 120 गुना बड़ा क्षेत्र हमारे लिए अदृश्य रहता है।

चाँद कितना बड़ा प्रतीत हो

चाँद के दृश्यमान आकार के बारे में थोड़ी बात की जाए। यदि आप अपने परिचितों से पूछेंगे कि चाँद आप को कितना बड़ा **प्रतीत** होता है, तो आपको बिल्कुल अलग उत्तर सुनने को मिलेंगे। अधिकतर लोग कहेंगे कि चाँद तश्तरी के बराबर है। पर ऐसे लोग भी होंगे, जिन्हें चाँद सेब जितना या बेर, जामुन आदि जितना बड़ा लगेगा। एक स्कूली बच्चे को चाँद 'बारह व्यक्तियों के खाना खाने लायक गोल टेबल जितना बड़ा लगता था''। एक लेखक का कहना था कि चाँद एक गज चौड़ा लगता है।

एक ही वस्तु के आकार पर इतना मतभेद क्यों है?

यह दूरी के मूल्यांकन पर निर्भर करता है और यह मूल्यांकन अनजाने में किया जाता है। चाँद को सेब जितना देखने वाले लोग उसे कम दूरी पर स्थित मानते हैं, की तुलना में उन लोगों, जिन्हें थाली या टेबल जितना बड़ा दिखता है।

पर अधिकतर लोगों को चाँद तश्तरी जितना बड़ा ही लगता है। इससे एक रोचक निष्कर्ष निकलता है। यदि कलन किया जाए (कलन की विधि आगे स्पष्ट हो जाएगी) कि इतना बड़ा दिखने के लिए चाँद को कितना दूर होना चाहिए, तो ज्ञात होगा कि वह हमसे 30 m से अधिक दूर नहीं है। अनजाने में हम चाँद को कितना निकट ला देते हैं।

दूरी पर गलत मूल्यांकन अनेकानेक दृष्टिभ्रमों का आधार है। मुझे बचपन का एक दृष्टिभ्रम अच्छी तरह से याद है; उस समय मेरे लिए जीवन की सभी बातें नईं थीं। मैं शहर में पला था। एक दिन बसंत ऋतु में शहर के बाहर टहलते वक्त मुझे गायों का एक झुंड दिखा। मैं दूरी का सही मूल्यांकन नहीं कर पाया, इसलिए गायें मुझे बौनी प्रतीत हुईं। इतनी नन्ही गायें मुझे फिर कभी नहीं दिखीं, और बेशक दिखेंगी भी नहीं।[1]

नक्षत्रों के दृष्ट आकार को खगोलशास्त्री उस कोण द्वारा निर्धारित करते हैं,

---

1. ऐसे भ्रम के शिकार वयस्क लोग भी हो सकते हैं। इसका प्रमाण ग्रिगोरोविच के उपन्यास 'हरवाहा' के निम्न अंश से मिलता है :

''इलाका इस तरह दिख रहा था, जैसे वह हथेली पर हो; गाँव ठीक पुल के पास नजर आ रहा था; घर, टीले और बर्च के झुरमुट भी गाँव से सटे हुए लग रहे थे। यह सब खिलौने के गाँव सा लग रहा था, जिसमें घास का टुकड़ा पेड़ को द्योतित करता है और टूटे आइने का टुकड़ा नदी को।''

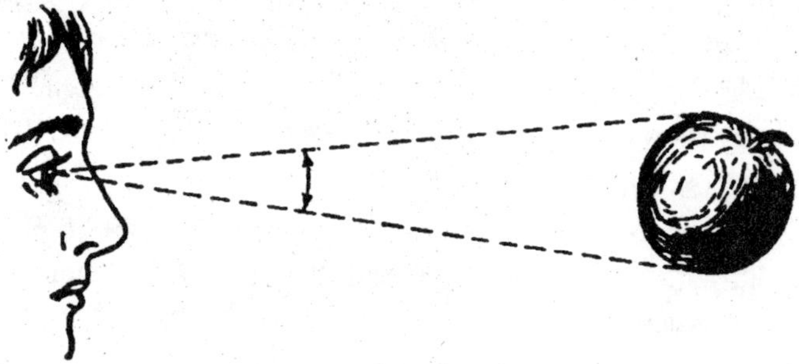

चित्र 125. दृष्टिकोण।

जो नक्षत्र द्वारा हमारी आँखों पर बनता है। 'कोणिक आकार' या 'दृष्टिकोण' उस कोण को कहते हैं, जो हमारी आँख की ऊपरी व निचली किनारियों को मिलाने वाली सरल रेखाओं से बनता है (चित्र 127)। कोण, जैसा कि हमें ज्ञात है, डिग्री, मिनट, सेकंड आदि में व्यक्त किए जाते हैं, चाँद के दृष्ट आकार के बारे में पूछने पर खगोलशास्त्री यह नहीं कहेगा कि चाँद तश्तरी या सेब जितना बड़ा है। वह कहेगा कि उसका आकार आधे डिग्री के बराबर है। इसका मतलब है कि चाँद की 'तश्तरी' की ऊपरी व निचली किनारी को आँख से मिलने वाली रेखाओं के बीच का कोण आधे डिग्री के बराबर होता है। यह एक मात्र सही उत्तर है, जिससे कोई गलतफहमी नहीं हो सकती। ज्यामितीय नियमों के अनुसार[1] आँख से अपनी चौड़ाई की 57 गुनी अधिक दूरी पर स्थित पिंड आँख पर एक डिग्री का कोण बनाता है। उदाहरणार्थ, 5 cm व्यास वाला सेब से 5X57cm दूर रखा जाएगा, तो वह आँख पर एक डिग्री का कोण बनाएगा। यदि दूरी दुगुनी कर दी जाए, तो वह आँख पर $1/2^0$ का कोण बनाने लगेगा, अर्थात् चाँद के बराबर दिखने लगेगा। यदि चाहें तो आप कह सकते हैं कि चाँद आप को सेब यदि आख से जितना बड़ा लगता है;–लेकिन सिर्फ उसी स्थिति में, जब यह सेब आँखों से 570 cm (करीब 6 m) की दूरी पर स्थित हो। यदि चाँद को तश्तरी के बराबर देखना चाहते हैं, तो तश्तरी को करीब 30 मीटर की दूरी पर रखना होगा। बहुत से लोगों को विश्वास नहीं होता कि चाँद का दृष्ट आकार इतना छोटा होता है। पर यदि आप एक सिक्के को उसके व्यास से 114 गुना दूर रख कर देखेंगे, तो वह चाँद को ठीक-ठीक ढक लेगा, यद्यपि वह आँखों से सिर्फ दो मीटर दूर होगा।

यदि आप से कागज पर चाँद के बराबर का वृत्त खींचने को कहा जाए, तो

1. यदि आप दृष्टि-कोण से संबंधित ज्यामितीय कलनों में रुचि लेने लगे हों, तो आवश्यक उदाहरण और व्याख्याएँ मेरी पुस्तक 'मनोरंजक ज्यामिति' में देख सकते हैं।

समस्या आपको पर्याप्त स्पष्ट रूप से पारिभाषित नहीं लगेगी : गोला छोटा भी हो सकता है, और बड़ा भी; यह आँख से उसकी दूरी पर निर्भर करता है। पर प्रश्न की शर्तें स्पष्ट हो जाएँगी, यदि हम यह मान लें कि कागज को आँखों से उतना दूर रखना है, जितना हम किताब पढ़ते वक्त रखते हैं। साधारण स्वस्थ आँखों के लिए यह दूरी 25 cm के बराबर होगी।

अब कलन करें कि वृत्त कितना बड़ा बनाना चाहिए कि उसका आकार चाँद के दृष्ट-आकार के बराबर हो जाए। हिसाब सरल है : 25 cm की दूरी को 114 से भाग दे दीजिए। उत्तर में काफी छोटा परिणाम मिलेगा—2 mm से थोड़ा अधिक! इस पुस्तक पर छपे हुए अंश 'O' से भी कुछ छोटा होगा। विश्वास नहीं होता कि चाँद और सूरज **दृष्ट** आकार के अनुसार इतने छोटे कोण पर दिखाई देते हैं।

आपने शायद देखा होगा कि सूरज की ओर देखने के बाद आपके दृष्टि क्षेत्र में कुछ देर तक छोटे-छोटे रंगीन वृत्त झलकते रहते हैं। इन तथाकथित ''प्रकाशीय चिह्नों का कोणीय मान उतना ही होता है, जितना सूरज का। पर उनके प्रतीयमान आकार बदलते रहते हैं। जब आप आकाश में देखते हैं, तब उनका आकार सूर्य की 'तश्तरी' के बराबर लगता है और जब आप किताब के पन्ने पर देखते हैं, तो उसका आकार करीब 2 mm वाले वृत्त सा होता है। हमारे कलनफल की सत्यता इससे भी प्रमाणित होती है।

नक्षत्रों के दृश्य-आकार

यदि सप्तर्षि के कोणिक मापों को सुरक्षित रखते हुए उन्हें कागज पर अंकित करें, तो चित्र 126 का आरेख मिलेगा। उसे आँखों से इतना दूर रखा जाए कि स्पष्ट देख लें, तो वे उसी तरह दिखेंगे, जैसे आकाश में दिखते हैं। यह सप्तर्षि का कोणिक मापों वाला मानचित्र होगा। यदि आपको सप्तर्षियों का दृश्य,—**सिर्फ रूप ही नहीं,** दृश्य,—याद हो तो इस चित्र को ध्यान से देखने पर मानो यथार्थ आकाशीय दृश्य में खो जाएँगे। सभी तारक-झुंडों के मुख्य तारों के बीच की कोणिक दूरी जान लेने

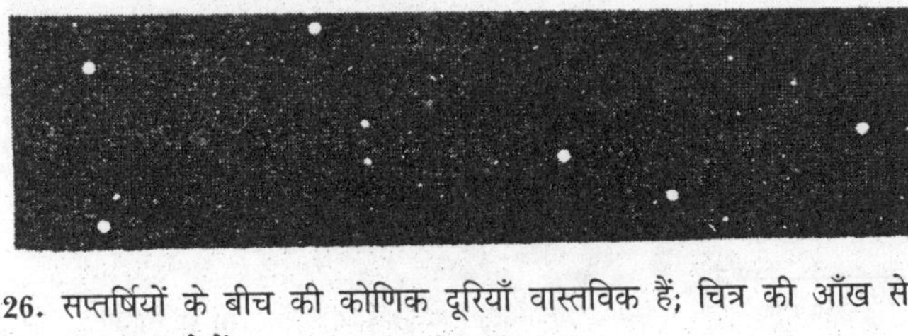

चित्र 126. सप्तर्षियों के बीच की कोणिक दूरियाँ वास्तविक हैं; चित्र की आँख से 25cm की दूरी पर रख कर देखें।

पर (ये दूरियाँ खगोलशास्त्र की निर्देशिकाओं में मिल सकती हैं) आप खगोलीय मानचित्र बना ले सकते हैं। इसके लिए मिलिमीटर-वर्गों में बँटे कागज पर हर 4.5 mm की दूरी को एक डिग्री मान कर तारों को नन्हें वृत्तों के रूप में अंकित कर ले सकते हैं (वृत्तों का क्षेत्रफल तारों की चमक के अनुपात में ले सकते हैं)।

अब ग्रहों पर एक दृष्टि डालें। उनके दृश्य-आकार तारों की तरह ही इतने नन्हे हैं कि वे प्रकाश-बिंदुओं जैसे दिखते हैं। इसका कारण समझना कठिन नहीं है, क्योंकि कोई भी ग्रह (अधिकतम चमक के काल में शुक्र को छोड़ कर) आँखों पर एक मिनट से अधिक का कोण नहीं बनाता। यह वह सीमा है, जहाँ वस्तु की लंबाई, चौड़ाई आदि विमाएँ लुप्त हो जाती हैं। इससे कम कोणिक मान वाली वस्तु आकारहीन बिंदु प्रतीत होती है।

निम्न तालिका में भिन्न ग्रहों के कोणिक मान (सेकेंडों) दिए जा रहे हैं। हर ग्रह के सामने दो संख्याएँ हैं; पहली संख्या ग्रह की निकटतम दूरी के वक्त उसका कोणिक आकार बताती है और दूसरी—अधिकतम दूरी के वक्त :

	सेकेंड
बुध	13-5
शुक्र	64-10
मंगल	25-35
वृहस्पति	50-31
शनि	20-15
शनि-वलय	48-35

ऐसे कोणिक मान को 'वास्तविक पैमाने' पर चित्रित करना असंभव है : पूरा एक मिनट अर्थात 60 सेकेंड के बराबर का कोणिक मान स्पष्ट दृष्टि की दूरी पर सिर्फ 0.04 mm के बराबर होगा। इस आकार की वस्तु को आँखों से नहीं देखा जा सकता है। इसीलिए इन ग्रहों को इतने बड़े आकार दें, जितने बड़े ये आकार को सौ गुना बढ़ाने वाले दूरबीन में लगते हैं। चित्र 127 में ग्रहों के दृश्य-आकार इतना बढ़ा कर दिखाए गए हैं।

नीचे का मेहराब सौ गुना विशाल दूरबीन में चाँद (या सूर्य) की किनारी को दिखाता है। इसके ऊपर पृथ्वी से निकटतम और अधिकतम दूरियों पर स्थित बुध का आकार दिखाया गया है। इसके ऊपर शुक्र की भिन्न कलाएँ दिखाई गई हैं। पृथ्वी से निकटतम दूरी पर वह बिल्कुल नहीं दिखाई देता क्योंकि उसका आधा भाग अँधेरे में होता है।[1] इसके बाद उसका संकीर्ण हँसिया दिखता है। इस स्थिति में शुक्र

---

1. इस स्थिति में वह सिर्फ तब दिखता है, जब वह नन्हे से वृत्त के रूप में सूर्य-मंडल पर प्रक्षिप्त होता है। पर ऐसी स्थिति विरले ही मिलती है।

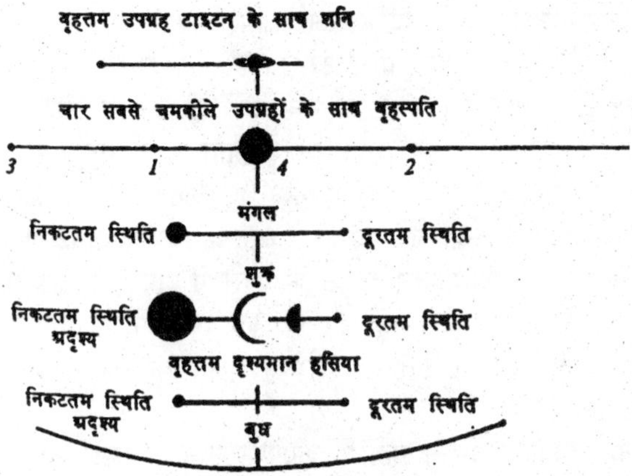

चित्र 127. यदि इस चित्र को आँखों से 25 cm की दूरी पर रख जाए, तो उसमें ग्रहों की आकृतियाँ ठीक उतनी बड़ी लगेंगी, जितनी बड़ी वे आकाश में सौ गुनी वर्धनशीलता वाली दूरबीन से दिखती हैं।

सभी ग्रहों से बड़ा होता है। इसके बाद की कलाओं में वह छोटा होने लगता है। जब वह पूरा गोल दिखने लगता है, हँसिए की तुलना में उसका व्यास छः गुना कम होता है।

शुक्र से ऊपर मंगल दिखाया गया है। जब वह पृथ्वी से निकटतम दूरी पर होता है, उसका आकार बाईं ओर वाले वृत्त जितना बड़ा दिखता है। इस नन्हे से वृत्त में आप क्या देख सकते हैं? कल्पना द्वारा आप इस वृत्त को दस गुना बढ़ा दीजिए,—आपको अंदाज मिल जाएगा कि हजार गुना बड़ा दिखाने वाले दूरबीन से खगोलशास्त्री क्या देखते होंगे। क्या इस नन्हे से प्रकाश-धब्बे में 'नहर' जैसी चीज दिख सकती है, जिनके बारे में इतना शोर था? या यह देखा जा सकता है कि उसका रंग-परिवर्तन उसके सागरों के वनस्पति-जगत् के साथ संबंध रखता है? ऐसे अवलोकन के आधार पर कोई भी कुछ दावे के साथ नहीं कह सकता। इसीलिए तो मंगल के प्रेक्षकों के बीच इतना मतभेद है; सभी अलग-अलग बातें कहते है। और एक दूसरे की बातों को भ्रम कह कर काटते रहते हैं।...[2]

2. पिछले समय के ग्रहों का अध्ययन-कार्य अंतर्ग्रही स्वचालित केंद्रों (सैटेलाइट) की सहायता से किया जा रहा है। ये सिर्फ दृश्य-साधनों का ही उपयोग नहीं करते। इनसे ग्रहों के बारे में अनेक रोचक सूचनाएँ मिलती हैं; इनमें से एक यह भी है कि मंगल पर न तो कोई नहरें हैं, न कोई सागर ही। जिज्ञासु पाठकों को निम्न पुस्तक का नाम बताया जा सकता है : पे.इ. बाकूनिन, ए.वे. कोनोविच, वे.इ. मोरोज, 'सामान्य खगोलशास्त्र', 1974।—संपादक

विशाल बृहस्पति को हमारी तालिका में महत्त्वपूर्ण स्थान प्राप्त है : उसका गोला शुक्र के बाद सबसे बड़ा है और उसके चार मुख्य सहयात्री (उपग्रह) रेखा-कांड पर स्थित हैं, वह चाँद के व्यास से आधा है। चित्र में बृहस्पति वैसा दिख रहा है, जैसा वह पृथ्वी से निकटतम दूरी पर दिखता है (सौ गुना वर्धक-क्षमता दूरबीन में)। इसके बाद अपने वलय और अपने बृहत्तम उपग्रह (टाइटन) के साथ शनि ग्रह दिखाया गया है। हमसे निकटतम दूरी पर वह भी काफी बड़ा दिखता है।

उपरोक्त बातों से यह समझ में आ जाता है कि किसी दृश्यमान पिंड को हम जितना ही निकट मानते हैं, उसका आकार उतना ही छोटा लगता है। और उसका विलोम : यदि किसी कारणवश हम किसी पिंड को अधिक दूर मानने लगते हैं, तो हमारे अंदाज में उसका वास्तविक आकार बड़ा हो जाता है।

अगले पृष्ठों पर हम एडगर पो की एक कहानी उद्धृत कर रहे हैं, जिसमें एक ऐसे ही दृष्टि-भ्रम का वर्णन किया गया है। कहानी सत्य सी नहीं प्रतीत होती, पर वह सच है। मैं स्वयं एक बार ऐसे भ्रम में पड़ गया था और ऐसी घटनाएँ संभवतः सभी पाठकों के साथ घटी होंगी।

'स्फिंक्स' (एडगर पो की कहानी, संक्षेप में)

''न्यूयार्क में हैजे का राज्य था। इन दिनों मेरे एक रिश्तेदार ने मुझे शहर के बाहर स्थित अपने बंगले में रहने के लिए दो हफ्तों का निमंत्रण दिया। वहाँ दिन बुरे नहीं कटते, पर हर दिन शहर से दुखद समाचार मिल रहे थे। कोई भी दिन ऐसा नहीं बीतता था, जब किसी परिचित की मृत्यु का समाचार न मिले। यहाँ तक कि अखबार देख कर भी डर लगता था। दक्षिण से बहने वाली हवा मृत्युरंजित लगती थी। मनहूस विचार मेरे मन को निरंतर आलोड़ित कर रहे थे। पर मेरे मेजबान शांत प्रकृति के व्यक्ति थे और यथासंभव मुझे सांत्वना देते रहते थे।

गर्मी का दिन अंधकार में डूब रहा था और मैं खुली खिड़की के पास किताब लिए बैठा हुआ था। सामने नदी के पार ऊँचे टीलों का दृश्य दिख रहा था। मन पुस्तक से उचट कर संकटग्रसित शहर पर छाई निराशा के साथ उलझा हुआ था। अचानक मेरी निगाह टीले की नंगी ढलान पर चली गई...वहाँ एक विचित्र दृश्य था! टीले से एक भयानक जंतु नीचे उतर रहा था। नीचे उतर कर वह तराई के घने जंगलों में छिप गया। पहले तो मुझे लगा कि मैं पागल हो गया हूँ, या मेरी आँखें धोखा दे रही हैं। पर चंद मिनटों बाद मुझे विश्वास हो गया कि दृश्य सत्य है। यदि मैं इस जंतु का वर्णन करूं, तो आपके लिये, प्रिय पाठक, इस पर विश्वास कर पाना कठिन होगा। पर मैं उसे बिल्कुल साफ-साफ देख रहा था और तब तक देखता रहा, जब तक कि वह उतरने के बाद जंगल में छिप नहीं गया।

विशाल पेड़ों के तनों के साथ उसके आकार की तुलना करके मैंने देखा कि

वह किसी युद्ध-पोत से कम नहीं है। मैं युद्ध-पोत का नाम ले रहा हूँ, क्योंकि उसका रूप जहाज की तरह ही था : चौहत्तर तोपों वाला जहाज आपको उस जंतु के रूप और आकार का सही अंदाजा देता। जंतु का मुँह उसकी सूँड के छोर पर था और सूँड करीब साठ या सत्तर फीट लंबी थी। उसकी मोटाई हाथ के धड़ जितनी थी। सूँड़ के आधार के पास घने और खड़े बाल थे। उनके बीच दो आँखें गजदंत लगे हुए थे। वे थोड़ा नीचे झुक कर पार्श्व की ओर मुड़े हुए थे। ऐसे दाँत बनैले सूअर के होते हैं; पर ये बहुत थे। सूँड़ के दोनों तरफ तीस या चालीस फीट लंबे सींग लगे हुए थे, जो शायद स्फटिक के थे; धूप में वे ऐसे ही चमक रहे थे। धड़ का आकार उल्टे खूँटे की तरह था। उसमें एक के ऊपर एक चढ़े दो जोड़े डैने लगे थे, जिनमें से प्रत्येक की लंबाई करीब 300 फीट थी। डैनों पर पंखियों की जगह घने धातुई पत्तर लगे थे; इनमें से प्रत्येक का व्यास करीब दस-बारह फीट लंबा था। इस विचित्र जंतु की मुख्य विशेषता उसकी शक्ल थी, जिसकी तुलना सिर्फ मृत्यु के देव के साथ की जा सकती थी। वह उसकी छाती तक जगह घेरे थी और सफेद होने के नाते उसके काले शरीर पर स्पष्ट दृष्टिगोचर हो रही थी। जब मैं डर से काँपता हुआ इस भयानक सृष्टि को देख रहा था, विशेषकर उसकी मौत जैसी शक्ल को, उसने अचानक मुँह खोल कर चीत्कार की आवाज की...यह मेरे लिए असह्य था और जब वह आँखों से ओझल हुआ, मैं फर्श पर गिर कर बेहोश हो गया...

होश में आने पर मेरी पहली इच्छा थी अपने मित्र को सारी बात बताने की। अंत तक सुन चुकने के बाद पहले तो वह जोर-जोर से हँसने लगा, फिर तुरंत गंभीर हो गया, मानों मेरे पागल होने में उसे कोई संदेह न रह गया हो।

इसी क्षण मुझे फिर से वह जंतु दिखाई दे गया। मैं चीख-चीख कर मित्र को बताने की कोशिश करने लगा कि वह कहाँ है, पर वह कसम खा रहा था कि वहाँ कुछ भी नहीं है।

मैं चेहरे को हाथों से छिपा कर बैठ गया। जब आँखें फिर से खोली, तो जंतु गायब था।

मित्र देर तक उसके रूप-आकार आदि के बारे में पूछ-तलब करता रहा। जब मैं विस्तारपूर्वक सब कुछ बता चुका, तो उन्होंने संतोष की साँस ली, मानों सिर से कोई भारी बोझ उतर गया हो; वह किताबों की आलमारी के पास गया और वहाँ से प्राकृतिक इतिहास की एक पाठ्य-पुस्तक निकाली। उसने मुझसे जगह बदलने का अनुरोध किया, क्योंकि खिड़की के पास किताब के महीन अक्षरों को देखने में आसानी होती। वह कुर्सी पर बैठ कर कहने लगा :

यदि आपने उस जीव का इतना सही वर्णन न किया होता, तो मैं कभी नहीं समझा सकता था कि यह क्या था। पहले मैं आपसे इस पुस्तक के एक अंश को पढ़कर सुनाने की अनुमति माँगूँगा' इसमें Insecta शलभ श्रेणी Lepidotera

(शल्कपंखी या चोंइयेदार पंख वाले) गण के Crepusculariae (सांध्यचर) परिवार की तितली Sphinx के बारे में लिखा गया है।

''एक के ऊपर एक चढ़े डैनों को दो जोड़े होते हैं, जो धातुई चमक वाले शल्क (चोंइयों) से ढके होते हैं; मुँह निचले जबड़े के लंबे होने से काफी नीचे दिखता है; पार्श्व में लंबे लोमदार स्पर्शेंद्रिय हैं; निचले और ऊपरी डैने मजबूत बालों से जुड़े होते हैं; मूछें प्रिज्मीय छड़ियों की तरह हैं; पेट नुकीला होता है। अपनी चीत्कार जैसी आवाज़ और पेट पर स्थित खोपड़ी जैसे सफेद चिह्न के कारण स्फिंक्स 'मृत सर' सर्व-साधारण में अंधविश्वास का डर उत्पन्न करता है।[1]

यहाँ उसने किताब बंद की खिड़की पर उसी तरह झुक कर कुछ देखने लगा, जैसे मैं जंतु को देखते वक्त झुका हुआ था।

—यह रहा वह!—चीख कर उसने कहा,—वह टीले पर चढ़ रहा है और काफी विलक्षण लग रहा है। लेकिन वह इतना बड़ा और इतना दूर नहीं है, जितना आपने सोचा था, क्योंकि हमारी खिड़की से लगे किसी मकड़े के धागे के सहारे चढ़ रहा है!''

सूक्ष्मदर्शी से बड़ा क्यों दिखता है?

''क्योंकि वह भौतिकी की पाठ्य-पुस्तकों में वर्णित तरीके से किरणों का पथ परिवर्तित कर देता है'',—यह उत्तर है, जो अक्सर सुनने में आता है। पर ऐसे उत्तर में कारण निर्दिष्ट नहीं किया गया है; मुख्य बात को ही छोड़ दिया गया है। सूक्ष्मदर्शी या दूरदर्शी की विशालक क्रिया के पीछे आखिर कारण क्या है?

मुझे इस कारण का ज्ञान बिना किसी पाठ्य-पुस्तक के ही हो गया था। जब मैं स्कूल में पढ़ता था, तब की एक घटना है। मैं बंद खिड़की के पास बैठा हुआ सामने का मकान देख रहा था। अचानक मैं डर कर पीछे हट गया ईंट की दीवार से मुझे आदमी की एक बहुत बड़ी आँख देख रही थी; उसकी चौड़ाई कुछेक मीटर की रही होगी। उस समय मैंने एडगर पो की कहानी नहीं पढ़ी थी, इसीलिए मैं समझ नहीं पाया कि यह मेरी ही आँख का प्रतिबिंब है, जिसे मैं अनजाने में सामने की दीवार पर प्रक्षिप्त कर रहा था।

कारण समझने के बाद मैं सोचने लगा कि क्या इस दृष्टि-भ्रम के आधार पर काम करने वाला एक सूक्ष्मदर्शी नहीं बनाया जा सकता? और जब मेरे सारे प्रयत्न

---

1. अब इस तितली को Acherontia परिवार का माना जाता है। इसकी गणना उन चंद तितलियों में होती है, जो ध्वनि पैदा कर सकती हैं। इनकी आवाज चूहे की चीं-चीं की याद दिलाती है। इसके अतिरिक्त, यह एकमात्र तितली है, जो मुँह से आवाज निकालती है। आवाज काफी प्रबल होती है और कुछेक मीटर दूर तक सुनाई दे सकती है। दी गई परिस्थितियों में प्रेक्षक को उसकी आवाज बहुत जोरदार लगी होगी, क्योंकि प्रेक्षक उसके बहुत दूर होने की कल्पना कर रहा था। (दे. 'मनोरंजक **भौतिकी**', भाग, 1, अध्याय 10)

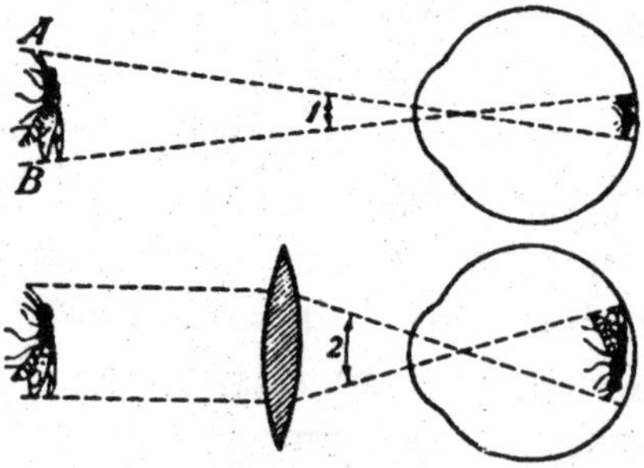

चित्र 128. विशालक शीशा बिंब को रेटीना पर संवर्धित करता है।

असफल हो गए, तब मैं समझा कि सूक्ष्मदर्शी के विशालक गुण का कारण क्या है। कारण यह नहीं है कि वस्तु अपने आकार से बड़ी प्रतीत होती है, बल्कि यह है कि वह **हमारी आँखों पर वस्तु द्वारा बड़ा कोण बनवाता है** और इसलिए—यह अधिक महत्त्वपूर्ण,—**उसका बिंब हमारी आँख की रेटीना पर अधिक स्थान फेंकता है।**

यहाँ दृष्टि-कोण का इतना महत्त्व क्यों है, यह समझने के लिए हमें आँख की एक विशेषता पर ध्यान देना चाहिए : आँख पर एक मिनट से कम कोण बनाने वाली वस्तु साधारण स्वस्थ आँखों को एक बिंदु सी लगती है, जिसमें न तो उसका कोई भाग दिखाई देता है, न उसका रूप ही। जब वस्तु आँख से इतनी दूर होती है या अपने आप में इतनी छोटी होती है कि वह (या उसके भाग) आँख पर एक मिनट से कम का कोण बनाते हैं, तो हम उसकी बनावट को स्पष्ट रूप से नहीं देख पाते। इसका कारण यह है कि दृष्टि-कोण के इतने छोटे होने के कारण उसका बिंब रेटीना पर कई नहीं सिर्फ एक दृष्टि-कोशिका को ढकता है। इस स्थिति में वस्तु की बनावट, उसका रूप आदि नहीं दिखता, हमें सिर्फ एक **बिंदु** दिखाई देता है।

सूक्ष्मदर्शी और दूरदर्शी की भूमिका यही है कि वे वस्तु से निकलती किरणों के पथ को विचलित करके उसे बड़े दृष्टि-कोण पर दिखाते हैं; रेटीना पर बिंब बड़ा हो जाता है और अधिक दृष्टि-कोशिकाओं के साथ क्रिया करता है। फल यह होता है कि हम बिंब के भिन्न अवयवों को स्पष्ट रूप से देखने लगते हैं। "सूक्ष्मदर्शी या दूरदर्शी की विशालक शक्ति 100 है"—इसका मतलब है कि वह वस्तु को 100 गुने बड़े कोण पर दिखाता है, की तुलना में उस कोण, जो वस्तु हमारी नंगी आँखों पर बनाती है। यदि उपकरण दृष्टि-कोण नहीं बढ़ाता, तो उससे वस्तु का आकार बड़ा नहीं दिखता, **यद्यपि हमें प्रतीत हो सकता है कि वह बड़ी दिख रही है।** ईंट की दीवार पर आँख मुझे काफी बड़ी दिख रही थी (या लग रही थी), पर मुझे उसका **कोई नया अतिरिक्त विवरण नहीं दिख रहा था।** दर्पण में भी उतनी ही बड़ी दिखती (पर बड़ी नहीं लगती) और कोई नया विवरण नहीं दिखता।

क्षितिज के पास चाँद बड़ा लगता है, अपेक्षाकृत जब वह सिर के ठीक ऊपर होता है। पर क्या उसके बड़े दिखने से हम उसमें कोई अतिरिक्त विवरण देख पाते हैं?

यदि एडगर पो की कहानी को फिर से याद करें, तो इसमें भी लेखक को 'स्फिंक्स' की बनावट में कोई नया विवरण नहीं दिखा था। तितली द्वारा हमारी आँखों पर बनते कोण की मात्रा इस बात पर निर्भर नहीं करती कि हम तितली की तुलना खिड़की के फ्रेम के साथ करते हैं या दूरस्थ टीले के दृश्य के साथ करते हैं (टीले पर तितली को प्रक्षिप्त करते हैं)। और यदि दृष्टि-कोण में कोई परिवर्तन नहीं होता, तो हम चाहे कितना भी उसके बड़े दिखने वाले आकार से चकित क्यों न हों, हमें उसके वर्धन से उसकी बनावट में कोई अतिरिक्त विवरण दिखाई नहीं देगा। सच्चे कलाकार होने के नाते एडगर पो ने अपने वर्णन में एक भी ऐसी बात नहीं जोड़ी जो तितली में नंगी आँखों से नहीं दिखाई देती। दोनों वर्णनों की तुलना करें,—वे कहानी में यूँ ही नहीं घुसेड़े गए हैं,—और आप देखेंगे कि उनमें सिर्फ शब्दों का अंतर है (दस फीट व्यास वाले पत्तर—चोंइया, विशाल सींग—मूँछें, गजदंत—स्पर्शेंद्रिय, आदि), **बनावट का नहीं।**

यदि सूक्ष्मदर्शी सिर्फ इसी तरह से आकार बड़ा करता, तो वह सिर्फ एक रोचक खिलौना होता; वैज्ञानिकों के लिए उसकी कोई उपयोगिता नहीं रह जाती। पर हम जानते हैं कि सूक्ष्मदर्शी ने मनुष्य की दृष्टि-सीमा बढ़ा कर उसके सामने एक नई दुनिया खोली है :

प्रकृति ने हमें तेज दृष्टि दी,
पर सीमा उसकी अति संकुचित की।
गर अनेक जीव उसकी पहुँच के बाहर,
नन्हे आकार में छिपते जो साकार!

—यह हमारे प्रथम प्रकृति-साधक लोमोनोसोव ने 'शीशे के लाभ पर पत्र' में लिखा था।

अब हम स्पष्टतः समझ सकते हैं कि सूक्ष्मदर्शी ही क्यों उस 'रहस्य' का उद्घाटन करता है, जिसे एडगर पो की कहानी का प्रेक्षक अपनी विशाल तितली में नहीं देख सका : क्योंकि सूक्ष्मदर्शी सिर्फ आकार ही नहीं बड़ा करता, वह वस्तुओं को **बड़े दृष्टि-कोण पर** दिखाता है, जिसके कारण रेटीना पर वस्तु का **अधिक बड़ा बिंब** बनता है। यह बिंब रेटीना पर कहीं अधिक दृष्टि-कोशिकाओं के साथ क्रिया करता है और अधिक संख्या में दृश्य-संवेदनाओं को जन्म देता है। यदि संक्षेप में कहें, तो सूक्ष्मदर्शी वस्तु को नहीं, रेटीना पर उसके बिंब को बड़ा करता है।

चाक्षुष आत्मवंचनाएँ

हम अक्सर 'दृष्टि-भ्रम', 'श्रव्य-भ्रम' आदि की बात करते हैं, पर ये नाम गलत हैं। **ऐंद्रिय** भ्रम नहीं होता। दार्शनिक काँट ने इसके बारे में बिल्कुल ही ठीक कहा है : "इंद्रिय हमें धोखा नहीं देते,–इसलिए नहीं कि वे हमेशा सही मूल्यांकन करते हैं, बल्कि इसलिए कि वे मूल्यांकन करते ही नहीं है।"

फिर तथाकथित दृष्टि-भ्रम में कौन हमें भ्रमित करता है? वही, जो मूल्यांकन करता है, अर्थात् मस्तिष्क। अधिकांश दृष्टि-भ्रम सचमुच ही सिर्फ इस बात पर निर्भर करते हैं कि हम सिर्फ देखते ही नहीं, अनजाने में दृश्य संवेदनाओं का **मूल्यांकन भी करते जाते हैं** और अक्सर स्वयं को भ्रम में डाल लिया करते हैं। ये **तर्क जनित** भ्रम हैं, इंद्रिय जनित नहीं।

कोई दो हजार वर्ष पूर्व लुक्रेशियम ने लिखा था :

"आँखें वस्तुओं की प्रकृति का ज्ञान नहीं देतीं, इसलिए उन्हें बुद्धि-भ्रम के लिए दोषी मत ठहराओ।"

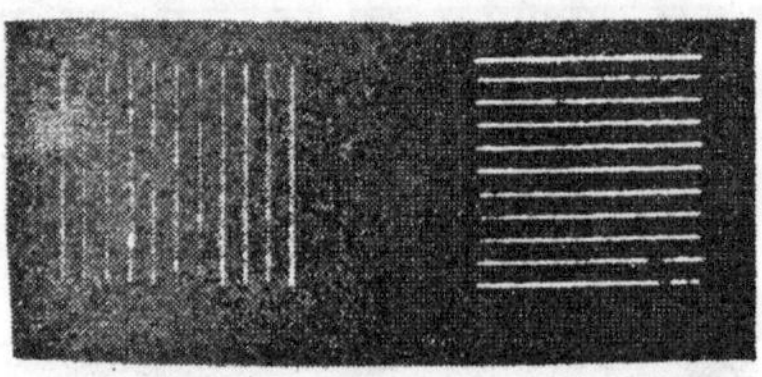

चित्र 129. कान सी आकृति अधिक चौड़ी है–बाईं या दाईं?

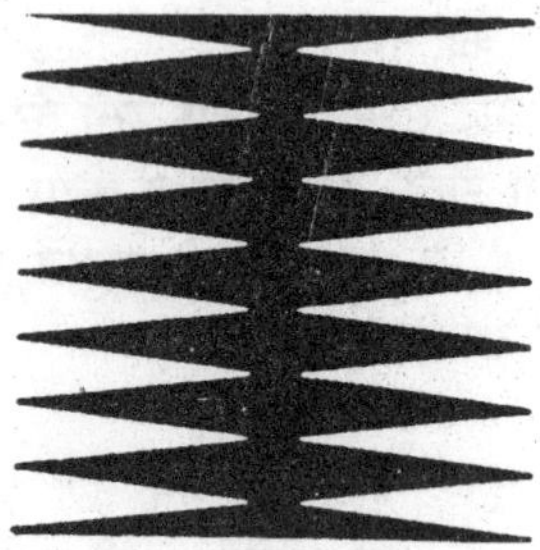

चित्र 130. इस आकृति में क्या अधिक है–ऊँचाई या चौड़ाई?

प्रकाशकीय भ्रम का एक सर्वविदित उदाहरण लेते हैं : चित्र 129 में बाईं आकृति दाईं से सँकरी लगती है, यद्यपि दोनों ही बिल्कुल समान वर्गों में सीमित हैं। कारण यह है कि आकृति की ऊँचाई का मूल्यांकन करते वक्त हम अनजाने में रेखाओं के बीच की दूरियाँ जोड़ने लगते हैं और इसीलिए उसकी चौड़ाई कम प्रतीत होती है। इसके विपरीत, दाईं आकृति में उसी अचेत मूल्यांकन के कारण चौड़ाई ऊँचाई से अधिक लगती है। इन्हीं कारणों से चित्र 130 की आकृति में ऊँचाई उसकी चौड़ाई से अधिक प्रतीत होती है।

दर्जियों के लिए लाभदायक भ्रम

यदि उपरोक्त दृष्टि-भ्रम को बड़ी आकृतियों के लिए लागू करेंगे, जिन्हें आँखें एक-बारगी से पूरी तरह नहीं देख पातीं, तो वह भ्रम नहीं होगा। सभी जानते हैं कि छोटे कद के मोटे आदमी क्षैतिज धारियों वाले कोट में दुबले-पतले नहीं, और मोटे ही प्रतीत होते हैं। इसके विपरीत, उदग्र धारियों वाली पोशाक में वे अपनी मोटाई कुछ हद तक छिपा ले सकते हैं।

इस विरोधाभास का क्या कारण है? यही कि ऐसे कोट-पैंट को देखते वक्त हमारी आँखें उन्हें एक-बारगी से पूरी तरह अपने दृष्टि-क्षेत्र में नहीं ले पातीं। हमारी दृष्टि जाने अनजाने धारियों के सहारे रेंगने लगती हैं। चक्षुपेशियों का अतिरिक्त प्रयत्न हमें अनजाने में वस्तु का आकार धारी की दिशा में बढ़ाने को विवश कर देता है। चक्षु-पेशियों के प्रयत्न का संबंध हम वस्तुओं के बड़े आकार के साथ जोड़ने के आदी हो गए हैं (जब वे हमारे दृष्टि-क्षेत्र से नहीं हटतीं)। पर नन्हीं धारीदार आकृतियों को देखते वक्त आँखें स्थिर रहती हैं और उन्हें थकान नहीं होती।

क्या बड़ा है?

चित्र 131 में कौन सा दीर्घवृत्त बड़ा है : नीचे वाला या ऊपर का अंदरूनी? इस विचार से छुटकारा पाना कठिन है कि नीचे वाला ऊपर से बड़ा है। पर दोनों बराबर हैं। ऊपर का बाह्य दीर्घवृत्त यह भ्रम उत्पन्न करता है कि उसके भीतर की आकृति निचले दीर्घवृत्त से छोटी है।

चित्र 131. कौन सा दीर्घवृत्त बड़ा है–निचला या ऊपर भीतर वाला?

भ्रम अधिक शक्ति रखता है, क्योंकि चित्र की पूर्ण आकृति समतली नहीं, बाल्टी की तरह व्योम प्रतीत होती है : जाने-अनजाने दीर्घवृत्त परिप्रेक्ष्य के कारण दबे वृत्त से प्रतीत होते है। और आड़ी रेखाएँ बाल्टी की दीवार सी प्रतीत होती हैं

चित्र 132 में a और b बिंदुओं के बीच की दूरी m और n की दूरी से अधिक प्रतीत होती है। बीच वाली रेखा कोण के शीर्ष से निकल कर भ्रम को और बढ़ा देती हैं।

कल्पना की शक्ति

जैसा कि ऊपर कहा जा चुका है, अधिकाश दृष्टि भ्रमों का कारण यह है कि हम सिर्फ देखते ही नहीं हैं, अनजाने में उसके बारे में सोचते भी जाते हैं। ''हम

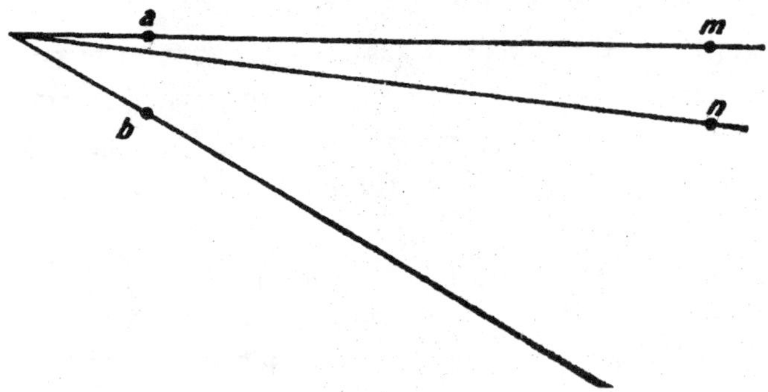

चित्र 132. कौन सी अधिक है—ab या mn ?

आँखों से नहीं, मस्तिष्क से देखते हैं,"—शरीर-क्रिया-विज्ञानियों का कहना है। आप भी इस बात से सहमत हो जाएँगे, जब ऐसे भ्रमों से परिचित होंगे, जिनमें कल्पना देखने की क्रिया में सचेत रूप से भाग लेती है।

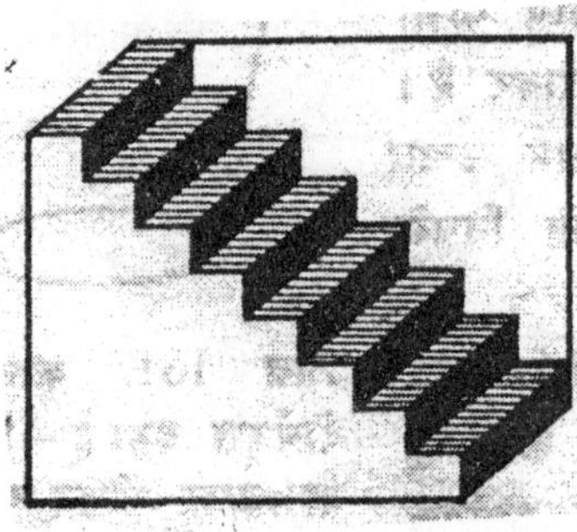

चित्र 133. क्या देख रहे हैं आप यहाँ—सीढ़ियाँ, ताखे या 'हारमोनियम' (या ताड़ के पंखे की तरह मोड़ी गई कागज की पट्टी)?

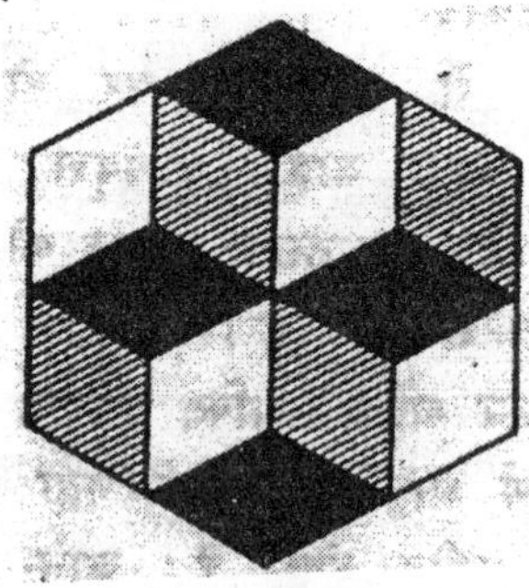

चित्र 134. घनों की स्थिति बताए। नीचे दो घन हैं या ऊपर?

चित्र 133 को देखें। यदि आप यह चित्र दूसरों को दिखा कर पूछेंगे कि यह क्या है, तो आपको शायद तीन प्रकार के उत्तर मिलेंगे। कुछ लोग कहेंगे कि यह सीढ़ी है, कुछ कहेंगे कि यह दीवार में बनी अलमारी है और कुछ लोग कहेंगे कि यह हारमोनियम जैसा मोड़ा गया कागज का पट्टा है और सफेद वर्ग को तिरछा रखा हुआ है।

बात विचित्र लगेगी, पर तीनों ही उत्तर सही हैं! आप स्वयं तीनों वस्तुएँ देख सकते हैं, पर निर्भर करता है कि आप चित्र पर किस ओर दृष्टि डालते हैं। यदि

बाएँ भाग को देखेंगे, तो सीढ़ी नजर आएगी। यदि निगाह दाएँ से बाएँ फिसल रही है, तो आपको अलमारी दिखेगी। नीचे के दाएँ कोने से ऊपर के बाएँ कोने की ओर कर्ण के सहारे दृष्टि फिरा कर आप हारमोनियम सा मुड़ा कागज देखेंगे।

यदि आप चित्र पर टकटकी लगा कर देर तक देखेंगे, तो आपकी आँखें थक जाएँगी और अपकी इच्छा के विरुद्ध बारी-बारी से तीनों ही वस्तुएँ दिखने लगेंगी। चित्र 134 में भी ये ही विशेषताएँ हैं।

चित्र 135. क्या अधिक लंबा है–AB या AC?

चित्र 135 का भ्रम भी दिलचस्प है : नहीं चाहते हुए भी हमें लगता है कि दूरी AC बड़ी है दूरी AB से।

चंद और दृष्टि-भ्रम

सभी भ्रमों का कारण बता सकना कठिन है। अक्सर यह बताना भी मुश्किल होता है कि मस्तिष्क में किस प्रकार के तर्क चल रहे हैं और भ्रम किस बात का है। चित्र 136 में साफ-साफ दो चाप दिख रहे हैं, जो बीच में एक दूसरे की ओर झुके प्रतीत हो रहे हैं। पर सीधी पटरी उनके पास रखिए या चित्र को आँख की ऊँचाई पर रख कर उन पर दृष्टि फिराइए, आपको विश्वास हो जाएगा कि वे सरल रेखाएँ हैं।

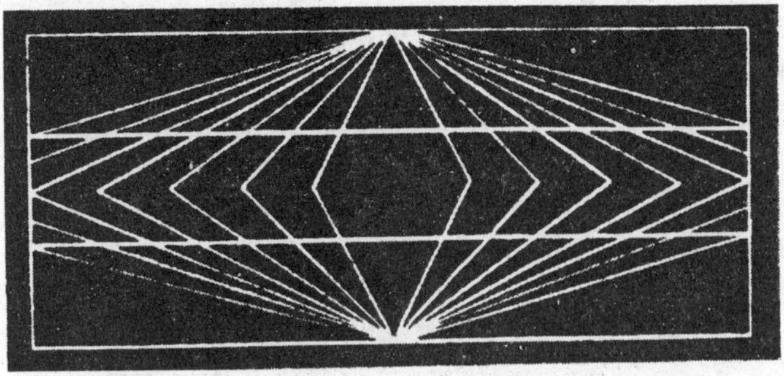

चित्र 136. बाएँ से दाएँ जाती हुई दो रेखाएँ समनांतर एवं सरल हैं, पर वे बीच से एक दूसरे की ओर झुकी सी लगती हैं। भ्रम नष्ट हो जाता है : (1) यदि आकृति को आँख की ऊँचाई पर रख कर इस प्रकार देखा जाए कि निगाहें रेखाओं के अनुतीर फिसलती रहें; (2) यदि आकृति के किसी बिंदु पर पेंसिल की नोक रख कर उसे ध्यान से एकटक देखा जाए।

इसी तरह के चंद और भ्रम हैं। चित्र 137 में सरल रेखा असमान टुकड़ों में बँटी लगती हैं, पर नापने से ज्ञात होता है कि वे समान हैं। चित्र 138 और 139 में समनांतर रेखाएँ असमनांतर प्रतीत होती हैं। चित्र 140 में वृत्त अंडे की तरह लगता

चित्र 137. सरल रेखा के छः भाग समान हैं या असमान?

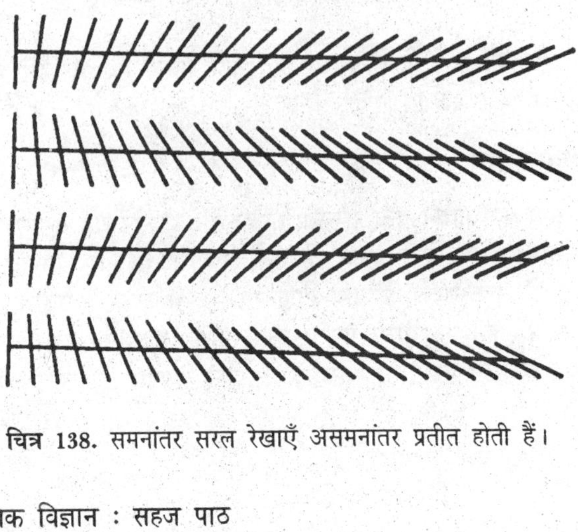

चित्र 138. समनांतर सरल रेखाएँ असमनांतर प्रतीत होती हैं।

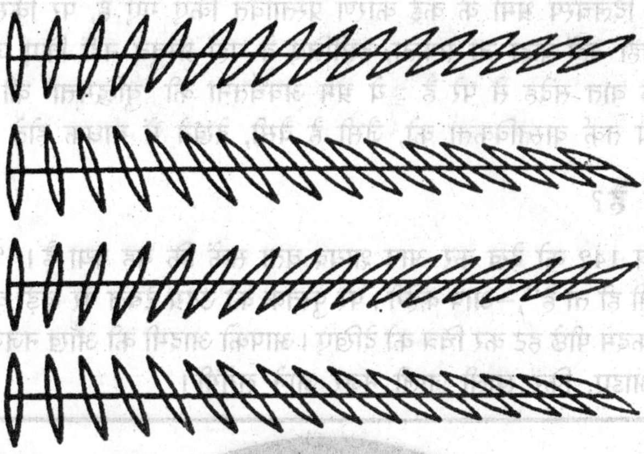

चित्र 139. पिछले चित्र के भ्रम का एक अन्य रूप।

है। उल्लेखनीय है कि विद्युत्-चिनगारी के प्रकाश में देखने पर चित्र 137, 138, 139 के भ्रम लुप्त हो जाते हैं। स्पष्ट है कि इन भ्रमों का संबंध दृष्टि घुमाने के साथ है : चिनगारी के क्षणिक प्रकाश में आँखें इधर-उधर घूमने में सफल नहीं हो पातीं।

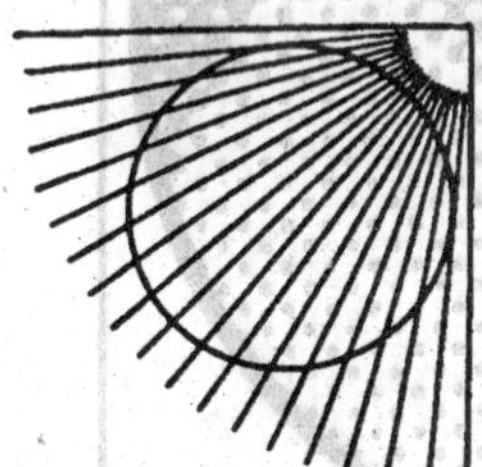

चित्र 140. क्या वह वृत्त है?

चित्र 141. 'चुरुट' का भ्रम। दाईं लकीरें बाईं लकीरों से छोटी प्रतीत होती हैं, पर वास्तव में वे बराबर हैं।

चित्र 141 का भ्रम भी कम दिलचस्प नहीं है : कौन सी लकीरें लंबी हैं,—बाईं ओर की या दाईं ओर की? बाईं ओर वाली लंबी लगती हैं, यद्यपि सभी बराबर हैं।[1] इसका नाम 'चुरुट का भ्रम' रखा गया है।

1. यह चित्र कावालियेरी के ज्यामितीय नियम को दर्शाता है, जिसके अनुसार 'चूरुट' के बाएँ और दाएँ भागों के क्षेत्रफल समान हैं।

इन दिलचस्प भ्रमों के कई कारण प्रस्तावित किए गए हैं, पर किसी को भी बिल्कुल सही नहीं कहा जा सकता; इसीलिए वे यहाँ प्रस्तुत नहीं किए जा रहे हैं। केवल एक बात संदेह से परे है : ये भ्रम अवचेतना की 'बुद्धिमत्ता' की उपज हैं; उसके अंधे तर्क वास्तविकता को, जैसी है वैसी, देखने में बाधक होते हैं।

यह क्या है?

चित्र 142 को देख कर आप शायद बता सकें कि यह क्या है। "सिर्फ एक काली जाली ही तो है",–आप कहेंगे। पर पुस्तक को उदग्र टेबल पर खड़ी कर दीजिए और 3-4 कदम पीछे हट कर चित्र को देखिए। आपको आदमी की आँख नजर आएगी। नजदीक आइए, फिर खाली जाली नजर आने लगेगी।

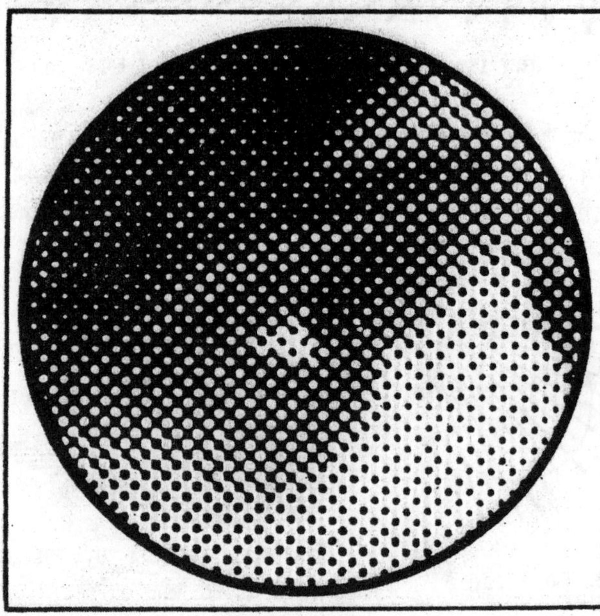

चित्र 142. दूर से इस जाली को देखने पर आपको इसमें दाईं ओर मुँह किए एक लड़की के पार्श्व-चित्र का एक अंश (एक आँख और नाक का कुछ भाग) दृष्टिगोचर होगा।

आप सोचते होंगे कि यह किसी प्रवीण चित्रकार का कमाल है। पर यह सिर्फ उस भ्रम का उदाहरण है, जिसके चक्कर में हम अक्सर अर्द्धछाया चित्र देखते वक्त पड़ जाया करते हैं। पुस्तकों या पत्रिकाओं में चित्र का परिप्रेक्ष्य सतत सा प्रतीत होता है, पर यदि आप विशालक शीशे से देखेंगे, तो आपको बिंदु-बिंदु अलग नजर

आने लगेंगे; आपके सामने चित्र 142 की भाँति ही एक जाली होगी। यह चित्र ऐसे ही एक अर्द्धछाया चित्र का दस गुना बड़ा किया हुआ एक भाग है। जब जाली काफी महीन होती है, तो वह नजदीक से ही सतत रंग में रंगी होती है। जाली के छेद बड़े होने पर उन्हें दूर से देखना पड़ता है। पाठकों को इसका कारण समझने में कठिनाई नहीं होगी, यदि वे दृष्टि-कोण के बारे में कही गई बातों को स्मरण करेंगे।

असाधारण चक्के

क्या आपको कभी बाड़े के छेदों से (या सिनेमा में) तेज दौड़ती मोटर-कार या बग्गी के चक्कों को देखने का मौका मिला है? शायद आपने एक विचित्र बात पर ध्यान दिया हो : कार तेज गति से दौड़ती है, पर चक्का मुश्किल से घूमता नजर आता है, या बिल्कुल रुका हुआ लगता है। कभी-कभी वह उल्टी दिशा में घूमता नजर आने लगता है!

चित्र 143. सिनेमा के पर्दे पर चक्कों की अजीब गति का रहस्य।

यह भ्रम इतना असाधारण है कि पहली बार देखने वाले बिल्कुल ही चकरा जाते हैं।

कारण निम्न है। बाड़े के छेदों से हम चक्के को लगातार नहीं देखते। यह कभी छिप जाता है, तो कभी दिखने लगता है। सिनेमा में भी हम चक्के को लगातार नहीं देखते, अलग-अलग चित्रों में देखते हैं (एक सेकेंड में 24 चित्रों की गति से)।

अतः यहाँ तीन बातें हो सकती हैं, जिन्हें हम अभी एक-एक कर देखेंगे।

प्रथमतः, हो सकता है कि चक्का जितनी देर आँखों से ओझल रहता है, उतनी देर में वह किसी पूर्ण संख्या तक चक्कर काट लेता है,—कोई फर्क नहीं पड़ता कि एक चक्कर या बीस चक्कर। सिर्फ चक्कर पूरे होने चाहिए। तब नए चित्र में चक्के की वही स्थिति होगी, जो पिछले में थी। इससे हम निष्कर्ष निकालते हैं कि वह घूम नहीं रहा है (चित्र 143 में बीच वाला स्तंभ)।

दूसरी स्थिति : चक्का हर बार जब ओझल होता है, वह पूरी संख्या में चक्कर

लगा चुकने के बाद थोड़ा और आगे घूम जाता है। ऐसे चित्रों को क्रम से देखने पर हम पूरे चक्करों का अंदाज नहीं लगा पाते और हमें प्रतीत होता है कि चक्का बहुत धीरे-धीरे घूम रहा है (हर बार वह थोड़ा ही घूमा हुआ दिखता है)।

तीसरी स्थिति : आँख से ओझल होने के अंतराल में चक्का पूरे चक्करों के अतिरिक्त आधा घूम जाता है (जैसे चित्र 143 के तीसरे स्तंभ में 315^0 पर)। इस हालत में पिछले चित्र से तुलना करने पर लगेगा कि चक्का थोड़ा पीछे घूम गया है। यह भ्रम तब तक जारी रहेगा, जब तक चक्के की घूर्णन-गति बदल नहीं जाती।

अब ऊपर की व्याख्या में चंद और छोटी-मोटी बातें जोड़नी रह जाती हैं। पहली स्थिति में हमने सरलता के लिए कह दिया था कि चक्के चक्कर पूरा करने में सफल हो जाते हैं; पर चूँकि चक्के की तीलियाँ एक जैसी हैं, इसलिए काफी रहेगा, यदि चक्का तीलियों के **बीच के कोण** की किसी पूर्ण संख्या जितना बड़ा कोण बनाता हुआ घूम जाए।

यही बात अन्य स्थितियों के साथ भी होगी।

कुछ दूसरी विलक्षणताएँ भी संभव हैं। यदि चक्के की किनारी पर कोई निशान लगा हो, तो कभी ऐसा भी लग सकता है कि निशान एक दिशा में घूम रहा हो और तीलियाँ **दूसरी दिशा में!** यदि निशान किसी तीली पर है, तो तीलियाँ निशान के विपरीत घूम सकती हैं; निशान तीलियों पर दौड़ता सा प्रतीत होगा।

जब सिनेमा में साधारण दृश्य दिखाए जाते हैं, तो इस भ्रम से कोई फर्क नहीं पड़ता। पर यदि पर्दे पर किसी यंत्र का कार्य समझाया जा रहा हो, तो इस भ्रम के कारण यंत्र के कार्य के बारे में गलत धारणा भी बन सकती है। ध्यानपूर्वक देखने वाले दर्शक पर्दे पर स्थिर प्रतीत होने वाले चक्कों की तीलियाँ गिन कर कुछ हद तक उनकी घूर्णन-गति का वेग ज्ञात कर ले सकते हैं। सिनेमा में अक्सर प्रति सेकेंड 24 चित्र दिखाए जाते हैं। यदि तीलियों की संख्या 12 है, तो प्रति सेकेंड चक्करों की संख्या 24.12, अर्थात् 2, या आधे सेकेंड में एक पूरा चक्कर। यह चक्करों की न्यूनतम संख्या है। अन्य संख्याएँ भी संभव हैं; वे इस संख्या से किसी पूर्णांक संख्या गुनी अधिक हो सकती है (जैसे दुगुनी, तिगुनी, चौगुनी आदि)। चक्के के व्यास का अंदाज लगा कर आप उसका वेग भी लगभग मानों में निर्धारित कर सकते हैं। यदि चक्के का व्यास 8 cm

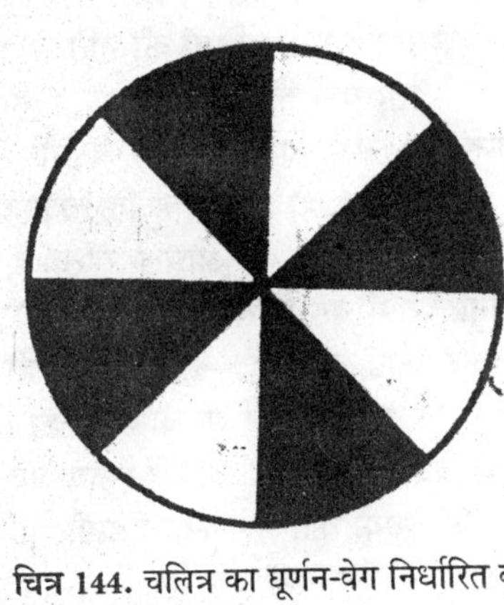

चित्र 144. चलित्र का घूर्णन-वेग निर्धारित कर ने लिए चक्रिका।

है, तो हमारी स्थिति में कार का वेग 18 km/h (या 36 km/h, या 54 km/h, आदि) हो सकता है।

ऊपर बताए गए भ्रम की सहायता से प्रविधि में तेजी के साथ घूमते चक्के की घूर्णन-संख्या ज्ञात की जाती है। विधि निम्न बातों पर आधारित है। परिवर्ती विद्युत्-धारा से जलते बल्ब की प्रकाश-शक्ति स्थिर नहीं रहती : वह सेकेंड के हर शतांश में धीमी पड़ जाती है। साधारण परिस्थितियों में हम इसे नहीं देखते। पर मान लीजिए कि ऐसे बल्ब से चित्र 144 में दिखाया गया चक्का प्रकाशित किया जा रहा है। यदि चक्का सेकेंड के हर शतांश में 1/4 चक्कर लगाता है, तो हमें चक्का समरूप भूरे की जगह काले-सफेद वृत्त खंडों में बँटा हुआ लगेगा, मानों वह बिल्कुल स्थिर हो।

प्रविधि में 'काल-सूक्ष्मदर्शी'

'मनोरंजक भौतिकी' की प्रथम पुस्तक में 'काल विशालक' का वर्णन किया गया था, जिसका आधार सिनेमा का कैमरा था। वैसा ही प्रभाव एक अन्य विधि से भी प्राप्त किया जा सकता है, जिसका आधार पिछले निबंध में बताई गई बातें हैं।

हम जान चुके हैं कि 25 चक्कर प्रति सेकेंड के वेग से घूर्णनरत काले-सफेद वृत्तखंडों वाला चक्का (चित्र-1 44) प्रति सेकेंड 100 कौंधे देने वाले बल्ब के प्रकाश में स्थिर प्रतीत होता है। अब मान लें कि प्रति सेकेंड कौंधों की संख्या बढ़ कर 101 हो जाती है। ऐसे दो कौंधों के बीच के समय में चक्का पहले की तरह चौथाई चक्कर पूरा नहीं कर सकेगा और इसका मतलब है कि वृत्त-खंड अपना अनुरूप स्थान नहीं ले पाएगा।

आँखें उसे परिधि के शतांश तुल्य दूरी पीछे देखेंगी। अगली कौंध में वृत्तखंड परिधि के दो शतांश तुल्य दूरी पीछे दिखेगा। हमें लगेगा कि चक्का उल्टी दिशा में घूम रहा है और एक सेकेंड में एक दूसरा चक्कर लगा रहा है। गति 25 गुनी कम लगती है।

आप समझ गए होंगे कि उल्टी दिशा की बजाय सीधी दिशा में चक्के का घूर्णन कैसे मंद किया जा सकता है। इसके लिए कौंधों की प्रति सेकेंड संख्या बढ़ानी नहीं **घटानी** होगी। उदाहरणार्थ, प्रति सेकेंड 99 कौंधों वाले प्रकाश में चक्का सीधी दिशा में एक चक्कर प्रति सेकेंड की दर से घूमता नजर आएगा।

यह 'काल-सूक्ष्मदर्शी' होगा, जो गति को 25 गुना मंद करके दिखाता है। मंदन और भी अधिक हो सकता है यदि कौंधों की संख्या 10 सेकेंड में 999 (अर्थात् प्रति सेकेंड 99.9) कर दी जाए, तो चक्का 10 सेकेंड में 1 चक्कर लगाता नजर आएगा। गति 250 गुनी मंद हो जाती है।

उपरोक्त विधि से किसी भी क्षिप्र आवर्ती गति को आँखों के लिए इष्ट सीमा तक मंद किया जा सकता है। क्षिप्र यंत्रों की गति-विशेषताओं का अध्ययन करने में इससे काफी सुविधा होती है, क्योंकि ऐसे 'काल-सूक्ष्मदर्शी, से गति को सौ गुना, हजार गुना अधिक जितना मंदन किया जा सकता है।[1]

अंत में बंदूक की गोली का वेग नापने के लिए एक विधि का वर्णन करते हैं, जो चक्के की घूर्णन-संख्या को शुद्धता के साथ निर्धारित करने की संभावना पर आधारित है। क्षिप्र घूर्णन वाले बेलन पर गत्ते की चकती बैठा देते हैं। चकती काले-सफेद वृत्त-खंडों

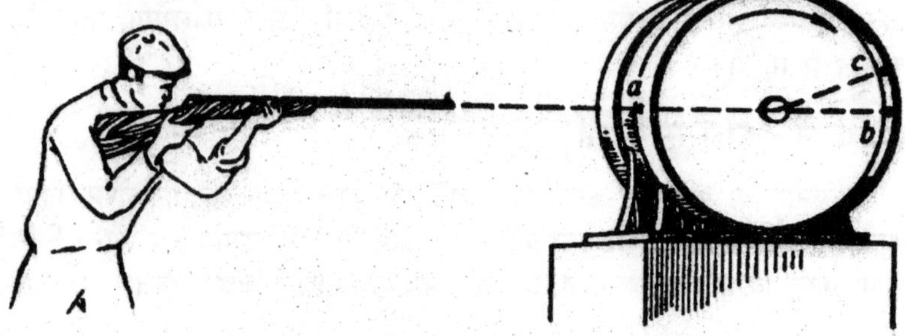

चित्र 145. गोली का वेग ज्ञात करना।

में बँटी होती है और उसकी किनारी इस प्रकार मुड़ी होती है कि वह बेलनाकार खुले बरतन जैसी लगती है (चित्र 145)। बंदूकधारी इससे व्यास के अनुतीर निशाना लगाता है, जिससे गोली बरतन की दीवार में दो जगह छेद कर देती है। यदि बरतन स्थिर होता, तो दोनों छेद एक ही व्यास के दोनों सिरों पर होते। लेकिन बरतन को घूर्णन-गति दी गई है, इसलिए जब तक गोली एक किनारी से दूसरी किनारी तक पहुँचती है, बरतन थोड़ा घूम चुका होता है। फलतः दूसरा छेद a की बजाय c पर बनता है। बरतन की घूर्णन-संख्या, उसका व्यास और चाप bc नाप कर गोली का वेग ज्ञात किया जा सकता है। यह एक सरल ज्यामितीय समस्या है, जिसे थोड़ा बहुत गणित का ज्ञान रखने वाले पाठक भी हल कर ले सकते हैं।

निपकोव-चक्र

दृष्टि-भ्रम के प्राविधिक उपयोग का एक सुंदर उदाहरण तथाकथित 'निपकोव चक्र'

1. क्षिप्रपरिवर्ती प्रक्रियाओं की आवृत्ति नापने के लिए व्यवहत उपकरण—आवर्तदर्शी (स्ट्रोबोस्कोप) के मूल में यही नियम है। आवर्तदर्शियों से अत्यंत शुद्ध मापें मिल सकती हैं (उदाहरणार्थ, एलेक्ट्रोनी आवर्तदर्शी से सिर्फ 0.001% की अशुद्धि मिलती है।—संपादक

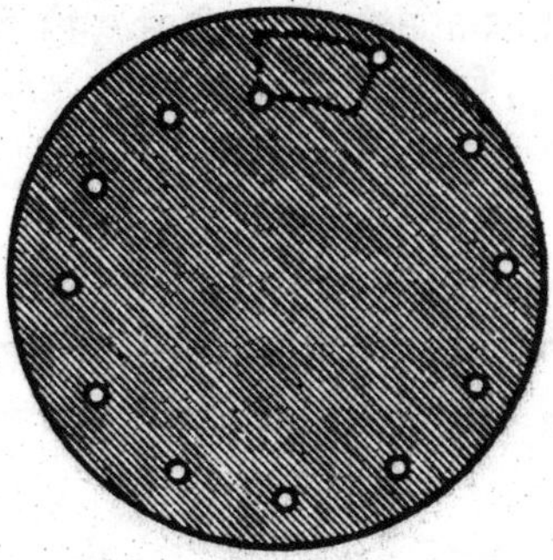

चित्र 146.

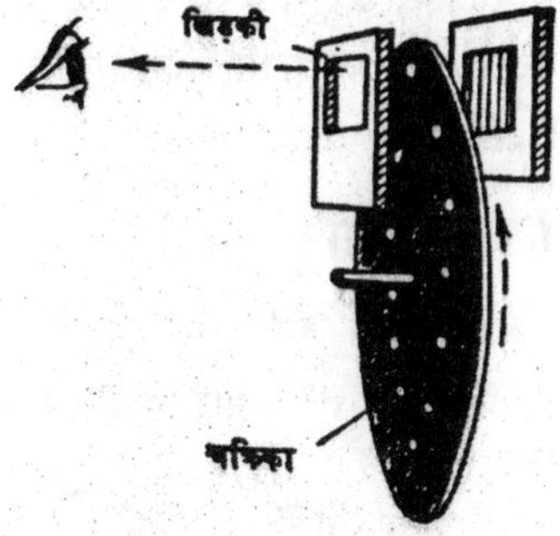

चित्र 147.

है। इसका उपयोग प्रथम टेलिविजनों में हुआ करता था। चित्र 146 में आप वृत्त देखते हैं। छेद एक सर्पिल रेखा पर समरूपता से बनाए गए हैं। हर छेद अपने पड़ोस की तुलना में केंद्र से 2 mm निकट हैं। ऐसे चक्र से कोई विशेष उम्मीद नहीं की जा सकती। पर आप इसे चित्र 147 की भाँति एक उदग्र खिड़की और चित्र के बीच अक्ष के सहारे नचाना शुरू कीजिए। स्थिर चक्र द्वारा छिपा हुआ चित्र आपको स्पष्ट नजर आने लगेगा। घूर्णन कम करें, चित्र अस्पष्ट हो जाएगा। घूर्णन बंद हो जाने पर चित्र बिल्कुल ही नहीं दिखेगा या सिर्फ उतना दिखेगा, जितना 2 mm व्यास वाले नन्हे छेद से दिख सकता है।

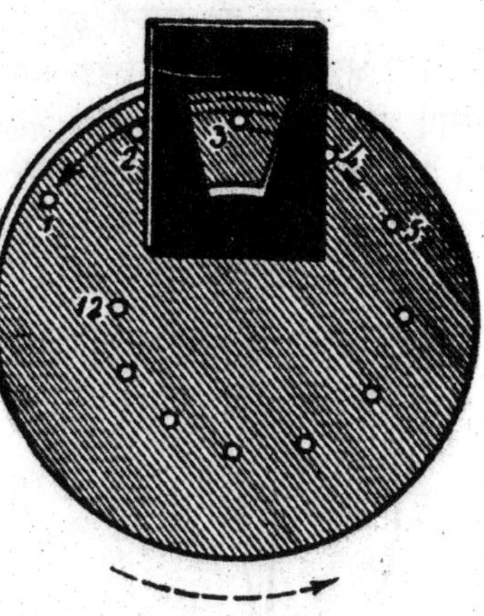

चित्र 148.

अब देखें कि इस प्रभाव का कारण क्या है। चक्र को मंद गति से घुमा कर खिड़की के समाने गुजरते छेदों को क्रम से अलग-अलग देखा जाए। केंद्र से सबसे दूर वाला छेद खिड़की की ऊपरी किनारी के समीप से गुजरता है। यदि उसकी गति बहुत तेज होगी, तो वह आपको चित्र का क्षैतिज पट्टी जितना बड़ा भाग दिखा देगा। यह चित्र का ऊपरी भाग होगा। दूसरा छेद, जो पहले से थोड़ा नीचे है, चित्र की निचली पट्टी दिखाएगा। इसी तरह सारे छेद एक-एक पट्टी करके पूरा चित्र दिखा देंगे। घूर्णन-गति तेज होने पर आपको चित्र सतत दिखता रहेगा, मानो चक्र में खिड़की के बराबर आकार वाला छेद कर दिया गया है।

निपकोव का चक्र आप स्वयं सरलतापूर्वक बना सकते हैं; तेजी से घूमने के लिए उसके अक्ष पर रस्सी लपेट लीजिए, पर छोटे से विद्युत् चलित्र का उपयोग करना बेहतर होगा।

खरहा ऐंचा क्यों?

आदमी जैसे जीव बहुत कम हैं, जिनकी दोनों आँखें किसी वस्तु को एक साथ देख सकती हैं। उसकी बाईं आँख का दृष्टि-क्षेत्र दाईं आँख के दृष्टि-क्षेत्र से थोड़ा ही भिन्न होता है।

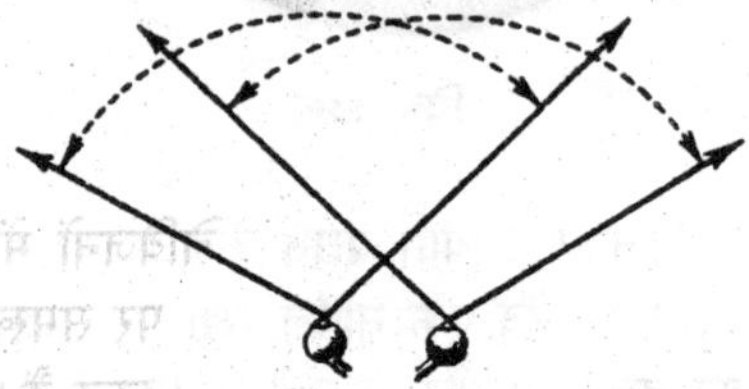

चित्र 149. आदमी की दोनों आँखों के दृश्य-क्षेत्र।

अधिकतर जीवों की दोनों आँखें अलग-अलग चीजें देखती हैं। वे वस्तु का व्योम चित्र नहीं प्राप्त करते, लेकिन हमारी तुलना में वे एक साथ कहीं अधिक बड़ा क्षेत्र देखने में समर्थ होते हैं। चित्र 149 में आदमी की आँखों के दृष्टि-क्षेत्र दिखाए गए हैं : हर आँख क्षैतिज दिशा में 120^0 के कोण की सीमा में देख सकती है और दोनों आँखों में दृष्टि-क्षेत्र लगभग एक ही हैं (यदि आँखें स्थिर हों)।

इस आरेख की तुलना अब चित्र 150 के साथ करें; एक खरहे की आँखों का दृष्टि-क्षेत्र दिखाता है। खरहा बिना सर घुमाए सिर्फ आगे की ही नहीं, **पीछे की वस्तुएँ** भी देख सकता है। दोनों आँखों के दृष्टि-क्षेत्र उसके आगे और पीछे मिलते हैं। अब आप समझते होंगे कि खरहे को बिना डराए उसके पास पीछे से छिप कर

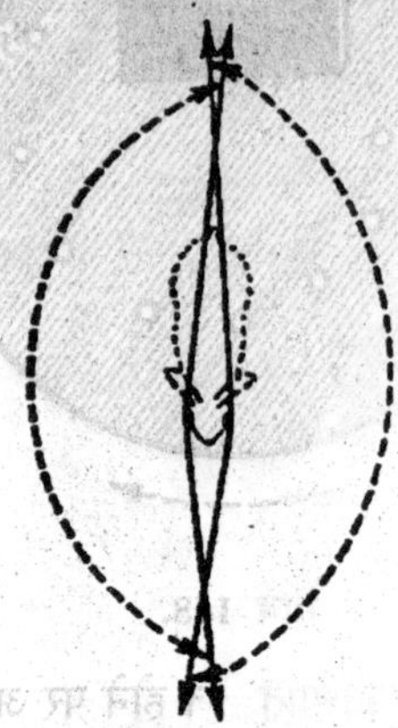

चित्र 150. खरगोश की दोनों आँखों के दृश्य-क्षेत्र।

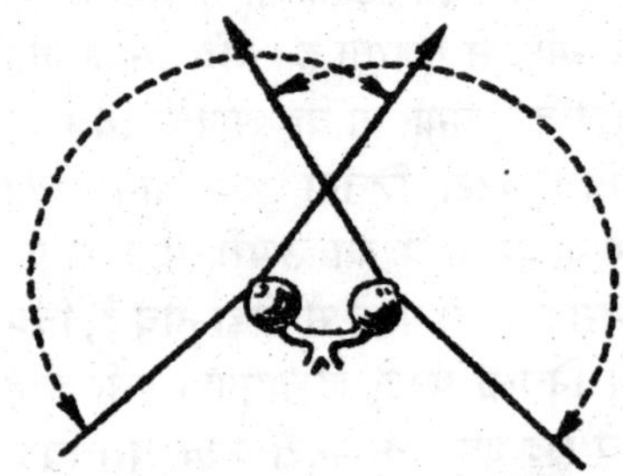

चित्र 151. घोड़े की दोनों आँखों के दृश्य-क्षेत्र।

पहुँचना कठिन क्यों होता है। पर, जैसा कि आरेख से स्पष्ट है, खरहा अपनी नाक के पास की चीज नहीं देख पाता, इसके लिए उसे सर घुमाना पड़ता है।

खुर वाले लगभग सभी जीवों की दृष्टि ऐसी ही 'सर्वमुखी' होती है। चित्र 151 में घोड़े के दृष्टि-क्षेत्रों की स्थितियाँ दिखाई गई हैं : पीछे की ओर वे नहीं मिलते अतः पीछे क्या है, यह देखने के लिए उसे सिर घुमाना पड़ता है। वस्तुओं का बिंब इन जीवों के लिए स्पष्ट नहीं होता, पर चारों ओर दूर तक की हल्की गतिविधियाँ भी उनकी निगाह से नहीं छिपतीं। फुर्तीले हिंसक पशु जिन्हें आक्रामक की भूमिका निभानी पड़ती है, अपने चारों ओर नहीं देख पाते; उनकी दृष्टि 'दो आँखों वाली' होती है, जिसके कारण वे दूरी का सही-सही अंदाज लगा पाते हैं। यदि ऐसा नहीं होता, तो अपने शिकार पर छलांग लगाने में उनसे अक्सर चूक होती रहती।

अँधेरे में सभी बिल्लियाँ भूरी क्यों?

भौतिकविद् कहता है कि "अँधेरे में सभी बिल्लियाँ काली लगती हैं", क्योंकि प्रकाश की अनुपस्थिति में चीजें दिखाई ही नहीं देतीं। पर कहावत का संबंध पूर्ण अँधेरे से नहीं, अत्यंत क्षीण प्रकाश से है। कहावत सही रूप में इस प्रकार है : अँधेरे में सभी बिल्लियाँ भूरी होती हैं। कहावत का मूल अर्थ यह है कि कम प्रकाश में आँखें रंग-भेद नहीं बता सकतीं, हर सतह भूरी प्रतीत होती है।

कहाँ तक सच है यह? क्या सचमुच ही कम अँधेरे में लाल झंडा और हरा पत्ता एक जैसे भूरे लगते हैं? इन कथनों की सत्यता आसानी से जाँची जा सकती है। जिन्हें झुटपुटी शाम में रंगों को देखने की कोशिश की होगी, वे बता सकते है। कि इस स्थिति में रंग-भेद लुप्त हो जाते हैं और हर चीज गाढ़ी भूरी लगती है।

चेखव के 'पत्र' में आप पढ़ सकते हैं : "पर्दे के कारण यहाँ सूर्य-किरणें नहीं आ रही थीं; कमरे में झुटपुट अँधेरा था, इसलिए बड़े से गुलदस्ते में सभी गुलाब एक रंग के प्रतीत हो रहे थे।"

भौतिकीय प्रयोग भी इस अवलोकन की सत्यता को सिद्ध करते हैं। यदि रंगीन सतह पर क्षीण श्वेत प्रकाश डाला जाए (या सफेद सतह पर रंगीन प्रकाश डाला जाए और प्रकाश की शक्ति धीरे-धीरे बढ़ाई जाए, तो शुरू-शुरू में सिर्फ भूरा रंग दिखाई देगा। जब प्रकाश की शक्ति एक नियत सीमा तक पहुँचती है, आँखों को रंग की अनुभूति मिलनी शुरू होती है। प्रकाश की यह शक्ति 'वर्ण संवेदना की निचली सीमा' कहलाती है।

इस प्रकार, कहावत (जो अनेक भाषाओं में मिल सकती है) का शाब्दिक और सही अर्थ यह है कि वर्ण-संवेदना की सीमा से नीचे सभी वस्तुएँ भूरी लगती हैं।

ज्ञात हुआ कि वर्ण-संवेदना की ऊपरी सीमा भी है। काफी तीव्र प्रकाश में आँखें रंग-भेद करने में असमर्थ होती हैं : सभी रंगीन सतहें समान रूप से श्वेत लगती हैं।

अध्याय 10

ध्वनि, लहरदार गति

ध्वनि व रेडियो-तरंगें

ध्वनि प्रकाश की तुलना में करीब दस लाख गुनी मंद गति से प्रसारित होती है; और चूँकि रेडियो-तरंगों और प्रकाश के वेग समान हैं, इसलिए ध्वनि रेडियो-संकेत से दस लाख गुना मंद वेग से चलती है। इससे एक दिलचस्प निष्कर्ष निकलता है, जिसका सार निम्न प्रश्न से स्पष्ट हो सकता है : संगीत-कक्ष में पियानो की प्रथम ध्वनि किसे पहले सुनाई देगी—पियानो से 10 m की दूरी पर बैठे श्रोता को, या 100 किलोमीटर दूर स्थित रेडियो के पास बैठे व्यक्ति को (रेडियो पर वही प्रोग्राम सीधे संगीत कक्ष से प्रसारित हो रहा है)?

बात कितनी भी विचित्र क्यों न हो, रेडियो सुनने वाला व्यक्ति पियानो की आवाज संगीत-कक्ष के श्रोता से पहले सुन लेगा, यद्यपि यह वाद्य-यंत्र से 10 000 गुना अधिक दूर बैठा है। रेडियो-तरंगें 100 मिलोमीटर की दूरी तय करने में समय लगाती हैं।

$$\frac{100}{300\,000} = \frac{1}{3\,000} \text{ सेकेंड।}$$

ध्वनि 10 मीटर की दूरी तय करती है

$$\frac{10}{340} = \frac{1}{34} \text{ सेकेंड में।}$$

इससे स्पष्ट है कि रेडियो प्रसारण द्वारा ध्वनि को भेजने में करीब सौ गुना कम समय लगता है, की तुलना ध्वनि को हवा के माध्यम से भेजने में।

ध्वनि और बंदूक की गोली

जब जूल वेर्न के यात्री गोले में बैठ कर तोप से छुटे, तो वे इस बात पर विस्मित थे कि इतनी बड़ी तोप दागे जाने की कोई आवाज उनके कानों तक नहीं पहुँची। पहुँचती भी नहीं। आवाज कितनी भी जोरदार क्यों न हो, उसके प्रसारण का वेग (हवा में किसी भी ध्वनि की तरह) सिर्फ 340 m/s के बराबर होता है। पर गोले का वेग था 11000 mm। स्पष्ट है कि तोप दागने की आवाज यात्रियों तक नहीं पहुँचेगी : गोला ध्वनि से आगे निकल जाएगा।[1]

तोप के गोले और बंदूक की गोलियाँ वास्तविकता में कितनी तेज चल सकती हैं : ध्वनि से तेज चलती हैं या उनकी आवाज उनसे आगे निकल कर शिकार को सावधान कर देती है?

आधुनिक बंदूक की गोली ध्वनि से तिगुनी तेज चलती है, अर्थात् उनका वेग होता है 900 m/s (और ध्वनि का वेग 0^0 पर 322 m/s)। यह बात और है कि ध्वनि समरूप गति से चलती रहती है और गोली का वेग घटने लगता है। पर अपने पथ का अधिकांश भाग गोली ध्वनि से तेज चलती हुई तय करती है। इससे सीधा निष्कर्ष यह निकलता है कि यदि गोली चलने पर आपको उसकी आवाज सुनाई देती है, तो इसका मतलब है कि घबराने की कोई बात नहीं है : गोली आपको नहीं लगी है। गोली बंदूक की आवाज से आगे चली जाती है और यदि वह किसी को लगती है, तो वह पीछे से आती आवाज को सुन सकने से पहले ही मृत हो जाएगा।

मिथ्या विस्फोट

उड़ते हुए पिंड और उसके द्वारा उत्पन्न ध्वनि के वेगों में अंतर होने के कारण हम कभी-कभी गलत निष्कर्षों पर पहुँच जाते हैं, जिनका वास्तविकता के साथ कोई मेल नहीं होता।

इसका एक रोचक उदाहरण है उल्का (या तोप का गोला), जो हमारे ठीक सिर के ऊपर से काफी ऊँचाई पर उड़ती हुई निकलती है। उल्काएँ बाह्य अंतरिक्ष से हमारे वातावरण में घुस आती हैं। उनका वेग काफी बड़ा होता है। हवा के प्रतिरोध से कम होते-होते भी उसका वेग ध्वनि के वेग से दसियों गुना अधिक रह जाता है।

हवा को चीरती हुई वे अक्सर शोर करती हैं, जो बादल गरजने की याद दिलाता है। मान लें कि हम बिंदु C पर खड़े हैं (चित्र 152) और ठीक हमारे ऊपर से AB रेखा पर एक उल्का जा रही है। उल्का द्वारा बिंदु A से भेजी गई ध्वनि हम तक

---

1. अनेक आधुनिक विमान ध्वनि के वेग से काफी तेज चलते हैं।—संपादक

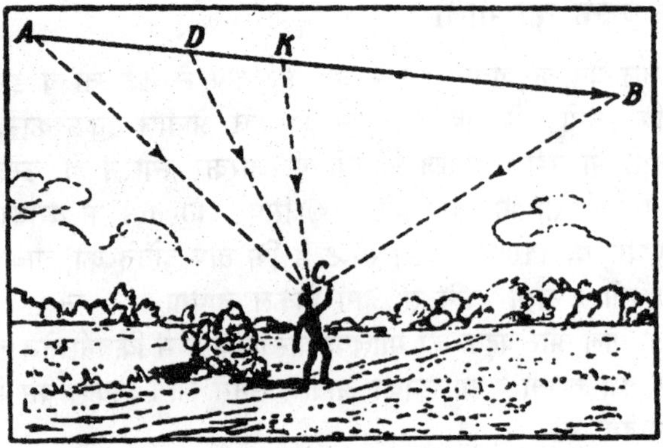

चित्र 152. विस्फोट से उल्का के टुकड़े होने का भ्रम

(अर्थात् C तक) तब पहुँचती है, जब स्वयं उल्का बिंदु B पर पहुँच चुकी होती है। चूँकि उल्का काफी तेज भाग रही है, वह हम तक A वाली ध्वनि पहुँचने के पहले D से ध्वनि भेज देती है। इसलिए हम D बिंदु से आती ध्वनि पहले सुनते हैं और A वाली ध्वनि बाद में। और चूँकि B बिंदु से चलने वाली ध्वनि भी हम D वाली के बाद सुनते हैं, तो हमारे सिर के ऊपर एक बिंदु K होना चाहिए, जहाँ से उल्का की ध्वनि हमें सबसे पहले सुनाई दे जाती है। गणित के प्रेमी इस बिंदु की स्थिति कलन द्वारा निर्धारित कर सकते हैं, यदि उल्का और ध्वनि के वेगों का अनुपात ज्ञात हो जाए।

परिणाम यह होता है : जो हम सुनेंगे और जो देखेंगे, उनका आपस में कोई मेल नहीं बैठेगा। आँखों के लिए उल्का सर्वप्रथम बिंदु A पर होगी और वह रेखा AB पर अग्रसर होती। लेकिन कान के लिए वह सर्वप्रथम हमारे सिर के ऊपर कहीं K पर होगी और इसके बाद हमें एक ही समय में दो ध्वनियाँ सुनाई देंगी, जो विपरीत दिशाओं में लुप्त होती प्रतीत होगी—K से A की ओर और K से B की ओर। दूसरे शब्दों में, हमें सुनाई देगा कि उल्का मानो दो भागों में टूट गई और हर भाग विपरीत दिशा में अग्रसर हो गया। यह विस्फोट नहीं हुआ है। और यह दिखाता है कि ध्वनि संवेदनाएँ कितनी भ्रामक हो सकती हैं। बिल्कुल संभव है कि उल्का के विस्फोट की आँखों देखी कहानियाँ सुनाने वाले लोग ऐसे श्रवण-भ्रम का ही शिकार रहे हों।

यदि ध्वनि-वेग घट जाए...

यदि ध्वनि हवा में 340 m/s के वेग से नहीं, बल्कि इससे काफी कम वेग से प्रसारित होने लगे, तो श्रवण-भ्रमों की घटनाएँ अधिक घटतीं।

कल्पना करें कि ध्वनि एक सेकेंड में 340 m नहीं, 340 mm तय करती

है, अर्थात् वह पैदल-यात्री से भी सुस्त चलती है। आप आराम-कुर्सी में बैठे अपने मित्र की कहानी सुन रहे हैं, जिसे बोलते वक्त चहल-कदमी करने की आदत है। साधारण परिस्थितियों में यह चहल-कदमी आपको कहानी सुनने में बाधा पहुँचाती, पर ध्वनि का वेग कम हो जाने पर आप अपने मित्र की बातें बिल्कुल नहीं समझेंगे : पहले उच्चरित स्वर (जब मित्र आपसे दूर था) आपके कानों तक देर से पहुँचेंगे और बाद में उच्चरित स्वर (जब मित्र आपके निकट था) आप पहले सुन लेंगे। सारे स्वर आप तक उल्टे क्रम से पहुँचा करेंगे। इसमें से सिर्फ चंद शब्द आप समझ सकेंगे, जिनके लिए उल्टा-सीधा एक समान होता है, जैसे :

'नवजीवन'।

सबसे मंद वार्त्ता

पर यदि आप सोचते हैं कि हवा में ध्वनि का वास्तविक वेग—तिहाई किलोमीटर प्रति सेकेंड—हर स्थिति के लिए पर्याप्त है, तो आपको अपना विचार बदलना पड़ेगा।

मान लीजिए कि मास्को और लेनिनग्राद को टेलीफोन के बजाय बातचीत करने वाली साधारण टोंटी से जोड़ा गया है, जिसे पहले बड़ी दूकानों से अलग-अलग कमरों को जोड़ने के लिए इस्तेमाल किया जाता था (या जिसे जहाजों में मशीनकक्ष से बात-चीत करने के लिए इस्तेमाल किया जाता था)। मान लीजिए कि आप इस 650 km लंबी नली के लेनिनग्राद वाले सिरे के पास खड़े हैं और आपका मित्र मास्को वाले सिरे के पास खड़ा है। आप कुछ पूछते हैं और उत्तर की प्रतीक्षा करते हैं। पाँच मिनट बीत जाते हैं, दस मिनट, पंद्रह मिनट..., उत्तर नहीं आ रहा है। आप चिंतित हो जाते हैं; आप सोचते हैं कि आपके मित्र के साथ कोई दुर्घटना हो गई है। पर डरने की कोई बात नहीं है : आपका प्रश्न **अभी मास्को तक पहुँचा नहीं है;** वह बोल रास्ते में ही हैं। जब तक आपका मित्र आपकी आवाज सुनेगा और उत्तर देने के लिए तैयार होगा, 15 मिनट और बीत जाएँगे। लेकिन उत्तर को मास्को से लेनिनग्राद आने में भी आधे घंटे से कम नहीं लगेगा। इस प्रकार आप उत्तर सिर्फ एक घंटे बाद सुन सकेंगे।

आप हिसाब करके देख सकते हैं : लेनिनग्राद से मास्को की दूरी 650 km है; ध्वनि पर सेकेंड में 1/3 km चलती है; अतः मंजिल तक पहुँचने में उसे 2160 सेकेंड या 35 मिनट से कुछ अधिक लगेंगे। इन परिस्थितियों में आप सुबह से शाम तक में दस वाक्यों से अधिक का आदान-प्रदान शायद ही कर सकेंगे।[1]

---

1. लेखक इस बात को ध्यान में नहीं रख रहे कि दूरी के साथ-साथ ध्वनि-कंपन बिल्कुल बुझ जाएगा। इसके कारण बातचीत बिल्कुल असंभव हो जाएगी, आपका प्रश्न आपके मित्र तक पहुँचेगा ही नहीं।—संपादक।

क्षिप्रतम पथ

एक जमाना था जब खबर भेजने की यह विधि भी क्षिप्र मानी जाती थी। सौ साल पहले विद्युत् टेलीग्राफ या टेलीफोन की किसी ने कल्पना भी नहीं की होती और 650 km की दूरी पर कुछेक घंटे में समाचार भेजना शीघ्रता का आदर्श उदाहरण होता।

कहते हैं कि जार पावेल-I के राजतिलक शुरू होने की सूचना मास्को से लेनिनग्राद भेजने के लिए निम्न विधि अपनाई गई थी। दोनों राजधानियों के बीच दो-दो सौ मीटर की दूरी पर सैनिक तैनात किए गए थे। गिरजे की प्रथम घंटी की आवाज सुनते ही निकटतम सैनिक ने हवा में गोली दाग दी। यह आवाज सुनते ही उसके बाद वाले सैनिक ने गोली दागी, इसके बाद तीसरे सैनिक ने,—और इसी प्रकार राजतिलक के आरंभ होने का संकेत लेनिनग्राद (उस समय पिटरबुर्ग) तक सिर्फ तीन घंटों में पहुँच गया। मास्को में घंटी की प्रथम ध्वनि के, ठीक तीन घंटे बाद 650 km दूर लेनिनग्राद के पेत्रो-पाव्लोव्स्क किले में भी तोप दागने की आवाज सुनाई देने लगी।

यदि मास्को के घड़ी-घंटों की आवाज उत्तरीय राजधानी लेनिनग्राद में सुनी जा सकती, तो जैसा कि हम देख चुके हैं, सिर्फ आधे घंटे बाद सुनी जाती। इसका मतलब है कि तीन घंटों में से ढाई घंटे सिर्फ इस बात में खर्च हुए कि सैनिक पिछले सैनिक द्वारा दागी गई बंदूक की आवाज ग्रहण करता था और अपनी बंदूक दागने के लिए आवश्यक कार्य संपन्न करता था। इतना सा काम समय के बहुत नन्हे अंतराल में हो जाता है, पर ऐसे अनेक अंतराल मिल कर 2 ½ घंटे में परिणत हो गए थे।

पुराने जमाने में प्रयुक्त प्रकाशीय टेलीग्राफ भी इसी तरह का होता था : इसमें पिछले स्टेशन से प्रकाशीय संकेत पा कर वैसा ही संकेत अगले स्टेशन पर भेजा जाता था। संकेत इसी तरह एक के बाद एक स्टेशन तय करता हुआ मंजिल तक पहुँचता था। प्रकाश संकेत द्वारा खबर भेजने की विधि का उपयोग जार के जमाने में क्रांतिकारी लोग भी करते थे। यदि कहीं पर उनकी गुप्त बैठक होती थी, तो बैठक के स्थान से पुलिस-स्टेशन तक थोड़ी दूर पर अन्य क्रांतिकारी छिपे रहते थे। पुलिस-चौकी में कोई चहल-पहल दिखते ही निकटतम क्रांतिकारी टार्च जला कर अगले को सचेत कर देता था।

नगाड़े से टेलीग्राफ

अफ्रीका, मध्य अमेरिका और पोलीनेशिया की आदिवासी जातियों के बीच ध्वनि-संकेतों द्वारा खबर भेजने की प्रथा आज भी प्रचलित है। इसके लिए विशेष नगाड़ों का उपयोग किया जाता है। इनकी मदद से ध्वनि संकेतों को विशाल दूरियों

तक भेजा जा सकता है : एक जगह पर सुने गए संकेत दूसरी जगह दुहराए जाते हैं और इसी तरह से आगे पहुँचते रहते हैं। इस विधि से कोई भी महत्त्वपूर्ण खबर छोटे अंतराल में काफी बड़े भूभाग पर फैलाई जा सकती है (चित्र 153)

चित्र 153. फीजी द्वीप का आदिवासी नगाड़े के 'टेलीग्राम' द्वारा वार्तालाप में मशगूल है।

इटली और अबिसीनिया के बीच होने वाले प्रथम युद्ध के दरम्यान इटालियन सेना की गति-विधियों की खबर शासक मेनेलीक को इतनी जल्द लग जाती थी कि इटालियन युद्ध-मंत्रणालय में लोग हैरत में पड़े हुए थे। उन्हें दुश्मन के मृदंगी टेलीग्राफ के बारे में कुछ भी नहीं मालूम था।

इटली के साथ अबिसीनिया के दूसरे युद्ध के आरंभ में लामबंदी की आज्ञा अदीस-अबीस से निकल कर चंद घंटों में देश के कोने-कोने तक फैल गई।

ऐंग्लो-बोइर युद्ध के समय भी यही बात देखी गई थी : काफ्र जनजाति के 'टेलीग्राफ' के उपयोग से कैपलैंड निवासियों के बीच युद्ध-समाचार असाधारण गति से फैलते थे, जबकि सरकारी संदेश-वाहकों को इसमें कई-कई दिन लग जाते थे।

अफ्रीका के यात्रियों (जैसे लेव फ्रोबेनीउस) के अनुसार कुछ अफ्रीकन जन-जातियों के पास ध्वनि संकेतों की प्रणाली इतनी पूर्ण है कि उनके 'टेलीग्राफ' को यूरोपियनों के प्रकाशीय टेलीग्राफ से (जो विद्युत् टेलीग्राफ से पूर्व था) अधिक अच्छा माना जा सकता है।

एक पत्रिका में निम्न खबर छपी थी ब्रिटिश संग्रहालय के पुरावेत्ता आर. हैसेल्डेन नाइजीरिया के मध्य में स्थित शहर इबाड में थे। नगाड़े की आवाज वहाँ दिन रात गूँजती रहती थी। एक सुबह उन्होंने ध्यान दिया कि हर जगह लोग सरगर्मी के साथ किसी चीज के बारे में बातें कर रहे हैं पूछने पर उन्हें बताया गया कि ‘‘गोरों का एक बड़ा जहाज डूब गया है; बहुत से लोगों की मृत्यु हुई है।’’ तट से यह खबर मृदंगी टेलीग्राफ से वहाँ पहुँची थी। पुरावेत्ता ने इस अफवाह पर कोई ध्यान नहीं दिया। लेकिन तीन दिन बाद उसे टेलीग्राफ मिला (लाइन खराब होने की वजह से देर हो गई थी) कि ‘‘लुजीटेन’’ डूब गया है। तब वे समझ गए कि निग्रों लोगों की खबर सही थी, और वह कैर से दूबाड पहुँची थी। सबसे आश्चर्य की बात तो यह थी कि मार्ग में कई जनजातियाँ ऐसी थीं, जो एक दूसरे की बोली बिल्कुल नहीं समझती थीं और उनमें से कइयों के बीच युद्ध चल रहा था।

ध्वनि-कुहरे और हवा से प्रतिध्वनि

ध्वनि सिर्फ कठोर बाधा से ही परावर्तित नहीं होती। प्रतिध्वनि बादल जैसी नर्म कोमल वस्तु से भी मिल सकती है। यही नहीं, बिल्कुल पारदर्शक हवा भी विशेष परिस्थितियों में ध्वनि तरंगों को परावर्तित कर सकती है। जैसे, जब हवा के इस पारदर्शक भाग की ध्वनि-चालकता बाकी हवा से किसी कारणवश भिन्न होती है। इस घटना की तुलना प्रकाशिकी के ‘पूर्ण परावर्तन’ की घटना के साथ की जा सकती है। ध्वनि अदृश्य बाधा से टकरा कर लौटती है और हमें रहस्यमयी प्रतिध्वनि सुनाई देती है, जो पता नहीं कहाँ से आती है।

यह रोचक तथ्य टिंडल को बिल्कुल संयोगवश ज्ञात हुआ था, जब वे समुद्र-तट पर ध्वनि -संकेतों के साथ प्रयोग कर रहे थे। ‘‘बिल्कुल पारदर्शक हवा से प्रतिध्वनि मिलती है,—वे लिखते हैं।—प्रतिध्वनि मानों जादू के इशारे पर किसी ध्वनि-कुहरे से फूट रही थी’’

ध्वनि-कुहरे की संज्ञा अंग्रेज भौतिकविद् ने पारदर्शक हवा के उस क्षेत्र को दी, जो ध्वनि को परावर्तित कर के ‘‘हवा से प्रतिध्वनि’’ उत्पन्न करता है। देखिए, क्या कहते हैं वे इसके बारे में :

‘‘ध्वनि-कुहरे हवा में उड़ते रहते हैं। उनका बादल, वास्तविक कुहासे आदि के साथ कोई संबंध नहीं है। पारदर्शक से पारदर्शक हवा में भी वे उपस्थित हो सकते हैं। उनसे हवाई प्रतिध्वनियाँ मिल सकती है; सामान्य मान्यता के विपरीत, वे स्वच्छतम वातावरण में भी उत्पन्न हो सकती हैं। हवाई प्रतिध्वनियों का अस्तित्व प्रयोगों तथा प्रेक्षणों से सिद्ध किया जा चुका है। वे वायु-धाराओं से भी उत्पन्न हो सकती हैं, यदि धाराएँ भिन्न तापक्रम पर हैं या उनमें आर्द्रता की मात्रा भिन्न है।’’

ध्वनि-कुहरे का अस्तित्व युद्ध-काल में अवलोकित चंद रहस्यमयी संवृत्तियों पर प्रकाश डालता है। टिंडल फ्रैंको-प्रुशियन युद्ध (1871) के साथ एक चश्मदीद गवाह

की याद प्रस्तुत करते हैं :

"तारीख 6 की सुबह पिछली सुबह की ठीक उल्टी थी। पिछले दिन कनकनी ठंड थी और कुहासा था। छः का दिन साफ व गर्म था। पिछले दिन हवा में शोर भी था। तरह-तरह की आवाजें थीं, और छः को पूर्ण नीरवता थी, जैसे लड़ाई कभी शुरू ही नहीं हुई थी। हम एक दूसरे की ओर आश्चर्य से देख रहे थे। क्या पेरिस, उसके किले और तोप, सब गायब हो गए?...मैं मोनमोराँस में पहुँचा; वहाँ से उत्तरी पेरिस का विस्तृत दृश्य देखा जा सकता था। पर यहाँ भी पूर्ण शांति थी। मुझे तीन सैनिक मिल गए; मैं उनसे बातें करने लगा। वे यह मानने के लिए तैयार थे कि संधि का उपक्रम चल रहा है, क्योंकि सुबह से गोली या बम की एक भी आवाज नहीं सुनाई दे रही है...

मैं आगे गोनेस की ओर बढ़ा। मेरे आश्चर्य का ठिकाना न रहा, जब मुझे पता चला कि जर्मन सैनिक 8 बजे सुबह से ही तड़ातड़ गोलियाँ चला रहे हैं। दक्षिण हिस्से में भी बमबाजी करीब आठ बजे ही शुरू हो गई थी। लेकिन मोनमोराँस की कोई आवाज नहीं आ रही थी। यह सब हवा पर निर्भर करता था : आज हवा ध्वनि को प्रसारित नहीं होने दे रही थी, और कल उसे दूर-दूर तक फैला रही थी"

ऐसी संवृत्तियाँ 1914-1918 की लड़ाइयों में भी अवलोकित हुई थीं।

ध्वनिहीन ध्वनि :

ऐसे भी लोग हैं जो झींगुर-गान या चमगादड़ की चीख जैसी तीखी ध्वनि नहीं सुन पाते। ये लोग बहरे नहीं है,—उनके कान ठीक-ठाक है, फिर भी वे ऊँची तान नहीं सुन पाते। विख्यात अंग्रेज भौतिकविद् का कहना था कि कुछ लोग गौरैये की आवाज भी नहीं सुन पाते!

हमारे कान हमारे गिर्द के सभी कंपनों को नहीं सुन पाते। यदि पिंड एक सेकेंड में 16 से कम कंपन करता है, तो हमें ध्वनि सुनाई नहीं देती। यदि वह सेकेंड में 15-22 हजार से अधिक कंपन करता है, तो भी हमें कोई आवाज नहीं सुनाई देती। तान सुनने की ऊपरी सीमा भिन्न लोगों के लिए भिन्न होती है। वृद्ध लोगों के लिए ऊपरी सीमा सिर्फ 6 हजार कंपन प्रति सेकेंड वाली तान होती है। इसी कारण से यह विचित्र बात देखने को मिलती है कि कान बेधने वाली तीखी ध्वनि कुछ लोग अच्छी तरह से सुनते हैं और कुछ लोग बिल्कुल नहीं सुन पाते।

अनेक कीड़े-मकोड़े (जैसे मच्छर झींगुर) ऐसी आवाजें निकालते हैं, जिनकी तान प्रति सेकेंड 20 हजार कंपन वाली होती है। कुछ लोग इसे सुन सकते हैं और कुछ के लिए इसका कोई अस्तित्व नहीं होता। उच्च तान के प्रति असंवेदनशील लोग जहाँ पूर्ण नीरवता का रस लेते हैं, दूसरे लोगों को तीखी ध्वनियों का बेतरतीब शोर सुनाई देता रहता है। टिंडल बातते हैं कि उन्हें एक ऐसी घटना देखने का अवसर मिला था, जब वे अपने एक मित्र के साथ स्विटज़रलैंड में टहल रहे थे : "रास्ते के दोनों

तरफ मैदानी घास कीड़े-मकोड़ों से भरा हुआ था, जो हवा में तरह-तरह से अनभनाहट और चर्राहट की आवाज फैलप रहे थे। मेरा मित्र इन आवाजों को बिल्कल नहीं सुन पा रहा था; उसके लिए कीड़े-मकोड़ों के 'कलरव'' का कोई अस्तित्व नहीं था।

चमगादड़ की चीख पतंगों के तीखे स्वर से पूरा एक सरगम (औक्टेव) नीचे है, अर्थात् उससे हवा में होने वाले कंपन की बारंबारता दुगुनी कम है। पर ऐसे लोग भी मिल जाते हैं, जिनकी ध्वनि-ग्राह्यता इससे भी कम है और उनके लिए चमगादड़ एक मूक जंतु है।

इसके विपरीत, पावलोव की प्रयोगशाला में निर्धारित किया गया था कि कुत्ते 38 हजार कंपन प्रति सेकेंड वाली तान भी सुन सकते हैं।

प्रविधि में पराध्वनि

आधुनिक भौतिकी व प्रविधि के पास ऐसे साधन हैं, जो ऊपर बताई गई ध्वनियों से कहीं अधिक बारंबारता वाली 'ध्वनिहीन ध्वनि' उत्पन्न कर सकते हैं। इन 'पराध्वनियों का कंपन 10,000 000 000 प्रति सेकेंड तक पहुँच सकता है।

पराध्वनि (या परास्वनिक) कंपन प्राप्त करने की एक विधि स्फटिक (क्वार्ट्स) के निम्न गुण पर आधारित है : उसके क्रिस्टल को विशेष ढंग से काटकर प्राप्त किए गए पत्तर को संपीडित करने (दबाने) से पत्तर की सतह पर विद्युत् के आवेश उत्पन्न हो जाते हैं।[1] इसके ठीक उल्टा, यदि ऐसे पत्तर को आवर्ती विद्युतावेश दिया जाए, तो वह बारी-बारी से संपीडित व प्रसारित होने लगता है, अर्थात् वह कंपनमय हो जाता है और उसका कंपन परास्वनिक होता है। पत्तर को आविष्ट करने के लिए रेडियो-प्रविधि में प्रयुक्त नलिका-जनित्र की मदद ली जाती है, जिसकी आवृत्ति पत्तर की तथाकथित 'निजी' आवृति के अनुरूप चुनी जाती है।[2]

परास्वनिक को तुम सुन नहीं पाते, पर उसका प्रभाव कई अन्य रूपों में व्यक्त होता है और काफी प्रकट रूपों में व्यक्त होता है। उदाहरणार्थ, यदि कंपनरत पत्तर को तेल के बरतन में डुबा दिया जाए, तो परास्वनिक कँपकपी के मारे द्रव की सतह पर करीब 10 cm ऊँचा 'टीला' बन जाता है और तेल के छींटे चालिस-चालिस सेंटीमीटर तक उड़ने लगते हैं। एक मीटर लंबे काँच के छड़ का एक सिरा इस तेल में डुबाइए और दूसरा हाथ में पकड़े रहिए; हाथ में फोड़ा पड़ जाएगा। कंपनरत छड़ के सिरे को लकड़ी से सटाएँगे, तो छड़ लकड़ी को जलाता हुआ उसमें छेद कर देगा; परास्वनिक

1. इसे पीडविद्युत् (या दाबविद्युत) कहते हैं।

2. क्वार्ट्स के क्रिस्टल परास्वनिक के महँगे या क्षीण स्रोत हैं, इसीलिए इनका उपयोग प्रयोगशालाओं तक ही सीमित है। प्राविधिक उपयोग के लिए बेरियम टाइटेनेट की मृत्तिका जैसे पदार्थों को कृत्रिम रूप से संश्लिष्ट किया गया है।

ऊर्जा तापीय ऊर्जा में परिणत हो जाती है।

सोवियत संघ और इसके बाहर परास्वनिक का गहन अध्ययन चल रहा है। ये कंपन सजीव अंगों पर गंभीर असर डालते हैं : समुद्री घास के रेशे टूट जाते हैं, जीव-कोशिकाएँ फट जाती हैं, रक्त-कोशिकाएँ विघटित हो जाती हैं; छोटी मछलियाँ और मेंढक परास्वनिक के प्रभाव से 1-2 मिनट के अंदर मृत हो जाते हैं; प्रयोगाधीन जीव (जैसे चूहे) का तापक्रम 45°C तक पहुँच जाता है। परास्वनिक कंपनों का व्यवहार चिकित्सा में हो रहा है; अदृश्य पराबैंगनी किरणों की तरह ही अश्रव्य परास्वनिक भी रोगों से लड़ने के काम आ रही है।

धातुकर्म में परास्वनिक के उपयोग विशेष रूप से सफल रहे हैं; इससे धातु की अशुद्धियाँ, हवा के बुलबुलों के कारण उसमें बनी गुफाओं, महीन दरार आदि का पता लगाया जा सकता है। विचाराधीन धातु को तेल में भिगा देते हैं और उस पर परास्वनिक कंपन का प्रयोग करते हैं। धातु में जिन जगहों पर अशुद्धियाँ होती है, वहाँ परास्वनिक प्रकीर्णित होने लगती है। प्रकीर्णन की 'छाया' तेल की सतह पर पड़ती है ; शुद्ध-धातु वाले क्षेत्र पर तेल की सतह का रूप कुछ और होता है और अशुद्धता वाले क्षेत्र पर—कुछ और अंतर इतना स्पष्ट होता है कि इसका फोटो-चित्र लिया जा सकता है।[1]

परस्वनिक द्वारा पूरे एक मीटर मोटे धातु के टुकड़े के आर-पार 'देखा' जा सकता है। एकक्स-किरणें इतने मोटे धातु के पार नहीं जा सकतीं। इसके अतिरिक्त, परास्वनिक की सहायता से धातु में स्थित एक मिलिमीटर चौड़ाई तक का अशुद्धि-क्षेत्र ज्ञात किया जा सकता है। इन बातों के आधार पर कहा जा सकता है कि परास्वनिक कंपनों का भविष्य काफी उज्वल है।[2]

लीलीपुट और गुलीवर के स्वर

सोवियत फिल्म 'नया गुलीवर' में लीलीपुट अपने नन्हे कंठों और ध्वनि-उत्पादक नन्हीं पेशियों के कारण पतली आवाज में बोलते हैं और विशाल पेत्या-मोटी आवाज में। शूटिंग के वक्त बात-चीत में लीलीपुट की भूमिका वयस्क कलाकार अदा कर

---

1. परास्वनिक अशुद्धिदर्शी-विधि 1928 में सोवियत वैज्ञानिक एस. या. सोकोलोव द्वारा प्रस्तावित की गई थी। आजकल परास्वनिक कंपनों के विशेष संग्राही बन चुके हैं, जिनके कारण तेल की आवश्यकता नहीं पड़ती और अशुद्धि ज्ञात करने में विशेष झंझट का सामना नहीं करना पड़ता—**संपादक**।

2. परास्वनिक प्रकृति में भी पाई जाती है। हवा के शोर और सगार के गर्जन में भी ऐसे कंपन हैं, जो परास्वनिक के अनुरूप हैं। कई सजीव प्राणी (जैसे तितलियाँ, सिकाड नामक शलभ) परास्वनिक उत्पन्न करने की क्षमता रखते हैं। चमगादड़ उड़ते वक्त परास्वनिक संकेत छोड़ता रहता है, जो मार्ग में स्थित बाधा से परावर्तित होकर चमगादड़ को बता देते हैं कि अमुक दिशा में नहीं उड़ना चाहिए।—संपादक।

रहे थे और पेत्या की—एक छोटा सा बच्चा। फिर उनके स्वर की तान में आवश्यक परिवर्तन कैसे लाया गया? मुझे काफी आश्चर्य हुआ, जब फिल्म-निर्देशक प्तुश्को ने बताया कि शूटिंग के वक्त कलाकार अपने स्वाभाविक स्वर में ही बोल रहे थे। आवाज बदलने के लिए एक मौलिक विधि का उपयोग किया गया था, जो ध्वनि की भौतिकीय विशेषताओं पर आधारित थी।

लीलीपुटों की आवाज को पतली और पेत्या की आवाज की मोटी बनाने के लिए निर्देशक ने लीलीपुटों का अभिनय करने वाले कलाकारों की आवाज की रिकार्डिंग **धीमी गति में** की और पेत्या की—**तेज गति में**। पर्दे पर चित्र साधारण गति से प्रक्षिप्त किए जाते हैं, अतः निर्देशक की चालाकी का क्या फल हुआ होगा, समझना कठिन नहीं है। श्रोता लीलीपुट की आवाज साधारण ध्वनि-कंपनों में नहीं, **तीव्र** किये गये ध्वनि-कंपनों में सुन रहे थे और पेत्या की आवाज **धीमे** किये गये ध्वनि-कंपनों। कंपन की तीव्रता बढ़ाने से आवाज **पतली** हो जाती है और कम होने से आवाज मोटी हो जाती है।

फल यह होता है कि लीलीपुटों की आवाज साधारण से पाँच स्वर ऊँची हो जाती है और गुलीवर पेत्या की—पाँच स्वर **नीची**।

इस प्रकार 'समय विशालक' का प्रयोग ध्वनि की तान बदलने के लिए किया गया था। चाबी से चलने वाले ग्रामोफोन में जब रिकार्ड की गति साधारण से तेज या मंद हो जाती है, तो यही बात देखने को मिलती है।

दिन में दो बार दैनिक पत्र

अभी हम एक समस्या पर विचार करने जा रहे हैं, जिसका भौतिक या ध्वनि के साथ कोई संबंध नहीं लगता। फिर भी आप इस पर ध्यान दें; इससे आगे की सामग्री सुलभ हो जाएगी।

इस तरह का प्रश्न आपने दूसरे रूपों में सुना होगा। मास्को से व्लादीवस्तोक जाने के लिए हर दिन दोपहर को एक गाड़ी छूटती है। व्लादीवस्तोक से मास्को आने वाली गाड़ी भी हर दिन दोपहर को चलती है। मान लें कि एक तरफ की यात्रा दस दिनों की है। प्रश्न है : यदि आप व्लादीवस्तोक से मास्को आ रहे हैं, तो आपको मास्को से लौटती कितनी गाड़ियाँ रास्ते में मिलेंगी?

अक्सर उत्तर मिलता है : 10 पर यह गलत है। आपको रास्ते में सिर्फ वे ही गाड़ियाँ नहीं मिलेंगी, जो आपके रवाना होने के बाद मास्को से चलती हैं, बल्कि वे भी, जो पहले से चल चुकी हैं और अभी रास्ते में हैं। सही उत्तर 10 नहीं 20 होगा।

आगे बढ़ें। मास्को से चलने वाली हर गाड़ी अपने साथ ताजे समाचार-पत्र ले जाती है। यदि आप समाचारों में रुचि रखते हैं, तो जाहिर है कि हर स्टेशन

पर आप अखबार खरीदने की कोशिश करेंगे। अपनी दस-दिवसीय यात्रा में आपके द्वारा खरीदे गए ताजे समाचार-पत्रों की संख्या क्या होगी?

इस बार सही उत्तर(20) बताने में आपको कठिनाई नहीं होगी। रास्ते में मिलने वाली हर गाड़ी अपने साथ ताजे समाचार पत्र लाती हैं और चूँकि आपको यात्रा के दरम्यान 20 गाड़ियाँ मिलती हैं, आप 20 अखबार खरीदेंगे। लेकिन आप की यात्रा सिर्फ दस दिनों की है, अतः आप दिन में दो बार दैनिक पत्र पढ़ेंगे!

इस निष्कर्ष की आपने उम्मीद नहीं की होगी और आपने विश्वास नहीं किया होता, यदि व्यवहार में स्वयं इसे परखने का मौका आपको नहीं मिलता। आप कम से कम यही याद कीजिए कि सेवस्तोपोल से लेनिनग्राद की द्वि-दिवसीय यात्रा में आपको लेनिनग्राद के चार अखबार पढ़ने को मिले थे : दो दिन के अखबार, जो आपकी रवानगी से पहले निकल चुके थे और दो अखबार, जो आपकी यात्रा के दरम्यान निकले थे। अब आप जानते हैं कि राजधानी के दैनिक पत्र किसके लिए दिन में दो बार निकलते हैं : उन यात्रियों के लिए, जो गाड़ी से राजधानी की ओर आ रहे हैं।

इंजन की सीटी

यदि आपके कान संगीत के लिए अच्छे हैं, तो आपने ध्यान दिया होगा कि सामने से आती गाड़ी की सीटी की तान (तान ही, ध्वनि की प्रबलता नहीं) कैसे परिवर्तित होती है। जब तक दोनों गाड़ियाँ एक दूसरे के निकट आ रही होती हैं, तान नीची हो जाती है। यदि दोनों गाड़ियों का वेग 50 किलोमीटर प्रति घंटे का है, तो ध्वनि की उच्चता में पूरी एक तारता का अंतर हो जाता है।

क्या कारण है इसका?

कारण समझने में दिक्कत नहीं होगी, यदि आप स्मरण करेंगे कि तारता की ऊँचाई प्रति सेकेंड की कंपन-संख्या पर निर्भर करती है। अब आप पिछले प्रश्न के साथ इसकी तुलना करें। आने वाली गाड़ी की सीटी से एक नियत बारंबारता (आवृत्ति) वाली ही ध्वनि निकलती है। पर आपके कान द्वारा गृहीत कंपनों की संख्या इस बात पर निर्भर करती है कि आप इस गाड़ी के निकट आ रहे हैं या उससे दूर जा रहे हैं।

जिस प्रकार मास्को की यात्रा के दौरान मास्को से दिन में एक बार निकलने वाले पत्र आप दिन में दो बार खरीदते हैं, उसी प्रकार ध्वनि-स्रोत के निकट आते वक्त आप के कान **प्रति सेकेंड अधिक कंपन ग्रहण करते हैं, जितने इंजन की सीटी देती है।** लेकिन यहाँ आप तर्क नहीं करतेः आप के कान प्रति सेकेंड अधिक कंपन ग्रहण करते हैं और आप प्रत्यक्ष रूप से अधिक ऊँची तारता की ध्वनि सुनने लगते

हैं। दूर होते वक्त आप कम संख्या में कंपन ग्रहण करते हैं,—और आपको **कम नीची तारता सुनाई देती है।**

यदि उपरोक्त व्याख्या आपके लिए पर्याप्त नहीं है, तो मन ही मन देखने की कोशिश करें कि इंजन की सीटी से ध्वनि किस प्रकार प्रसारित होती है। पहले खड़ी इंजन की सीटी पर गौर करें (चित्र 154)। सीटी के कारण हवाई तरंगें उत्पन्न होती हैं। सरलता के लिए हम सिर्फ चार तरंगों को देखेंगे (चित्र में ऊपरी लहरदार रेखा) : खड़े इंजन से तरंगें नियत काल में हर दिशा में समान दूरियाँ तय करती हैं। तरंग न. 0 प्रेक्षक A तक आने में उतना ही समय लगाएगी जितना प्रेक्षक B तक पहुँचने में। इसके बाद दोनों प्रेक्षकों तक समान कालांतरों में क्रमश : तरंग न. 1, 2, 3, आदि पहुँचेंगी। दोनों प्रेक्षकों के कर्ण-पटों द्वारा अनुभूत धक्कों की संख्या प्रति सेकेंड समान होगी और इसीलिए दोनों ही समान तारता के स्वर सुनेंगे।

चित्र 154. इंजन की सीटी से संबंधित समस्या। ऊपर—खड़े इंजन से निकलती ध्वनि-तरंगें, नीचे—वही, गतिमान् इंजन से।

यदि इंजन B से A की ओर गतिमान् है, तो बात दूसरी होगी (निचली लहरदार रेखा देखें)। मान लें कि आरंभ में सीटी बिंदु C^1 पर थी और चार तरंगें छोड़ चुकने

के बाद वह D पर पहुँच जाती है।

अब देखें कि तरंगों का प्रसारण किस प्रकार होता है। बिंदु C^1 से निकली तरंग न. O प्रेक्षकों A^1 और B^1 तक एक साथ पहुँचेगी। पर बिंदु D पर बनी चौथी तरंग उन तक एक साथ नहीं पहुँचेगी। पथ DA^1 पथ DB^1 से काफी कम है। अतः चौथी तरंग B^1 की अपेक्षा A^1 तक पहले पहुँचेगी। बीच की तरंगें न. 1 और न. 2 भी A^1 पर पहले पहुँचेंगी बीच की तरंगें-न.1 और न.2-भी A^1 पर पहले पहुँचेंगी और B^1 पर बाद में । पर पहुँचने के समयों में अंतर कम होगा फल यह होगा कि बिंदु A^1 तक ध्वनि-तरंगें अधिक बार ग्रहण की जाएँगी, बिन्दु B^1 से : A^1 पर स्थिति प्रेक्षक को उच्च तारता का स्वर सुनाई देगा और B^1 पर—निम्न तारता का। साथ ही आप चित्र से यह भी देख सकते हैं कि A^1 की दिशा में तरंगों की लंबाई कम है और B^1 की दिशा में अधिक है।[1]

डोप्लर-संवृत्ति

ऊपर बताई गई संवृत्ति की खोज भौतिकविद् डोप्लर ने की थी और उसे डोप्लर के ही नाम से पुकारते हैं। वह सिर्फ ध्वनि के लिए नहीं, प्रकाश के लिए भी अवलोकित होती है, क्योंकि प्रकाश भी तरंग के रूप में प्रसारित होता है। तरंगों की संख्या (जो ध्वनि की स्थिति में तारता के रूप में सुनाई देती है) प्रकाश की स्थिति में आँखों द्वारा रंग के रूप में ग्रहण की जाती है।

डोप्लर का नियम खगोलशास्त्रियों को यह निर्धारित करने की विधि देता है कि कोई तारा हम से दूर जा रहा है या हमारी ओर आ रहा है। इस नियम से तारे का वेग भी ज्ञात किया जा सकता है।

खगोलशास्त्रियों को इसमें मदद मिलती है काली रेखाओं से, जो नक्षत्रों के स्पेक्ट्रम को खंडों में बाँटती हैं। यदि ध्यानपूर्वक अध्ययन किया जाए कि ये रेखाएँ किस ओर और कितनी स्थानांतरित हैं, तो अनेक महत्त्वपूर्ण सूचनाएँ प्राप्त हो सकती हैं। डोप्लर-संवृत्ति से ही हम जानते हैं कि चमकदार लुब्धक (Sirius) हर सेकेंड हम से 75 km दूर होता जाता है। यह तारा हमसे इतनी विराट् दूरी पर स्थित है कि उससे करोड़ों किलोमीटर दूर होते रहने पर भी उसकी चमक में कोई अंतर नहीं दिखता। बिना डोप्लर-संवृत्ति की सहायता लिए हम इस नक्षत्र की गति के बारे में सोच भी नहीं सकते थे।

यह इस बात का ज्वलंत उदाहरण है कि भौतिकी सचमुच ही सर्वव्यापक नियमों

---

1. यहाँ इस बात को ध्यान में रखना चाहिए कि चित्र की लहरदार रेखाएँ ध्वनि-तरंगों के **रूप** को सही-सही व्यक्त नहीं करतीं : हवा में कणों का कंपन ध्वनि की दिशा के अभिलंब नहीं, उसके **अनुतीर** होता है। ध्वनि की दिशा के अभिलंब कंपन से उत्पन्न तरंगों को सिर्फ दृश्य-सुगमता के लिए दिखाया गया है। ऐसी तरंग का कूबड़ ध्वनि की अनुतीरी तरंग में कणों के महत्तम संपीडन का समतुल्य है।

का अध्ययन करने वाला विज्ञान है। कुछ एक मीटर लंबाई वाली **ध्वनि-तरंगों** के अध्ययन से प्राप्त परिणामों को वह नन्हीं **प्रकाश-तरंगों** पर लागू करती है, जिसकी लंबाई मिलिमीटर के हजारवें-लाखवें अंश के बराबर होती है और इस ज्ञान का उपयोग कर के अनंत ब्रह्मांड में गतिशील असंख्य सूर्यों की गति-विधि का चित्र प्राप्त कर लेती है।

किस्सा एक जुर्माने का

जब डोप्लर पहली बार (1842 में) इस निष्कर्ष पर पहुँचे कि ध्वनि या प्रकाश के तरंगों की प्रति सेकेंड संख्या प्रेक्षक और ध्वनि या प्रकाश के स्रोत की आपसी दूरी के बढ़ने या घटने पर निर्भर करती है, तो उन्होंने तारों के रंगीन होने की बात इस नियम से समझाने की कोशिश की। वे सोचते थे कि सभी तारे अपने आप में सफेद रंग के सूर्य हैं। वे हमें रंगीन लगते हैं, क्योंकि वे हमारे सापेक्ष तेजी से गति करते रहते हैं। तेजी से हमारी ओर बढ़ने वाले सफेद तारे पृथ्वी पर तरंगों को छोटी कर के भेजते हैं, इसलिए प्रेक्षक की आँखों को हरे, नीले या बैंगनी रंग की अनुभूति होती है। इसके विपरीत, हमसे दूर भागते सितारों से निकलती प्रकाश-तरंगों की लंबाइयाँ बड़ी हो जाती हैं, और हमें पीले या लाल रंग की अनुभूति होती है।

विचार मौलिक था, पर गलत था। सितारों के रंग में कोई परिवर्तन दिखे, इसके लिए आवश्यक है कि उनका वेग हजारों-लाखों किलोमीटर प्रति सेकेंड का हो। पर इतना ही काफी नहीं है : बात यह है कि निकट आते तारे का नीला रंग यदि बैंगनी में बदलता, तो साथ ही साथ हरा रंग नीले में बदल जाता, पराबैंगनी की जगह बैंगनी रंग ले लेता, लाल की—अवरक्त, आदि। फल यह होता कि श्वेत रंग के सारे अवयव पहले की तरह ही मौजूद रहते ; स्पेक्ट्रम में सारे रंगों के स्थानांतरण के बावजूद हमारी आँखें कोई परिवर्तन नहीं देख पातीं।

प्रेक्षक की ओर आते हुए तारे के स्पेक्ट्रम में काली रेखाओं के स्थानांतरण की बात दूसरी है : ये स्थानांतरण अच्छे उपकरणों से ज्ञात हो सकते हैं और तारों की गति को दृश्य किरणों की सहायता से निर्धारित करने में सहायक होते हैं। (अच्छा स्पेक्ट्रमदर्शी तारों का 1km\ s जैसा छोटा वेग भी बता सकता है)।

जब भौतिकविद् रौबर्ट वुड को पुलिस लाल बत्ती पर गाड़ी नहीं रोकने का जुर्माना कर रही थी, उन्हें अचानक डोप्लर की इस भूल की याद आ गई। बताते हैं कि वुड पुलिस वाले के सामने यह सिद्ध करने लगे कि तेज गति से चलने पर लाल बत्ती हरी दिखने लगती है। यदि पुलिस वाला भौतिकी जानता होता, तो वह हिसाब लगा कर देख लेता कि वैज्ञानिक को इसके लिए प्रति घंटे 1350 लाख किलोमीटर के वेग से गाड़ी हाँकनी पड़ती।

कलन इस प्रकार से है। मान लें कि बत्ती से निकलती प्रकाश-तरंग की लंबाई *1*

है और प्रोफेसर को दिखने वाली तरंग की लंबाई l' है। V-गाड़ी का वेग है और c-प्रकाश का वेग है। इन परिणामों की परस्परिक निर्भरता सिद्धांत से ज्ञात होती है :

$$\frac{l}{l'} = 1 + \frac{v}{c}\ .$$

हम जानते हैं कि लाल रंग की अनुभूति उत्पन्न करने वाली तरंगों में से सबसे छोटी की लंबाई 0.0063mm के बराबर होती है और हरे रंग की सबसे बड़ी तरंग की लंबाई 0.0056m होती है। सूत्र में ये मान बैठाने से

$$\frac{0.0063}{0.0056} = 1 + \frac{v}{300\,000},$$

जिससे गाड़ी का वेग

$$v = \frac{300\,000}{8} = 37\,500\ \text{km/s}$$

या 135 000 000 km\h प्राप्त होता है। वुड यदि इस वेग से चल रहे होते, तो एक घंटे से कुछ अधिक समय में सूर्य से आगे निकल जाते। कहते हैं कि जुर्माने से उन्हें छुटकारा नहीं मिला; पुलिस ने उन पर अनुमत वेग से अधिक तेज गाड़ी चलाने का आरोप लगाया।

ध्वनि-वेग से

वादक संगीत आरंभ करता है और आप ध्वनि के वेग से उससे दूर भागने लगते हैं। आपको क्या सुनाई देगा?

डाक-गाड़ी में लेनिनग्राद से चल रहे व्यक्ति को हर स्टेशन पर एक ही तरह के अखबार नजर आएँगे। ये वे अखबार होंगे, जो उसकी डाकगाड़ी से भेजे जा रहे हैं। नये समाचार पत्र पिछली गाड़ियों से आ रहे हैं। इसके आधार पर यह निष्कर्ष निकल सकता है कि ध्वनि-वेग से वादक को पीछे छोड़ते हुए चलने पर आपको हर समय एक ही ध्वनि सुनाई देगी,—वह ध्वनि, जो वादक के पास चलते वक्त आपने सुनी थी वह हमेशा आपके पीछे लगी रहेगी।

पर यह निष्कर्ष गलत है। यदि आप ध्वनि वेग से भाग रहे हैं, तो ध्वनि-तरंगों के सापेक्ष आप स्थिर हैं; इसलिए तरंगें आप के कर्ण-पट पर चोट नहीं करेंगी और आप कुछ भी नहीं सुनेंगे। आप सोचेंगे वादक ने बजाना बंद कर दिया है।

पर अखबारों की उपमा से गलत निष्कर्ष क्यों निकला? इसलिए कि हमने निष्कर्ष निकालने के लिए उपमा-विधि का सही प्रयोग नहीं किया है। यात्री एक ही तारीख वाले अखबारों को देख कर यह भी तो सोच सकता है कि अखबारों का प्रकाशन बंद हो गया है। उसके लिए प्रकाशन-गृह अपना अस्तित्व खो बैठता, जैसे

भागते श्रोता के लिए संगीत की ध्वनि अपना अस्तित्व खो बैठती है। रोचक बात यह है कि इस प्रश्न में वैज्ञानिक लोग भी उलझ सकते हैं, यद्यपि प्रश्न इतना जटिल नहीं है।

स्कूल के जमाने में मेरी बहस एक अंतरिक्ष यात्री के साथ चल रही थी।(अब वे नहीं रहे)। वे उक्त तर्क को मानने के लिए तैयार नहीं हो रहे थे। और बार-बार इस बात पर जोर दे रहे थे कि वादक के पास से ध्वनि-वेग से भागने वाले को लगातार एक ही स्वर सुनायी देता रहेगा। उनका तर्क यह था (उनके पत्र का एक अंश प्रस्तुत है) :

''मान लें कि एक विशेष तारता की ध्वनि गूँजती है। वह पुराने जमाने से गूँजती आ रही है और भविष्य में भी गूँजती रहेगी। व्योम स्थित प्रेक्षक क्रम से एक के बाद वह उसे सुनते जाते हैं (मान लें कि ध्वनि की प्रबलता घटती नहीं है)। यदि आप ध्वनि-वेग से उड़ते हुए इन प्रेक्षकों के स्थानों पर क्रमानुसार पहुँचते जाते हैं, तो आपको उन स्थानों पर वह ध्वनि क्यों नहीं सुनाई देगी?''

ठीक इसी प्रकार से वे यह भी सिद्ध कर रहे थे कि बिजली चमकने के क्षण प्रकाश-वेग से गतिमान् व्यक्ति को आकाश में वह लगातार दिखती रहेगी :

''मान लीजिए,–वे लिखते हैं,–कि व्योम में आँखों की सतत कतार लगी है। इनमें से प्रत्येक को बिजली के प्रकाश की अनुभूति पिछली वाली के बाद ही होगी। अब कल्पना करें कि आप प्रकाश-वेग से इन आँखों के स्थानों पर क्रम से पहुँचते जाते हैं,–तब स्पष्ट है कि बिजली हर समय दिखाई देती रहेगी।''

जाहिर है कि दोनों ही बातें गलत हैं। उक्त स्थितियों में हम न तो ध्वनि सुनेंगे, न बिजली देखेंगे। वैसे, यह पृ. 302 के सूत्र से भी स्पष्ट है; उसमें $v=-c$ रखने पर गृहीत तरंग की लंबाई l^1 अनंत हो जाती है। इसका अर्थ यही हुआ कि तरंग अनुपस्थित है।

●●●